今日の食と農を考える

樫原正澄
江尻 彰

すいれん舎

はしがき

　日本の食と農について考えた時、さまざまな思いが頭をめぐる。
　日本人は、本当においしいものを食べているのだろうか？
　日本人は、日本食に満足しているのであろうか？
　これからも日本の食料は、安定的に確保・供給されるのであろうか？
　世界の食糧事情はどうなっているのであろうか、そして、日本の食料供給にどのような影響を及ぼすのであろうか？
　日本人の健康と食生活とは、どのような状況になっているのであろうか？
　こうした食にかかわる問題を考えるに当たって、日本の農業生産がどのようになっているのかが、重要な前提条件となるので、それをみてみよう。
　日本の農業生産の特徴としては、零細性、兼業化、高齢化の3点が大きなものである。
　第1の農業の零細性とは、農業経営規模が狭小であることを意味しているが、日本の水田農業（家族農業）の特質とも関連する問題であり、一概に狭小だから駄目であるということにはならない。国連では、2013年11月22日に、飢餓の根絶と天然資源の保全において、家族農業が大きな可能性を有していることを強調するために、2014年を国際家族農業年（International Year of Family Farming）と定めた。ここにみるとおり、家族農業の優位性は国際的に注目されているのである。
　第2の農業の兼業化は、日本の高度経済成長期における農業の果たした役割とも関連する問題であり、歴史的に総括しなければならないであろう。日本の国内産業の発展のために、農業は安価で優秀な労働力の供給源の役割を担ったのであり、農業の機械化・化学化と同時に、展開した事象である。農業の近代化は、その当時の大きな課題であり、それを推進するためには、省力化による規模拡大がめざされた結果、兼業化が進行・深化してきたのである。
　第3の農業の高齢化は、農業の兼業化の深化にともなって、農業労働力の劣

弱化が進行し、農村には若い人がいなくなり、高齢者が農村に残された状態となったことである。そのため、農業後継者問題は深刻であり、日本農業の将来が案じられる状況となっている。

ところで、日本農業を取り巻く環境は明るいものとはいえない状況にある。

1990年代から続く農産物価格の低迷は、農業生産者の農業経営意欲をそいでいる。規模拡大を図ろうとしても農産物価格の低迷のため、将来の経営計画は確たるものとはならない。拡大志向は躊躇される。大きな投資をして、大きな負債だけが残るようでは、経営の継続は困難となるであろう。

こうした背景には、食のグローバル化が大いに関係している。安ければ良いとして、食料品を海外から輸入し続けてきた結果、食料自給率は約40％にまで低下しており、先進国のなかでは最低の部類となっている。自国の食料を海外に依存した状態では、国民の食料不安は高く、各種の調査で、7～8割の人が食料確保に不安を抱いており、大きな社会・政治問題となっている。

また、食のグローバル化の進行にともなって、国内農業者は国際的な価格競争に晒され、それとの熾烈な産地間競争が展開している。農産物の自由化、ＦＴＡ、ＴＰＰは、その象徴的な事象である。本来、農産物は地産池消が基本であったが、食のグローバル化によって、安ければ良いという考え方が蔓延して、それとの対抗関係に苦慮する事態が生じている。他方では、消費者は安全・安心な農産物を求めており、農産物直売所は人気を集めている。しかしながら、流通の世界では大量流通が大きな位置を占めており、農産物流通においても全体としては同様の傾向にある。

それと同時に、食生活も大きく変化しており、加工食品に大きく依存する食生活となっている。加工食品の食材に安い外国産の使用や、開発輸入が進展しており、国産品は割高として敬遠される事態となっている。

このように、日本農業は多くの構造的問題に直面しており、危機的状況にあるといえる。

食の安全をめぐる状況においては、大きな不安を抱えている。Ｏ-157、ＢＳＥ（牛海綿状脳症）、高病原性鳥インフルエンザ、豚インフルエンザ、口蹄疫、放射能汚染問題などにみられる、食の安全・安心の問題は消費者の大きな関心を集めている。とりわけ、輸入食品の安全性に対する消費者の不信感は高

い。残留農薬問題、遺伝子組み換え食品などは、消費者の不安材料である。異物混入についても、マスコミで取り上げられており、消費者にとっては不安を煽られる状況となっている。

　そして、輸入食料に頼る日本にあっては、近年の穀物価格の高騰は日本の食料確保を脅かす１つの要因となっている。原料高のため、食料品価格の値上げが続いており、賃金が上がらないなかでは、「生活防衛」としての食糧費の切り詰めが行われており、日本人の豊かな食生活を歪める事態となっている。

　こうした疑問を一緒に考えることは大事なことではないでしょうか。

　そのために、本書では２部構成とし、まず第Ⅰ部では、農業・食料問題について、農業生産の側面に光をあてて、食生活のあり方を考え、日本の食と農について、農業生産の構造的問題とは何か、それはどのようにして形成されてきたのかを考える。そして第Ⅱ部では、農産物流通問題の視点から農業・食料問題を考え、私たちの食べ物はどこから来ているのかを、勉強しましょう。

２０１５年２月

樫原正澄

江尻　彰

目　次

I　今日の食生活と食料生産

第1章　変わる食生活、その問題点は？ ─── 12

（1）日本の食生活の欧米化　*12*
（2）加工食品、冷凍食品の増大と食生活　*14*
（3）外食・中食産業の発展と食生活　*17*
（4）日本の食生活の将来は？　*20*

第2章　世界の食料生産・消費を考える ─── 25

（1）途上国の栄養不足人口の増大　*25*
（2）米国の食料消費と農業生産　*29*
（3）今後の世界の食料需給はどうなるか？　*32*

第3章　日本の農業生産はどうなっているか？ ─── 38

（1）土地利用の状況　*38*
（2）農業生産の推移と食料自給　*41*
（3）農業経営体の推移　*46*
（4）日本の農業生産の課題　*48*

第4章　日本農業を誰が担うか？ ─── 53

（1）農業就業構造の変化　*53*
（2）家族農業経営の動向　*54*
（3）農業の法人化　*56*
（4）新しい農業の担い手　*57*

目　次

第5章　戦後日本農政を考える ──────── 61
　（1）戦後日本農政の転換　　61
　（2）高度経済成長と農業・農政　　63
　（3）高度経済成長の終焉と農業・農政　　64
　（4）グローバル化と農政の転換　　64
　（5）食料・農業・農村基本法　　66
　（6）日本農政を取り巻く国際環境　　70

第6章　日本農政の課題は何か？ ──────── 75
　（1）戦後自作農と農地法改正問題　　75
　（2）食の安全・安心の確保　　78
　（3）環境と農業　　80

第7章　先進国の農業政策はどうなっているか？ ──────── 86
　（1）ＷＴＯ農業協定と国内農業補助金の削減　　86
　（2）米国の農業政策の展開　　87
　（3）ＥＵの農業政策の展開　　93

第8章　日本のアグリビジネスの動きは？ ──────── 98
　（1）アグリビジネスの展開と現状　　98
　（2）農業ビジネス（農業生産関連産業）の実態　　101
　（3）カゴメ株式会社の野菜ビジネス参入　　103
　（4）農業ビジネスの動向と農村地域の活性化　　105

目　次

第9章　農業協同組合はどうなる？ ——— 108

（1）農業協同組合とは何か？　*108*

（2）これまでの農協の事業活動の問題点　*112*

（3）農協経営の危機と農協改革　*114*

（4）岐路に立つ農協　*117*

第10章　中山間地域問題を考える ——— 121

（1）過疎と過密　*121*

（2）農村社会の変化と農村地域問題の深刻化　*122*

（3）中山間地域と直接支払い　*126*

（4）中山間地域の活性化方策　*129*

第11章　農村地域の活性化を考える ——— 132

（1）農業就業者の高齢化と新たな担い手の構築　*132*

（2）新規就農者の動向と農村地域の活性化　*133*

（3）都市農村交流の新展開　*135*

（4）地域の食と農の連携　*139*

II　今日の食生活と食料流通

第12章　世界の農産物流通はどうなっているか？ ——— 146

（1）世界の穀物貿易と流通　*146*

（2）米国の穀物流通と穀物商社　*149*

（3）米国の牛肉生産と食肉加工資本　*151*

目　次

第13章　農産物貿易の自由化を考える ―― 157
　（1）ガット・ウルグアイ・ラウンド合意　*157*
　（2）ＷＴＯ農業交渉　*159*
　（3）ＦＴＡとＴＰＰ交渉　*163*

第14章　食品関連産業と食料流通を考える ―― 169
　（1）食品加工業の発展と開発輸入　*169*
　（2）食品小売業の変化と食料流通　*172*
　（3）外食・中食産業の発展と食料品流通　*176*

第15章　日本の食糧確保とコメ政策を考える ―― 180
　（1）コメの生産と消費の動向　*180*
　（2）「食管制度」のもとでの米価政策とコメ流通　*183*
　（3）コメの部分自由化と食糧法の成立　*186*
　（4）コメ政策改革と食糧法の改定　*188*
　（5）コメ流通の自由化とコメ流通の現状　*191*

第16章　卸売市場はどうなっているか？ ―― 194
　（1）卸売市場制度の意義と役割　*194*
　（2）卸売市場制度改革の背景　*194*
　（3）卸売市場制度改革の展開（1）
　　　　――1971年卸売市場法の制定　*195*
　（4）卸売市場制度改革の展開（2）
　　　　――1999年卸売市場法の改定　*196*
　（5）卸売市場制度改革の展開（3）
　　　　――2004年卸売市場法の改定　*198*

目　次

第17章　市場外流通はどうなっているか？ ―――― 204

（1）農産物流通の現状　*204*
（2）市場流通と市場外流通の動向　*206*
（3）農産物直売所の実態　*208*

第18章　青果物流通はどうなっているか？ ―――― 214

（1）青果物流通の特徴と問題　*214*
（2）青果物流通の展開過程　*217*
（3）青果物輸入の急増と問題　*219*
（4）青果物流通の課題　*223*

第19章　畜産物流通はどうなっているか？ ―――― 228

（1）日本の食肉・乳製品の消費の増大　*228*
（2）食肉輸入の増大と日本の畜産　*231*
（3）国産牛肉の流通　*235*
（4）輸入牛肉の流通　*237*
（5）牛乳・乳製品の流通　*240*

第20章　水産物流通はどうなっているか？ ―――― 246

（1）日本人の魚の消費と国内生産　*246*
（2）世界から集まる日本の食卓の魚　*249*
（3）エビとマグロの輸入と流通　*251*
（4）水産物の国内流通　*255*

目　次

第21章　食の安全・安心と農産物流通を考える ── 259

（1）食の安全をめぐる状況　*259*
（2）食の安全行政　*261*
（3）食の安全と国際関係　*263*
（4）食の安全・安心のための取り組み　*265*
（5）食の安全・安心をめざす食品行政の動向　*266*
（6）食の安全・安心をめざす市民団体の動向　*267*

第22章　これからの農産物流通を考える ── 270

（1）農産物流通の新たな潮流　*270*
（2）農産物流通と食の安全・安心　*273*
（3）農産物流通と環境問題への対応　*275*
（4）農産物流通の新しい方向　*275*

キーワード一覧　*279*

コラム

食の欧米化と学校給食　24
食料自給率　37
農家に関する用語　52
集落営農　60
認定農業者制度　74
フード・マイレージ　85
環境保全型農業　97
遺伝子組み換え食品と安全性　107
協同組合と株式会社　120
農業の多面的機能　131
都市と農村　143
ＢＳＥ問題　156
食料主権論と「ビア・カンペシーナ」　168
食の安全性と食品企業のモラル　179
世界のコメ　193
卸売市場取引　203
ファーマーズ・マーケット　213
卸売市場の整備　227
口蹄疫　245
「親エビ革命」　258
放射能汚染と食品の安全性　269
トレーサビリティ・システム　278

I

今日の食生活と食料生産

第1章　変わる食生活、その問題点は？

　第二次世界大戦後、日本の食生活は大きく変化してきた。1960年代の高度経済成長によって所得が増大し、それまで日本人があまり食べなかった食肉の消費が拡大した。いわゆる「食の高度化」が起こった。加工食品も戦前と異なりナショナル・ブランドとして大量生産、大量販売、テレビなどの全国的宣伝によって普及した。また、戦後の日本の食生活を大きく変えたものに外食の普及がある。現在では駅前の商店街には外食店があふれている。これら日本の食生活の変化で食事の利便性は良くなったが問題点も多い。この章では、これら戦後の食生活の変化を概観し、その問題点を探っていこう。

（1）日本の食生活の欧米化

日本の食生活の変化

　日本人の食生活の大きな変化は1960年代の高度成長におこった。それは日本型食生活から欧米型食生活への転換である。それまで日本人は、長年にわたってコメ中心の日本型食生活を送ってきた。日本の一般家庭ではコメを中心に、麦、味噌汁、漬物、梅干、干魚、野菜などが主な食物であった。とくにコメは食事＝「ごはん」と呼ばれるように、日本人にとって特別に重要な食物であった。

　このコメの消費量がピークになるのは1962年であって、年間1人当たり118.3kgであった。しかし、それ以降、食生活の洋風化にともなってコメの消

[第1章のキーワード]　食生活の欧米化／大量生産・大量消費／インスタント・ラーメン／カップ麺／冷凍食品の普及／冷凍野菜と調理冷凍食品の輸入／外食・中食／ファミリーレストランとファーストフード／単身世帯と2人世帯の増加／PFC供給熱量比率／食の「マクドナルド化」／検疫所

費は減少し続け、2010年には59.5kgにまで減少している。コメの消費量はこの50年間でほぼ半分になった。

表1-1は、1960年から2010年にかけての日本の国民一人当たり年間供給純食料を示している。コメ以外では、終戦直後はコメに代わって重要な栄養源になったイモ類も大きく減少している。

これにかわって、この間に消費を増やしたのは肉類、牛乳・乳製品、油脂類などである。肉類はこの間に5.6倍に増加している。肉類の消費は、1960年代の高度経済成長による名目賃金の増大とともに拡大してくる。1980年頃までは、豚肉と鶏肉の消費が急増するが、それ以降は牛肉の輸入枠の拡大と1991年の牛肉自由化の影響を受け、牛肉の消費が急速に拡大してきたが、2000年以降はBSE感染牛の影響を受け、消費は減少している。肉類以外でも牛乳・乳製品が3.89倍、植物油を中心とする油脂類が3.14倍に増加した。

果実類の消費も1960年から80年にかけて急増している。これはこの期間に「農業基本法」による「作目の選択的拡大」によってみかんの生産が拡大され、それにともなって消費が急増したことと、1963年にバナナの輸入が自由化され台湾やフィリピンから安いバナナが大量に輸入されたためである。しかし、みかんとバナナの消費は70年代に入って以降、大きく減少した。みかん

表1-1　国民1人当たりの1年当たり供給純食料

(単位：kg)

	1960年①	1980年②	2000年	2010年③	③／①	③／②
コメ	114.9	78.9	64.6	59.5	0.52	0.75
小麦	25.8	32.2	32.6	32.7	1.27	1.02
イモ類	30.5	17.3	21.1	18.6	0.61	1.08
野菜	99.7	112.0	101.5	88.3	0.89	0.79
果実	22.4	38.8	41.5	36.5	1.63	0.94
肉類	5.2	22.5	28.8	29.1	5.60	1.29
牛肉	1.1	3.5	7.6	5.9	5.36	1.69
豚肉	1.1	9.6	10.6	11.5	10.45	1.20
鶏肉	0.8	7.7	10.2	11.0	13.8	1.43
牛乳・乳製品	22.2	65.3	94.2	86.4	3.89	1.32
魚介類	27.8	34.8	37.2	29.6	1.06	0.85
砂糖類	15.1	23.3	20.2	18.9	1.25	0.81
油脂類	4.3	12.6	15.1	13.5	3.14	1.07

(資料)　農林水産省「食料需給表」各年度より作成。

は70年代初頭には過剰生産が顕在化し価格は暴落した。この原因は果実消費の多様化、輸入果実・果汁の増大によると考えられる。とくに1992年のオレンジ果汁の輸入自由化以降、オレンジ、グレープフルーツ、りんごなどの果汁の大量輸入によって果汁消費が拡大し、この影響を受けて生鮮果実の消費は全体としても減少傾向にある。

（2）加工食品、冷凍食品の増大と食生活

加工食品の普及

　つぎに、近年の食生活を大きく変えたものとして加工食品、冷凍食品の消費の増大があげられる。表1-2は食料消費の用途別支出構成の推移を示している。この表にある調理食品とは惣菜、弁当、おにぎりなどで、「中食」にあたる。近年は、あとで述べるように中食や外食の支出の伸びが大きいが、依然として加工食品に支出する割合は30％を超え、生鮮食品や中食・外食の比率を上回っている。生鮮食品の割合は2009年には29％にまで低下している。これにたいし「外食」と「中食」は増加し、合計すると生鮮食品と並ぶ29％となっている。

　ところで、加工食品は戦前から日本でも多くあり伝統的なものも少なくない。醤油、味噌、豆腐、干し魚、梅干、日本酒などがあり、調味料、保存食、酒等に利用されていた。これらの多くは日本で生産されたコメ、大豆などを原料とするものであり地方によって味なども多様であった。

表1-2　食料消費の用途別支出構成の割合の推移

(単位：％)

	生鮮食品	加工食品	調理食品	外食	飲料酒類	合計
1970年	47	31	4	9	9	100
1980年	42	31	6	8	8	100
1990年	37	31	8	9	9	100
2000年	31	31	11	10	10	100
2009年	29	32	12	10	10	100

（資料）『食料・農業・農村白書参考統計表　平成22年度版』22ページより引用。

これにたいして、現在の加工食品の多くは原料を海外の安い輸入農産物に依存し、総合商社の主導の下で発展してきた。例えば、うどん、パン、即席麺の多くは米国から安い小麦を原料にしている。また、日本の醤油や植物油のほとんどは米国やブラジルから輸入される大豆が原料である。国産小麦や大豆で生産された加工食品は限られている。また、食品加工業も地方の零細工場でなく、大手加工食品が中心となっており、テレビのコマーシャルなどを使って全国の消費者を相手に同一の味のものを大量生産・大量消費が一般的である。近年、地元でとれた食材を加工した地域の伝統的加工食品が「道の駅」や農産物直販所で販売されるようになってきているが、まだ量的には大きなものとはなっていない。

　ところで、第二次大戦後、日本によって開発された加工食品はいろいろあるが、代表的なものにインスタント・ラーメンがある。1958年に安藤百福によって開発されたインスタント・ラーメンは、同年に日清食品から「チキン・ラーメン」として発売され大ヒット食品となり、その後の即席麺の爆発的普及の突破口となった。さらに百福は、インスタント・ラーメンを海外に普及させるために1971年にカップ麺の「カップヌードル」を開発した。どんぶりの代わりに発泡スチロールのカップを、箸の代わりにプラスチックのフォークを使うことで海外でも食べられるよう工夫した。その後、カップ麺はラーメンだけでなくうどんなどの多様なカップ麺が開発され、1989年にはカップ麺が袋麺を上回り、2007年現在、即席麺は53.5億食が生産されている。（表1－3参照）

表1－3　即席麺類の生産数量、1人当たり消費量

(単位：千万食)

	生産合計	袋　麺	カップ麺	輸出数量	1人当たり(食)
1960年	15.0	15.0	0	0	1.6
1970年	370.0	370.0	0	7.9	33.9
1980年	417.4	270.4	147.0	8.9	34.9
1990年	459.6	218.0	235.6	4.7	36.8
2000年	520.7	194.2	298.8	9.2	40.5
2007年	534.9	194.7	323.2	9.2	41.6

（資料）日本即席食品加工工業協会の資料より。
　（注）生産合計には袋、カップ以外に生めんが含まれている。

冷凍食品の普及

1970年代は新たに冷凍加工食品が普及する。これは、この時期に一般家庭にフリーザー付冷蔵庫が普及したためである。1970年に冷凍冷蔵庫の普及率は89.1%に達した。このことによって一般家庭で冷凍食品が置けることになった。また、冷凍技術の発達も大きかった。急速冷凍技術の発達は食材を比較的傷めないで保存することにつながった。さらに、保冷車の普及で産地から一般家庭まで低温状態のままでの輸送を可能にした。

表1-4は冷凍食品の品目別生産量を示している。冷凍食品の生産量は1970年には14.1万トンであったが、1980年には56.2万トンと4倍に増加

表1-4　冷凍食品の品目別生産量

(単位：トン)

	水産物	農産物	畜産物	調理食品	菓子類	合計
1970年	31,736	35,386	7,120	63,655	3,408	141,305
1980年	53,493	83,927	14,054	369,224	8,145	562,165
1990年	85,633	103,587	14,594	788,808	32,807	1,025,429
2000年	103,700	94,754	21,096	1,234,629	44,521	1,498,700
2010年	62,081	98,215	3,725	1,183,654	52,028	1,399,703

(資料）日本冷凍食品協会統計資料より。

表1-5　冷凍食品の家庭用・業務用の割合

(単位：千トン、カッコ内%)

	1996年	2002年	2010年
全体	1,420 (100.0)	1,485 (100.0)	1,400 (100.0)
家庭用	370 (26.1)	459 (30.9)	540 (38.6)
業務用	1,050 (73.9)	1,027 (69.1)	859 (61.4)

(資料）日本冷凍食品協会統計資料より。

表1-6　冷凍食品の生産量・輸入量・国民1人当たり消費量の推移

(単位：トン)

	国内生産量	冷凍野菜輸入量	調理冷凍食品輸入量	消費量合計	輸入の割合(%)	国民1人当たり消費量(kg)
1970年	141,305	8,474	—	149,779	5.7	1.4
1980年	562,165	140,756	—	702,921	20.1	6.4
1990年	1,025,429	305,144	—	1,330,573	22.9	10.8
2000年	1,498,700	744,332	127,748	2,370,780	36.8	18.5
2010年	1,399,703	829,406	227,618	2,456,727	43.0	19.2

(資料）日本冷凍食品協会統計資料より。

した。その後も電子レンジの普及によって冷凍食品はいっそう増加し、2000年には149.9万トン、2010年には140.0万トンまで増え40年間で約10倍に増加している。

　これを品目別にみると1970年までは水産物や農産物の冷凍食品が多かったが、80年代以降は調理食品の割合が圧倒的に多くなっている。調理食品は1970年には全体の45.0％であったが、2010年には全体の84.6％を占めている。冷凍食品でも電子レンジで温めれば簡単な料理ができるため弁当のおかずなどには便利である。

　冷凍食品の生産の増大は、近年の外食産業の発展と結びついている。表1－5は冷凍食品の家庭用・調理用の割合の推移を示している。1996年の段階では冷凍食品の73.9％が業務用であった。しかし、近年は「中食」の増大があり、家庭用の割合が増加している。

　冷凍食品の国内生産量は、表1－4に示しているように減少傾向にあるが、これは冷凍食品メーカーが中国など海外に進出し日本への逆輸入を増加させているためである。表1－6は、冷凍食品の国内生産量、輸入量、国民1人当たり消費量の推移を示しているが、冷凍食品の輸入量は1980年には14万トンであったのが、2010年には冷凍野菜と調理冷凍食品の輸入量は87.2万トンまで増大している。冷凍ほうれん草など冷凍野菜の輸入量は、1980年14.1万トンであったのが2010年には82.9万トンと急増している。また、2000年以降は調理冷凍食品の輸入が増加している。冷凍食品の消費量に占める輸入の割合は、1980年では20.1％であったが2010年には43.0％にまで高まっている。

（3）外食・中食産業の発展と食生活

外食チェーン店の発展

　日本の食生活を変えてきた3つ目の要因としては、外食・中食産業の急速な発展の影響があげられる。家庭で食べるのを「内食」、外で食べるのを「外食」、外で買ってきて家庭で食べるのを「中食」という。表1－2に示しているように外食への消費支出の割合は近年増え続けている。また、調理食品にあたる持

ち帰り弁当やコンビニのおにぎりなど「中食」への消費支出も増え続けている。若い単身者ではとくにこれらへの依存度が高い。

ところで日本でも昔から、うどん、そば、すし、てんぷらなど伝統的な外食店があった。それらの多くは個人経営であって「のれん分け」などで複数の店はあったが、それらは最初から多店舗展開を目指したものではなかった。これにたいして1970年代以降に急速に発展した外食チェーン経営とはこれとは異なり、最初から多店舗展開を目指していた。そしてチェーン経営では原則としてどの店でも同じ味の同じ料理の統一メニュー、同一価格、同質のサービスが提供される。そのため、外食チェーン経営はセントラルキッチンで調理加工したものが各店舗に配送され、店舗ではそれを過熱したり盛り付けたりして客に出している。各店舗には特別の技術をもつ料理人はいらない。

ファミリーレストラン、ファーストフードの発展

外食チェーン経営の業態は大きく分けてファミリーレストランとファーストフードに分けられる。ファミリーレストランの多くは郊外に立地しメニューも

表1-7　外食産業の市場規模の推移（1983年〜2010年）

(単位：10億円)

				1983年	1993年	2003年	2010年
外食産業計①				17,701	27,765	25,027	23,441
	給食主体部門			12,542	20,800	19,624	18,707
		営業給食		9,859	17,002	15,910	15,426
			飲食店	7,193	12,061	12,409	12,495
			宿泊施設	2,519	4,698	3,256	2,688
			その他	143	243	246	244
		集団給食		2,683	3,799	3,714	3,281
			事業所	1,440	2,088	1,994	1,714
			病院	525	1,018	1,005	802
			その他	718	692	715	765
	飲料主体部門			5,160	6,965	5,403	4,733
		喫茶店・居酒屋		2,628	2,919	2,270	2,021
		料亭／バー等		2,532	4,047	3,133	2,712
料理品小売業②				1,465	3,580	5,873	6,208
①＋②計				18,166	31,345	30,900	29,131

（資料）外食産業総合調査研究センター『外食産業統計資料集』より。

多様であるのにたいし、ファーストフードは商店街などに立地し基本的に主力はハンバーガー、牛丼など単品メニューが中心である。

外食の市場規模は、80年代まで急速に成長を続けた。「外食総研」の推定によれば、1983年17.7兆円であったのが1993年には27.8兆円となり、97年には29.1兆円まで増大している。しかし、その後は長期不況やＢＳＥ問題、安売り競争の激化などで売上高は低迷し2010年には23.4兆円まで減少している。

中食の市場規模は持ち帰り弁当だけのような専業的企業もあるが、コンビニや食品スーパーなどでも弁当やおにぎりとして売られているため市場規模は統計的につかむことが難しいが、日本惣菜協会の推計では2002年で6.9兆円から2010年には8.1兆円にまで増大している。その販売箇所別割合では、持ち帰り弁当など中食専門店が39.5％、コンビニエンスストア27.2％、食品スーパー21.0％、総合スーパー12.1％となっており、中食専門店以外が6割占めている。近年、外食が伸び悩みの傾向にあるのにたいして、中食は順調に売り上げを伸ばしている。

中食は今後、人口の高齢化がすすむなかでスーパーやコンビニでも戦略的に重要な部門として位置づけられている。

なぜ外食や中食が増えるのか？

冷凍加工食品や外食・中食が近年増加しているが、その要因としてどのようなものがあげられるであろうか。

表1-8 世帯の家族類型別にみた一般世帯の構成比率の推移と見通し

(単位：万世帯、％)

	単身世帯 65歳以上	単身世帯 65歳未満	夫婦のみ世帯	夫婦と子供世帯	1人親と子供世帯	その他の世帯
1970年	39（1）	575（19）	297（10）	1,247（41）	174（6）	697（23）
1980年	88（2）	622（17）	446（12）	1,508（42）	205（6）	712（20）
1990年	162（4）	777（19）	629（15）	1,517（37）	275（7）	706（17）
2000年	303（6）	988（21）	884（19）	1,492（32）	358（8）	654（14）
2005年	386（8）	1,059（22）	964（20）	1,465（30）	411（8）	621（13）
2010年	465（9）	1,105（22）	1,008（20）	1,403（28）	451（9）	595（12）
2020年	631（13）	1,102（22）	1,004（20）	1,239（25）	501（10）	565（11）

（資料）2005年まで総務省『国勢調査』、2010年以降　国立社会保障・人口問題研究所「日本の世帯数の将来推計」（2008年3月）。

まず第1に考えられることは、近年の単身世帯や2人世帯の増加である。表1-8は「国勢調査」による家族類型別世帯数の割合の推移を示している。全世帯に占める単身世帯の割合は1970年の20％から2000年に27％、2010年には31％（推定）まで増加し世帯数のなかで最大となった。高齢化の進行、晩婚化・非婚化が単身世帯の比率を高めている。また「夫婦のみの世帯」も1970年に10％であったが、10年には20％と増えており、2010年は単身世帯と夫婦だけの世帯を合わせると全体の51％を占めている。これらの少人数世帯は家庭内で料理をつくる割合が少なくなり外食や中食への依存度が高くなる。2009年の総務省の「家計調査」によれば35歳未満の単身世帯の1人1カ月当たりの食料消費支出に占める調理食品と外食への支出の割合は、男性で66％、女性で59％となっており、外食・中食への依存度がかなり高くなっていることがわかる。

　第2に日本社会の「働きすぎ」が外食・中食産業を発展させている。内閣府の「食育の現状と意識に関する調査」（2009年12月）によれば、夕食開始時間が午後9時以降になる人の割合は男性では20歳代で31.5％、30歳代で27.4％となっており、日本の労働時間の長さが食事すら定期的にとれなくさせている。また、これは肥満の原因にもなっている。「働きすぎ」のため十分な食事時間がとれないため手近な外食やコンビニ弁当ですましている。少人数世帯の増大と「働きすぎ」が日本の外食・中食の需要を拡大している。

（4）日本の食生活の将来は？

日本人の食生活の栄養バランスは？

　戦後の日本の食生活の変化によって日本人の食生活の栄養バランスはどうなったであろうか。図1-1は1965年と2010年の日本と2010年の米国のPFC供給熱量比率を示している。PFC比率とは、タンパク質（Protein）、脂質（Fat）、炭水化物（Carbohydrate）の三大栄養素のエネルギーが1日摂る食事全体のエネルギーに占める構成割合を表している。

　この適正比率は、タンパク質（P）13％、脂質（F）27％、炭水化物（C）

60％と言われている。これを基準にして比較すると、1965年の日本では、この比率がＰ 12.2％、Ｆ 16.2％、Ｃ 71.6％となっており脂質が少なく、炭水化物の摂取量が多かった。これは当時の日本の食料事情により肉類の消費が少なく、コメをたくさん食べていたことを反映している。しかし、2010年になると、その後の肉類の消費の増大とコメの消費の減少によって、Ｐ 13.0％、Ｆ 28.3％、Ｃ 58.6％となっており適正比率に近いが脂質の少し摂りすぎ、炭水化物がやや不足している。これにたいして、2010年の米国のＰＦＣ比率は、Ｐ 12.1％、Ｆ 39.6％、48.3％となっており、脂質の大幅な摂りすぎと炭水化物の不足が問題である。次章で述べるように、米国では「肥満」が大きな問題となっている。

　現在の日本的食生活は欧米型へと変化を遂げつつあるが、なお完全には欧米型食生活にはなっていない。日本の食生活がある程度、適正比率に近いのは、減少しているとはいえコメと魚の消費があるからである。しかし、このままコメと魚の消費の減少が続けば、欧米型に近づくことは確実であり、肉類などの脂質の取り過ぎは「メタボリックシンドローム」が問題になってくるであろう。

食の「マクドナルド化」

　戦後の加工食品・冷凍食品の普及、外食・中食産業の発展は従来の日本の食

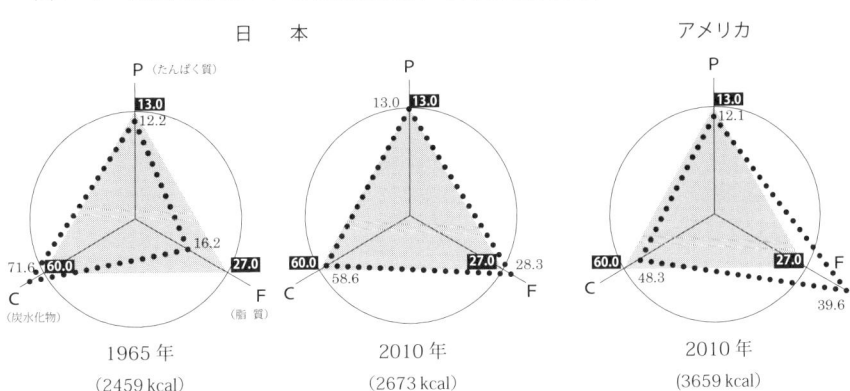

図1-1　日本と米国のＰＦＣ供給熱量比率（1人1日当たり）

日本	日本	アメリカ
1965年 (2459 kcal) P 12.2, F 16.2, C 71.6 (適正比率 P 13.0, F 27.0, C 60.0)	2010年 (2673 kcal) P 13.0, F 28.3, C 58.6 (適正比率 P 13.0, F 27.0, C 60.0)	2010年 (3659 kcal) P 12.1, F 39.6, C 48.3 (適正比率 P 13.0, F 27.0, C 60.0)

（資料）日本は農林水産省「食料需給表」、米国はＦＡＯ「ＦＡＯＳＴＡＴ」より。

生活を大きく変えてきた。それによって私たちは料理にかける時間を減らし、手軽に食事に済ますことができるようになった。しかし、この利便性によって逆に失うものも少なくない。

　まず第1に、食の「マクドナルド化」（G. リッツア）の進行である。マクドナルドは世界中どこの店でも同じ味を低価格で顧客に提供している。米国でも日本でも中国でもハンバーグの味はすべて同じである。そのため、世界中からさまざまな方法で食材をできるだけ安く調達し、大量に同じ調理をして顧客に提供している。マクドナルドは同一の味のハンバーガーを世界中に普及させた。グローバル化という点でマクドナルドには劣るが日本の他の大手外食チェーンも基本は同じである。日本や世界中から集めた膨大な食材をセントラルキッチンで大量に調理し、各店舗で提供している。大手外食店では、大量調理＝大量消費によって画一化された料理を顧客に提供している。製造部門でおこなわれてきた大量生産＝大量消費の論理が食の世界にも普及してきている。このため、ワンパターン化された料理が増加している。これによって食の効率化はすすむかもしれないが、伝統的な地域の食材を生かした料理は少なくなり地域独特の日本の食文化は失われてきている。

食材の海外依存と安全性

　加工食品・冷凍食品産業、外食・中食産業は企業の利益をあげるためコストをできるだけ下げようとする。店長を長時間労働させ店員のほとんどを低賃金のパート労働者でまかなうことで労働コストを下げると同時に、大量の食材の調達コストをできるだけ安く抑えコストを削減しようとする。このため、食材

表1-9　輸入届出件数と輸入食品等検査率の推移

	届出件数 (万件)	検査実施件数 (件)	検査率 (％)	違反件数 (件)	違反率 (％)
1985年	38.5	39,817	10.3	308	0.8
1995年	105.2	141,128	13.4	948	0.7
2000年	155.1	112,281	7.2	1,037	0.9
2005年	186.4	189,362	10.2	935	0.5
2010年	200.1	247,047	12.3	1,376	0.3

（資料）厚生労働省医薬食品局食品安全部「輸入食品監視統計」より。

のほとんどを冷凍輸入野菜など安い外国農産物に依存している。近年の異常な牛丼の安売り競争の激化は、外国から調達する安い食材の調達と労働コストの引き下げによって可能とさせている。

　輸入農産物を大量に使用することは食材の安全性の問題とかかわりをもっている。日本の輸入農産物の検査体制はきわめて貧弱である。輸入農産物は全国31ヶ所にある検疫所でチェックされているが、表1-9に示しているよう2010年に約200万件の検査の届けがあったが、行政検査と生協連など指定検査機関での検査を含めても24.7万件にすぎず、全体の12.3％しか検査をしていない。残り87.7％は書類検査だけで輸入されている。このため、検査をくぐり抜けて安全でない農産物が輸入されることも少なくない。2002年には中国から輸入された冷凍ほうれん草から基準値を大幅に上回る農薬が検出されて大問題になった。2008年には中国からの「農薬入り冷凍ギョウザ」事件も発生した。海外からの大量の農産物輸入が続く限り輸入検査体制の強化は緊急の課題である。

　また、海外からの食料輸入依存は、食材の安定供給の面でも問題である。近年のBSE問題での米国産牛肉の輸入禁止や鳥インフルエンザによるタイや中国からの鶏肉の輸入禁止は外食産業に大きな影響を与えた。

第1章　参考文献

岸 康彦『食と農の戦後史』（日本経済新聞社、1996年）

鈴木猛史「『アメリカ小麦戦略』と日本人の食生活」（藤原書店、2003年）

大塚 茂「食ビジネスの展開と食生活の変貌」（大塚茂・松原豊彦『現代の食とアグリビジネス』有斐閣選書、2004年所収）

日本フードスペシャル協会編『新版　食品の消費と流通』（建帛社、2000年）

田中秀樹「食生活の現段階と中食市場の拡大」（三国英實編『再編下の食料市場問題』筑波書房、2000年所収）

食の欧米化と学校給食

　われわれの食生活は、幼年期の食習慣に一生、大きな影響を受けている。その点で「学校給食」は、いつの時代でもその国の食生活に大きな影響力をもっている。

　現在のような日本人の食生活の欧米化を促進したものとして1954年に成立した「学校給食法」がある。1950年代前半、日本はなお食料不足が続いていた。他方、米国の農業は欧州が戦後復興し欧州向け小麦輸出が減少し過剰生産状態にあった。1954年に米国政府は余剰農産物処理のための「ＰＬ480（公法480号）」を成立させ、現地通貨での小麦販売を可能にして日本にＭＳＡ小麦として輸出した。しかし、当時の日本の食生活では軟質小麦をうどんなどには使用していたが米国産小麦の中心である硬質小麦を使ったパン食は普及していなかった。

　米国は、米国産小麦の利用を拡大させるために、この小麦を使って学校給食を始めるよう日本政府にすすめた。この結果、学校給食は当初はパン食が義務化された。これによって日本でのパン食が普及し「米国の小麦戦略」は大成功をおさめた。「米国の小麦戦略」は、単に米国の過剰小麦を処理するだけでなく将来、日本が米国産小麦の巨大輸出市場に育成することであった。このため米国は、日本全国にキッチンカーを走らせ、「日本が戦争に負けたのはコメばかり食っているから」「コメばかり食っていると頭が悪くなる」など科学的根拠のない宣伝をおこない和食の否定とパン食への転換を宣伝した。そして、米国の戦略通りその後日本は米国産小麦の巨大輸出市場となり、安い輸入小麦の流入で日本の小麦生産は激減した。

　また、学校給食では「にせもの牛乳」である脱脂粉乳を使った「牛乳」も出され、日本人が牛乳に慣らされることとなった。このように日本の食生活の欧米化は「学校給食」が起点となった。ただし、日本でコメが過剰になって以降は米飯給食が導入され、牛乳もほんものの牛乳が提供されることとなった。そして、現在では欧米型食生活の問題点が指摘され、逆に和食は見直されユネスコ無形文化遺産に登録されることになった。

第2章　世界の食料生産・消費を考える

　日本に生まれた私たちは、食料で苦労することはほとんどない。スーパーに行けば世界中から集められた食材が売られているし、街じゅう外食店があふれている。私たちは、それを当然のように思い食料を買って食べている。しかし、世界には最低の食料すら手に入れられない人々がたくさんいる。他方、先進国では「肥満」「メタボリック・シンドローム」など「栄養過剰」が問題になっている。とくに米国では、貧困の増大とむすびついて「肥満」が問題となっている。この章では、十分な食料を手に入れられない途上国と「肥満」が問題になっている米国の現状についてみてみよう。

（1）途上国の栄養不足人口の増大

世界の栄養不足人口の現状

　国連は、日々の生活をしていくうえで最低限の食料すら手に入れられない人口を栄養不足人口と定義し、毎年推計値を出している。現在、世界には栄養不足人口はどのくらいいるのであろうか。

　世界の貧困と食糧問題について調査しているＦＡＯ（国連食糧農業機関）の『世界の食料不安の現状 2011 年報告』よれば、2006～08 年段階で世界に 8 億 5000 万人の栄養不足人口がいると推定している。この時点での世界人口は約 66.5 億人だったので 13％、約 8 人に 1 人が栄養不足と推定される。この栄養不足人口のほとんどは途上国で、8 億 3,940 万人と推定されている。10

[**第2章のキーワード**]　　栄養不足人口／ＦＡＯ／サハラ以南アフリカ／世界食料サミット／マルサス『人口論』／マクガバン委員会／フード・スタンプ／家族農場の衰退／アグリビジネス／中国の食肉の増大／バイオ・エタノール／灌漑農業／遺伝子組み換え作物

表2-1 途上国の栄養不足人口と人口比率

(単位：100万人、カッコ内％〔人口比率〕)

	1990〜92年	1995〜97年	2000〜02年	2006〜08年
世界全体	848.4 (16)	791.5 (14)	836.2 (14)	850.0 (13)
うち 途上国全体	833.2 (20)	774.0 (17)	820.8 (17)	839.4 (15)
アジア	607.1 (20)	526.2 (16)	565.7 (16)	567.8 (15)
うち 東アジア	215.6 (18)	149.5 (12)	141.8 (10)	139.4 (10)
うち 南アジア	267.5 (22)	269.0 (20)	307.9 (21)	330.1 (20)
ラテンアメリカ・カリブ海	54.4 (12)	53.4 (11)	50.8 (10)	47.0 (8)
アフリカ	170.9 (26)	193.6 (26)	203.3 (24)	223.6 (23)
うちサハラ以南アフリカ	165.9 (31)	188.2 (31)	197.7 (29)	217.5 (27)

(資料) FAO『The State of Food Insecurity in the World 2011』p.44-47 より作成。

年前の1990〜92年時点の8億3,320万人と比較すると、この間に途上国全体で1000万人近く栄養不足人口は増加している。（表2-1参照）

　さらに、これを地域別にみてみると、栄養不足人口がもっとも多いのはアジア地域である。世界の栄養不足人口全体の66.8％を占めている。アジア地域ではインドやバングラディシュなどの南アジア地域で栄養不足人口の比率が高くなっている。1990〜92年と比較して、栄養不足人口は東アジア地域では減少したが南アジア地域では23％、6,260万人も増加している。国別では、インド、パキスタン、アフガニスタンで増加しており、インドでは27％、パキスタンでは45％も増加している。アフガニスタンについてはFAOのデータはないが、食料不足が深刻な状況にあり、国民の半数以上が栄養不足状態にあるといわれ、世界で最も深刻な栄養不足の国のひとつとなっている。

　世界で栄養不足人口の比率がもっとも高いのはサハラ以南アフリカである。この地域では27％と約4人に1人が栄養不足となっている。1990〜92年比でも31％、5,160万人増加している。

「世界食料サミット」合意とその実現？

　国連（FAO）は、このような途上国の飢餓や栄養不足問題を解決のために、1996年11月にローマで「世界食料サミット」を開催した。この会議には世界186の国・地域の政府代表が参加し、ここで「ローマ宣言」が採択された。その内容は、世界の栄養不足人口を1990年から2015年までに半減させよう

というものであった。

しかし、この会議から20年ちかく経過したが先にみたように、1990年から15年間で世界の栄養不足人口は減少するどころか増加している。とくに、南アジア地域やサハラ以南アフリカ地域などの状況は大きく改善されておらず、このまま推移していけば栄養不足人口の半減という目標達成はかなり困難と思われる。目標達成のためには途上国の自助努力だけでなく、先進国も栄養不足人口を減らすためにあらゆる協力をしなければならない。

栄養不足人口はなぜ減らないのか
途上国では、なぜ栄養不足人口が減少しないのであろうか。この原因として次のようなことがあげられよう。

第1に、アフリカなど途上国の多くは人口が急増しており、それと同時に都市化も急速に進んでいる。このことが栄養不足人口の増加を生み出している。アフリカでは人口増加が食料生産増加を上回るとするマルサスの『人口論』（1798年）が現在でも当てはまる。

途上国の都市化は先進国のそれと違って農村の疲弊によって農村から追い出される形で進んでいる。多くの人々が農村から都市に出ていっても都市では仕事はほとんどない。そのためにやむなくスラム街に住むことになる。都市では農村のような自給自足の生活は困難であり食料は購入しなければならない。まともな仕事がないため収入もほとんどない人々は食料を購入することはできない。アフリカの首都の多くは人口の半分以上がスラム人口という状況が現在でも続いている。

第2に、途上国の農業政策にも問題がある。途上国政府の多くは自国の工業化を推進するうえで外貨が必要であり、農産物輸出を外貨獲得の手段と利用している国が少なくない。途上国の農業政策は国内食料消費向け作物より輸出用の商業作物生産に力をいれている。このこともあって、輸出用作物は総じて水利などのよい優良地で栽培され、国内向け食料生産は比較的条件の悪い土地で栽培されることが多い。途上国の農業の多くは自然の雨水に依存しており干ばつが一度起こると食料生産が激減する。

第3に、途上国では国内の食料の分配にも問題がある。ブラジルやインド

では大土地所有制が食料の分配をゆがめている。これらの国は世界有数の農業国でありながら栄養不足人口も多い。ブラジルでは、1％ほどの大地主が農地の半分以上を所有している一方で膨大な土地なし労働者がいる。土地なし労働者は農業の機械化などで農村から追い出される。南米では、大地主と米国系アグリビジネスとの癒着に反発し、ブラジルやアルゼンチンなど反米政権が誕生し農地改革が進められている。

　第4に、途上国農業とくにサラハ以南アフリカの農業などでは農業の生産基盤そのものが破壊されている。世界の最貧地帯といわれているサヘル地方では人口増加によって遊牧民による過放牧、エネルギー源としての薪集めによって草地や森林面積が急減している。草木が減少すれば直射日光が土地に当たるため土地が乾燥化し、その結果、土壌浸食や砂漠化が進行し、農業での生活は困難になっている。また、農業用水が慢性的に不足している。アフガニスタンでは地球の温暖化と関連し、北部の降雪量が減少しているため地下水位が低下し農業用水の不足が深刻化している。

　第5に、途上国の食料の絶対的不足が土地をめぐる民族間の対立を生み出し紛争が激化している。これら民族間対立の激化は大量の難民を生み栄養不足人口が増加させる原因となっている。アフリカでは、過放牧などで牧畜農業の継続が困難になった遊牧民が農耕民族の土地に侵入し、各地で紛争が起こしている。そして、ルワンダやスーダンのダルフール地方のようなジェノサイトを引き起こしている。近年、アフガニスタン、ソマリア、スーダンなど食糧不足が深刻化している地域の多くは民族紛争地域であり、国連の支援が本当に必要としている難民などに届かない現実がある。

　第6に、近年の国際農産物価格の急騰が途上国の栄養不足人口の増加に拍車をかけている。2008年の国際投機資金による国際商品相場への流入による国際農産物価格の急騰、その後のリーマンショック、2012年の米国の熱波などによる国際農産物価格の急騰は国連などによる途上国への食糧支援を困難にしている。

（2）米国の食料消費と農業生産

栄養過剰の米国型食生活

　このように途上国では栄養不足が深刻であるのにたいして、米国では逆に栄養の摂りすぎが大きな問題となっている。米国の栄養学者や医師たちは、米国人が肉類、油脂類、糖類の取りすぎており、これらの食物の過剰摂取が肥満を生み、高血圧、糖尿病などの慢性病が増大させ、これがやがて心臓病、がんの原因になっていると主張している。

　米国での食生活をめぐる議論は、1977年にマクガバン委員会が『わが国の食生活の目標』を発表して以来、激論が続いている。同委員会は米国人の食生活の問題点を指摘し、肉類、卵、脂肪、乳脂肪、糖類、塩分の多い食べ物を減らすよう提言した。この提言は大きな波紋をよび、これにたいして米国の畜産業界や食品業界から激しい反発がおきた。肉類や畜産物の消費を減らすことになれば米国の畜産業界に大きな打撃を与えると考えたからである。この報告以降、米国では栄養学者や医師の「食べる量を減らそう」という意見と、それに反対する食品業界の対立は続いている。食品業界は議会にたいし政府がこのような提言をしないようさまざまな圧力をかけている。

　現在の米国人の食生活は、栄養学者や医師たちが提言しているよう明らかに食べ過ぎである。2012年の『米国統計要覧』（Statistical Abstract of the U.S 2012）によれば米国人の1日当たり供給熱量は、2006年には3,900カロリーとなっており、これは日本人の供給熱量が2,640カロリーに比べて48％も多い。表2-2は、米国、日本など4カ国の年間1人当たり畜産物の供給量を示

表2-2　各国の畜産物の年間1人当たり供給量（2009年）

(単位：kg)

	牛肉類①	豚肉②	鶏肉③	①②③計	牛乳
日　　本	8.8	19.9	16.9	45.6	73.9
米　　国	39.8	30.1	49.0	118.9	255.6
フランス	25.5	31.0	22.3	78.8	246.6
中　　国	4.8	36.8	12.6	54.2	29.8

（資料）FAOSTATより作成。

している。米国の肉と牛乳の供給量は他の国を圧倒しており、とくに牛肉類の消費量は多く日本の 4.5 倍以上になっている。米国の統計では、このような食べ過ぎの結果、2007～08 年で米国人の 66.5％が「太り過ぎ」であり、うち 32.6％が肥満（Obese）と推定している。

貧困化の進行と肥満の増大

近年、米国では肥満が貧困と結び付いていることが明らかになっている。同じ統計で、肥満の割合が男女平均で白人が 31.4％にたいして黒人は 42.1％と 10％以上も高くなっている。また学歴別で見ても高卒以下が 38.3％にたいして大卒は 32.3％と低学歴で肥満が多いことが明らかになっている。

米国ではリーマンショック以降にとくに貧困化が進行しており、2010 年に貧困ライン以下で生活している人の割合は人口の 15.1％、4,620 万人と過去最高になっている。人種別でみると、その割合は黒人系が 27.4％、ヒスパニック系が 26.6％と白人とくらべかなり高くなっている。

米国では、貧困層に対する食料支援として「フード・スタンプ」（低所得者向け食料配給カード）制度がある。2012 年現在で約 4,600 万人が受給している。2007 年に約 2800 万人だったので、リーマンショック後、66％も増加したことになる。また、このフード・スタンプ市場にマクドナルドなどのファーストフード産業が参入しており貧困層ほど揚げ物などのジャンクフード、ファーストフード依存が高くなっており、それがこれらの層の肥満と結びついている。

生産の大規模農場への集中

米国の大量の食料消費を支えるとともに世界の穀物の供給基地となっている米国の農業生産はどうなっているのであろうか。米国農業は、地域によって多様な農業生産をおこなっているが、近年、少数の大規模経営への生産の集中が急速にすすんできている。表 2 - 3 は、1997 年と 2007 年の農産物販売額別の農場数と販売額のシェアを示している。この 10 年間、米国の農産物販売額は国際農産物価格の上昇によって 55％も増大した。米国農業は、2000 年代後半からバイオ・エタノール需要の拡大も重なって未曾有の好調期を迎えた。農産物販売額別農場で見ると、大規模農場（年間 100 万ドル以上）は、この 10

年間で販売額を2倍以上増加させ、販売額のシェアでも41.7％から58.1％大幅に伸ばしている。他方、家族農場（年間販売額5万ドル～25万ドル）は、米国農業が好調にもかかわらず販売額を減少させ、販売額シェアでも21.1％から11.4％と大きく減らしている。米国農業の好調は、大規模農場を繁栄させ、家族農場の衰退をもたらした。

この大規模経営への集中を農業部門別に見たのが表2-4である。主要農産物のうち販売額100万ドル以上の大規模:経営のシェアが最も高い部門は、野菜部門の83.9％である。次いで家禽80.4％、肉豚78.8％などの順になっている。これらの部門はあとでも述べるように大手食品加工会社や飼料メーカーなどのアグリビジネスによる契約生産やインテグレーション化が進んでいる部門である。これにたいしてトウモロコシや大豆、小麦などの穀物部門は、大規模化は進んでいとはいえ現在でも家族農場の割合は相対的に高くなっている。

表2-3　米国の年間販売額別農場の農場数と販売額のシェアの推移

（カッコ内％）

年間販売額	農場数 (1000)		販売額 (100万ドル)	
	2007年	1997年	2007年	1997年
総数・総額	2204.7 (100)	1911.9 (100)	305,204 (100)	196,865 (100)
1万ドル未満	1271.7 (57.9)	963.0 (50.4)	4,159 (1.4)	3,156 (1.7)
1万～5万ドル	437.8 (19.9)	444.7 (23.3)	10,014 (3.3)	10,457 (5.3)
5万～10万ドル	129.1 (5.9)	158.2 (8.3)	9,455 (3.1)	11,347 (5.8)
10万～25万ドル	149.0 (6.8)	189.4 (9.9)	25,384 (8.3)	30,143 (15.3)
25万～50万ドル	96.3 (4.4)	87.8 (4.6)	34,777 (11.4)	30,505 (15.5)
50万～100万ドル	63.6 (2.9)	42.9 (2.2)	44,030 (14.4)	29,365 (14.9)
100万ドル以上	57.3 (2.6)	25.9 (1.4)	177,386 (58.1)	82,111 (41.7)

（資料）U.S.D.A "2007 Census of Agriculture" p.94-95, "1997 Census of Agriculture" p.118-119 より作成。

表2-4　農業部門別の年間販売100万ドル以上農場のシェア（2007年）

（単位：％）

	販売額に占める割合		販売額に占める割合
トウモロコシ	34.4	果実	66.9
小麦	30.2	肉牛	62.1
大豆	26.7	牛乳・酪農製品	67.1
たばこ	30.9	肉豚	78.8
野菜	83.9	家禽	80.4

（資料）U.S.D.A "2007 Census of Agriculture" p.94-95.

米国農業はアグリビジネスの影響を大きく受けている。トウモロコシや小麦の生産は家族的農業の割合が比較的大きいが、穀物の加工や流通、輸出になるとアグリビジネスが担うことになる。穀物商社カーギル社は米国の穀物輸出の半分以上を担っている。同社は穀物の流通だけでなく、それをテコにして川下産業も多く所有しており、製粉業、油糧種子加工業、食肉加工業など多面的な営んでいる。

また、肉牛経営と牛肉加工産業(パッカー)との結びつきも強い。米国の肉牛肥育経営は、保有肉牛頭数が1万頭を超える巨大フィードロットが支配的である。牛肉の販売頭数の6割以上を巨大フィードロットが担っている。これらの大経営はまた米国の食肉加工業界と強く結びついている。米国の食肉加工業界も集中化がすすんでおり、屠畜頭数の70%以上をカーギル・ミート、タイソンフーズなど大規模食肉加工企業4社が担っている。このように米国の牛肉産業は巨大フィードロットと大手食肉加工産業が牛耳っている。

また、野菜生産もトマトケチャップなど大手野菜加工産業や大手小売業、外食産業との契約生産やインテグレーションがすすんでいる。このように米国農業は最近、アグリビジネスに大きな影響を受けている。

(3) 今後の世界の食料需給はどうなるか?

世界の穀物需要の拡大

最後に、今後の世界の食料需給はどうなるか考えてみよう。まず、世界の穀物需要について見てみよう。

今後の世界の穀物需要を考えていく場合、今後の世界の人口がどうなるか見る必要がある。表2-5は、1970年以降の世界人口の推移である。世界人口は、1970年に36億9千万人であったが、90年には53億2千万人、2010年には69億2千万人となり40年間で87.5%増加した。これが2030年には84億2千万人、2060年代には100億人を突破すると国連は推計している。

この人口増加のほとんどは途上国でおこっている。途上国の人口は、1970年には26億8千万人であったが、90年は41億7千万人、2010年には56

億8千万人となり40年間で2倍以上になった。世界人口に占める途上国の割合は、1970年には72.6%であったが2010年には82.1%を占めるまでになった。途上国のなかでもとくにサハラ以南アフリカなどの栄養不足人口が多い地域で人口が急増しており、これが先に見た栄養不足人口が減らない原因となっている。

今後の世界の食料需要に大きい影響を与えると考えられるのは、中国など新興国の所得の増大に基づく肉食の増大である。表2-6は、近年の中国の食肉消費の推移を示している。1970年には年間1人当たりの食肉消費は8.4kgであったが、90年には23.7kg、2010年には56.9kgにまで増加している。2010年には1人当たりの食肉の消費量は日本を上回っている。種類別では、近年は牛肉と鶏肉の消費が急激に増加している。食肉の消費の増大は中国だけでなくブラジルなども同様でＦＡＯ統計でみると1970年30.5kg、90年49.4kg、2010年には89.5kgとなっており、現在では食肉の消費量は欧米とほとんど同じ水準にある。食肉消費の増大は飼料穀物需要を増加させる。農水

表2-5　世界人口の推移

(単位：億人)

	1970年 ①	1990年	2010年 ②	2030年 (予測)	②／①
世　界	369,117	532,082	691,618	842,494	1.87
先進国	100,823	114,828	124,094	129,391	1.23
途上国	268,294	417,254	567,525	713,103	2.12
サハラ以南アフリカ	28,216	49,012	83,146	136,819	2.95

(資料) U.N. "World Population Prospects 2012" より。

表2-6　中国の食肉消費の増大（年間1人当たり食料供給量）

(単位：kg)

	食肉合計	豚肉	鶏肉	牛肉	その他
1970年	8.4	6.8	1.0	0.2	0.4
1980年	13.6	11.4	1.3	0.3	0.6
1990年	23.7	19.6	2.7	0.9	0.5
2000年	44.0	27.9	9.5	3.9	2.7
2010年	56.9	35.7	12.3	4.8	4.1

(資料) FAOSTAT より。

省によれば、食肉1kgを生産するのに要する穀物（トウモロコシ換算）は鶏肉4kg、豚肉7kg、牛肉11kgと計算しており、食肉消費の拡大は、その数倍の穀物が必要となってくる。

近年、今後の穀物需要を拡大する要因として、米国などでおこなわれているバイオ・エタノールの生産の増加がある。バイオ・エタノールの生産は第1次オイルショック後にサトウキビを原料とする生産がブラジルですすんだ。その後、米国で、2005年の「2005年エネルギー政策法」(The Energy Policy Act of 2005) が成立し「再生可能燃料基準」(ＲＳＡ) が決定されて以降、トウモロコシを主原料とするバイオ・エタノール生産が米国で急増することになる。米国でのバイオ・エタノール生産量は2000年16.2億ガロンであったが、08年39.0億ガロン、10年には133.0億ガロンに増大した。現在では、トウモロコシの用途の40％がエタノール用で輸出用の3倍にもなっている。このこともあって国際トウモロコシ価格は急騰した。大気汚染防止や二酸化炭素の排出削減にエタノールを利用することは悪いことではないが、世界の主要穀物であるトウモロコシを原料とするのは問題がある。

世界の食料供給は？

世界の穀物需要の急増が予想されるなかで食料供給はどうなっているのか。世界の穀物生産は1970年代平均で12億6千万トン、80年代平均15億7千万トン、90年代平均17億9千万トン、2000年代平均20億1千万トンと40年間で59.5％増加した。先に見たこの間の人口増加が87.5％だったので、それには及ばないが着実に増大してきた。しかし、今後も順調に生産が増やす

表2-7 世界の耕地面積と灌漑面積の推移

（単位：1000ha、％）

	耕地面積 ①	灌漑面積 ②	①／② ［％］
1970年	1,330,675	184,117	13.8
1980年	1,338,840	221,069	16.5
1990年	1,399,707	257,789	18.4
2000年	1,381,029	287,603	20.8
2010年	1,374,902	324,291	23.6

（資料）FAOSTATより。

にはさまざまな問題が横たわっている。

　まず、耕地面積を今後、拡大させることはむつかしい。世界の耕地面積はＦＡＯ統計でみると1970年に13.7億ヘクタール、90年14.0億ヘクタール、2010年には13.7億ヘクタールとなっており、1991年の14.0億ヘクタールがピークで、それ以降は漸減状態にある。今後も耕地面積が飛躍的に増大することは考えられない。そのため今後、世界の穀物生産を増加させるためには単位面積当たり収量を増加させる以外にはない。単収を増加させるためには自然の雨や川の水を利用する天水農業から地下水を利用した灌漑農業を増やしていく必要がある。世界の灌漑農地面積は、1970年1.8億ヘクタールであったのが、90年には2.6億ヘクタールに、2010年には3.2億ヘクタールと40年間で76.1％増加し、全耕地面積に占める割合は1970年の13.8％から2010年には23.6％と増えてきている。しかし、現在でも世界では天水農業が圧倒的であり、とくに途上国では圧倒的に多い。また灌漑農業をすすめていくうえでも問題がある。現在、米国などでは地下水位の低下や枯渇が問題になっており、農業用水をどう確保するかが課題として残っている。

　今後、世界の農業生産に与えるもうひとつの問題は地球温暖化の影響である。地球の温暖化は農業生産力への影響は、まだ十分研究されているとはいえない。温暖化によって従来、生産できていた地域によって穀物生産が増える地域もあれば減少する地域もある。しかし、地球の温暖化の影響で気候変動が激化し、洪水と干ばつがこれまで以上に激化することは明らかである。その点で地球の温暖化が世界の農業生産の増大に寄与する確率は低いと言わざるをえない。とくに途上国の天水農業に依存している農業生産への影響が心配される。

　しかし、これを超える農業技術の発展があれば、これを克服できるとの説がある。この説自身はこれまでの世界の農業生産の増大に農業技術の発展が寄与したことを考えれば間違いではない。実際に戦後、米国ではＦ1種の開発によってトウモロコシ生産を飛躍的に発展させてきた。

　現在、遺伝子組み換え作物の普及によって世界の飢餓問題を解決すると多国籍農薬メーカーのモンサント社などは宣伝している。しかし、遺伝子組み換え種子は多国籍農薬メーカーが独占しており、農民自身が種子を採り、それを植え育てることで穀物を再生産することはできない。途上国では、遺伝子組み換

え作物の普及で穀物生産が増えるとは思えない。それどころか遺伝子組み換え作物は途上国の生態系を乱す可能性が大きく、さまざまな問題を引き起こす危険性がある。

第2章　参考文献

ＦＡＯ『世界の食料不安の現状 2013 年報告』（国際農林業協働協会、2014 年）
平野克己『経済大陸アフリカ』（中公新書、2013 年）
マリオン・ネスル『フード・ポリティクス――肥満社会と食品産業』（新曜社、2005 年）
堤未果「貧困が生み出す肥満大国」（『ルポ　貧困大国アメリカ』岩波新書、2008 年所収）
服部信司『アメリカ農業・政策史』（農林統計協会、2010 年）

食料自給率

　食料自給率とは、その国で消費される食料のうち国産の割合がどのくらいかを示す指標として使われる。つまり、（食料自給率）＝（国内生産量）÷（国内消費量）で計算される。食料自給率には、さまざまあるが主要なものは、「品目別自給率」「穀物自給率」「総合食料自給率」などである。

　「品目別自給率」は、個々の食料品の自給率を表している。計算は重量比率である。例えば、2012年度の大豆の自給率をみると国内生産量は23.6万トン、国内消費量は303.7万トンなので大豆の自給率は7.8％となる。残りの92.2％が輸入に依存していることになる。

　「穀物自給率」は、「主食用穀物自給率」と「飼料用を含む穀物自給率」があるが、一般に言われる穀物自給率とは後者を表している。「主食用穀物自給率」は、人間が直接食べ家畜の飼料にしないコメや小麦などの自給率で、「飼料用を含む穀物自給率」は人間と家畜が食べるトウモロコシなどの穀物を含む自給率である。日本は飼料用穀物のほとんどを輸入に依存しているので「飼料用を含む穀物自給率」は先進国でも最低レベルにある。主要国の穀物自給率は2011年度でフランス176％、米国118％、ドイツ103％、イギリス101％、中国100％、日本28％、韓国26％などとなっている。

　「総合食料自給率」は「カロリーベース食料自給率」と「生産額ベースの食料自給率」があるが、一般的に言われている食料自給率は前者を表している。これは、（カロリーベース食料自給率）＝（国民1人1日当たり国産熱量）÷（国民1人1日当たり供給熱量）で計算される。カロリーベース計算で問題になるのは畜産物の扱いである。例えば豚肉のカロリーベース自給率の計算の仕方は、（豚肉の品目別自給率）×（豚肉の飼料自給率）で計算される。例えば、豚肉の品目別自給率が50％であっても、豚肉の飼料自給率が10％とすると豚肉のカロリーベース自給率は、0.5 × 0.1 ＝ 0.05となるので5％となる。一方、「生産額ベースの食料自給率」は、（生産額ベースの食料自給率）＝（食料の国内生産額）÷（食料の国内消費仕向額）で計算される。2013年度の日本の「カロリーベース食料自給率」は39％であるが、「生産額ベース食料自給率」は65％と少し高くなる。

第3章　日本の農業生産はどうなっているか？

　本章においては、日本の農業生産のあり方について、考えることにしたい。
　そのために、第1に日本の農業生産を支える土地＝農地の所有と利用の状況についてみてみる。第2に農業生産がどのように推移してきたのか、そしてそれにともなって食料自給はどうなってきたのかを調べる。第3に農業経営体がどのように推移してきたのかを考察してみる。第4には、日本の農業生産が持続的に発展するための課題を整理することにしたい。

（1）土地利用の状況

　図3-1は、1960年から2010年までの50年間の耕地面積の推移を示している。この50年間（1960～2010年）に耕地面積の合計は、607万haから459万haとなり、148万ha（減少率24.3％）減少した。1966年には600万haを割って500万ha台に低下し、その後も高度経済成長期のなかで減少を続け、1996年には500万ha台を下回って400万ha台までに低下し、その後も減少傾向を続けてきた。とりわけ、1960年代後半から1980年代初頭にかけて大きな減少率を記録している。

　耕地面積の内訳としては、田は339万haから250万haとなり、89万ha（減少率26.2％）の減少であり、畑は269万haから210万haとなり、59万ha（減少率22.0％）の減少となっている。田に関しては、開田政策もあって1970年までは大きな減少はなく、これ以降は「コメ過剰」の顕在化にと

［第3章のキーワード］　耕地面積／コメ過剰／食料自給率／生産調整政策／農業経営体／農業生産構造／専業農家／兼業農家／新規学卒就農者／農業就業人口／農業総産出額

もなって、一貫して減少傾向を続けている。これにたいして、畑については、1960年代前半は微減傾向であったが、その後、減少率は大きくなり1970年代初頭まで減少傾向を続けたが、1973年の237万haから1988年の243万haまでは微増傾向となり、その後は減少傾向を示している。

こうした耕地面積の増減に影響を与えてきた要因の1つが、耕地の拡張・潰廃である。そこで、耕地の拡張・潰廃状況についてみてみよう（図3-2参照）。

図3-2は、1960年から2010年までの50年間の耕地の拡張・潰廃面積の推移を示している。耕地の拡張面積は、1960年代前半は3万ha台で推移してきたが、1960年代後半以降は4万ha台以上に上昇して、1971年には56,200haでピークとなり、その後は上昇・下降を繰り返しながら、1977年には38,600haとなって4万ha台を割って、低下傾向を辿ることとなる。1988年からは拡張面積は一段と低下して、1991年には8,160haとなって1万ha台を割り、その後は若干の上下運動を示しながらも1万ha台以下で、拡張面積は低迷している。耕地面積の拡張は、開田・開畑政策の下での農業生産の増強と関連して展開されてきたところである。

耕地の潰廃に関しては、自然潰廃と人為潰廃があり、比率的には人為潰廃が大きなウェイトを占めている。耕地面積の潰廃の推移をみれば、人為潰廃がほぼ潰廃の推移を示しているので、人為潰廃の動きに着目してみよう。人為潰廃

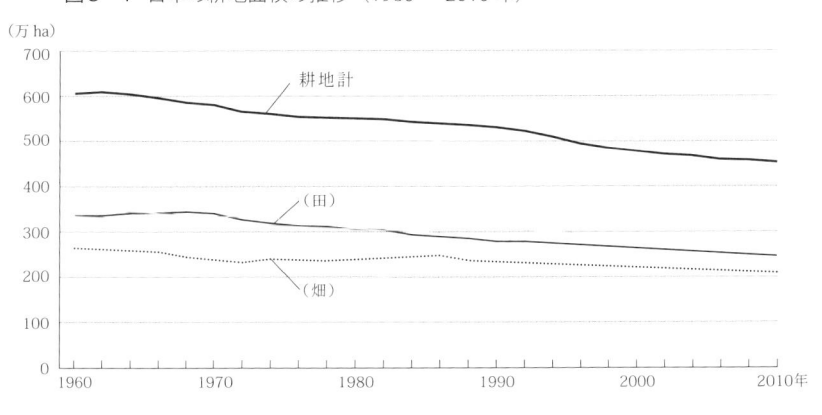

図3-1 日本の耕地面積の推移（1960～2010年）

（資料）農林水産省「耕地及び作付面積統計」。

の面積は、高度経済成長期のなかで、1960年代以降に急上昇して、1971年には112,500haでピークとなり、その後は1971年のドル・ショック、1973年のオイル・ショックの影響を受けて若干低下するが、1974年には「土地価格の高騰」の影響もあって110,500haを記録している。しかし、その後は低下傾向を辿ることとなり、1984年には35,500haまで低下する。その後は、バブル経済の進行にともなって上昇傾向を強め、1989年には52,600haの潰廃面積までに上昇した。そして、1990年代は4万haを超える潰廃面積を持続している。2000年に入り、潰廃面積は3万ha台に低下して、上下運動をともないながらも低下傾向を示しており、2010年には17,700haの潰廃面積となっている。

　図には表示していないが、人為潰廃の内訳としては、「非農業用途への転用」、「農林道等・植林等」、「耕作放棄等」がある。統計上の制約もあるが、1968年以降は、経済活動の活発化にともなって、「非農業用途への転用」ならびに「耕作放棄等」は、人為潰廃に占めるウェイトを高めている。耕地の潰廃面積の推移をみれば、都市経済活動の面的拡大によって、農地は浸食され非農業用地へと転換され、そのために耕地面積の減少が引き起こされてきたことは明らかであろう。

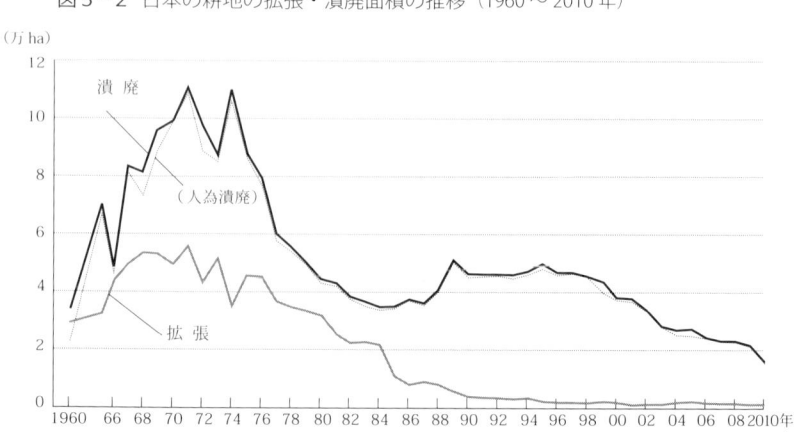

図3-2　日本の耕地の拡張・潰廃面積の推移（1960～2010年）

（資料）農林水産省「耕地及び作付面積統計」。

第3章　日本の農業生産はどうなっているか？

（2）農業生産の推移と食料自給

　図3-3は、1960年から2009年までの農作物作付面積の推移を示している。
　農作物作付延べ面積は、1960年には812万haであったが、高度経済成長期のなかで1974年には575万haまで急激な減少を続け、その後、減少率は緩やかにはなるが減少傾向は持続された。そして、2009年には424万haとなり、1960年から389万haの減少（減少率47.8％）となっており、作付延べ面積はほぼ半減している。作付延べ面積の減少と関連する指標である耕地利用率＊で示せば、1960年には133.9％であったが、その後は、高度経済成長期のなかで急激な低下となり、1970年には108.9％まで低下して、100％台となり、1993年の100.0％以降は100％を割る状況となっており、2009年には92.1％まで低下している。耕地面積の減少と共に、耕地利用率の低下は、

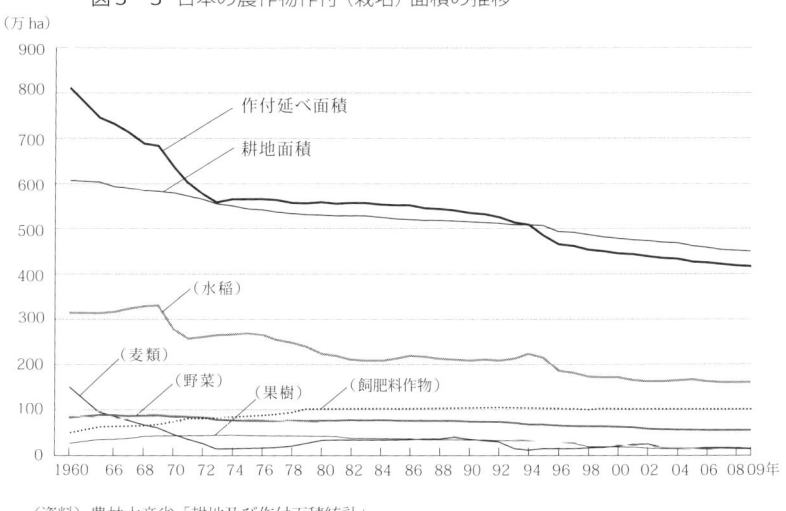

図3-3　日本の農作物作付（栽培）面積の推移

（資料）農林水産省「耕地及び作付面積統計」。

＊　耕地利用率（単位：％）とは、次の式で示される。
　　耕地利用率＝（作付延べ面積／耕地面積）＊100

日本農業における耕地利用の劣弱性を示すものといえる。

　作目別にみてみれば、水稲に関しては、1960 年には 312 万 ha であり、1969 年までは 310 万 ha 台で増加傾向にあったが、「コメ過剰」の顕在化にともなって、これ以降は基本的に減少傾向となっている。そして、1996 年には 197 万 ha と 200 万 ha を割り、2009 年には 162 万 ha まで減少しており、1960 年に比較して 150 万 ha の減少（減少率 48.1％）と、ほぼ半減している。麦類については、1960 年には 152 万 ha であったが、高度経済成長期のなかで急激な減少となり、1977 年には 17 万 ha と最低を記録し、それ以降は政策的支えもあって、若干の回復傾向を示して、1980 年から 1992 年までは 30 万 ha 台を維持してきた。しかしながら、1990 年からは基本的に減少傾向となり、2009 年には 27 万 ha まで減少しており、1960 年に比較して 125 万 ha の減少（減少率 82.5％）と、ほぼ壊滅的状況となっている。高度経済成長期における麦類の作付放棄は、その後の麦類作付面積に大きな影響を与えたといえる。

　果樹については、1960 年には 25 万 ha であったが、1961 年の農業基本法の下で「成長作目」の位置づけを与えられて増加傾向となり、1974 年の 44 万 ha をピークとして、それ以降は果樹の輸入と国内生産の「過剰」によって、減少傾向を示すこととなる。2009 年には 25 万 ha まで減少しており、1974 年のピーク時に比較して 18 万 ha の減少（減少率 42.4％）と、ほぼ半減している。

　野菜については、1960 年には 81 万 ha であったが、高度経済成長期のなかで需要の増大に支えられて、増減を繰り返しながらも、1972 年までは 80 万 ha 台を維持してきた。しかしながら、1970 年以降から 1990 年頃までは緩やかな減少傾向となっていたが、1990 年代以降は一段と減少傾向を強めており、2009 年には 55 万 ha まで減少しており、1960 年に比較して 26 万 ha の減少（減少率 32.0％）と、作付面積の 3 割減少となっている。

　飼肥料作物については、1960 年には 51 万 ha であったが、その後、増加傾向となり、1979 年には 100 万 ha となり、その後も増減を繰り返しながらも 100 万 ha 台を維持してきている。2009 年には 101 万 ha となっており、1960 年に比較して 50 万 ha の増加（増加率 99.1％）と、ほぼ 2 倍化している。

第3章 日本の農業生産はどうなっているか？

こうした農作物の作付面積の変化のなかで、農業産出額はどのように推移してきたのかをみてみることにする（図3-4参照）。

図3-4は、1960年から2009年までのほぼ10年ごとの農業産出額の推移を示している。

まず、総産出額でみれば、1960年の1.9兆円から増加して、1990年には11.5兆円と6.0倍となっている。しかしながら、これを境として、農産物の輸入自由化と国内需要の低迷のために、減少傾向を示すこととなり、2009年には8.0兆円となっている。1990年に比較して3.4兆円の減少（減少率30.0％）であり、3割の減少となっている。

こうした総産出額の動きにたいして、作目間のウェイトの変化についてみれば、1960年には、コメ47.4％、野菜9.1％、果実6.0％、畜産18.2％、養蚕2.9％であり、コメのウェイトは高く、日本農業に占める稲作の大きさが理解できる。ところが、1960年代後半以降の「コメ過剰」の顕在化にともなって、生産調整政策が実施されたことも関係して、図3-4に示されるとおり、コメのウェイトは低下することとなる。また、米価の下落はコメのウェイト低下に大きな影響を与えている。これにたいして、野菜ならびに畜産のウェイトは相対的に上昇して、2009年では、コメ22.3％、野菜25.3％、果実8.4％、畜産31.2％、養蚕0.0％となっている。畜産は第1位を占めており、第2位は野菜

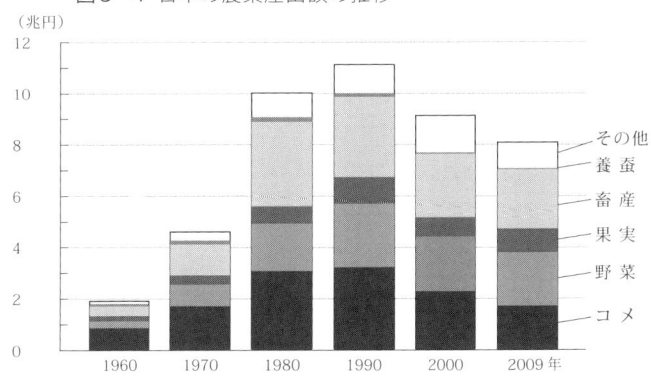

図3-4 日本の農業産出額の推移

（資料）農林水産省「生産農業所得統計」。

であり、米は第3位の位置に後退している。かつてコメは「3兆円産業」といわれたが、1.8兆円までに低下する状態になっている。日本農業の再建のためには、稲作生産の振興が必要なことを示しているといえよう。

こうした総産出額の動きのなかで、日本の食料自給はどのように推移してきたのかについてみてみることにする（表3-1参照）。

表3-1は、1960年度から2009年度までのほぼ10年ごとの食料自給の推移を示している。

供給熱量ベースの食料自給率をみれば、1960年度には79％であったが、農産物の市場開放の進展にともなって急速に低下することとなり、2000年度以降は約40％となっている。他の先進諸国に比較して日本の食料自給率は低

表3-1　日本の食料自給率の推移

(単位：％)

		1960年度	1970年度	1980年度	1990年度	2000年度	2009年度
食料自給率（供給熱量ベース）		79	60	53	48	40	40
食料自給率（生産額ベース）		93	85	77	75	71	70
主食用穀物自給率		89	74	69	67	60	58
飼料自給率		55	38	28	26	26	25
品目別自給率	コメ	102	106	100	100	95	95
	小麦	39	9	10	15	11	11
	大豆	28	4	4	5	5	6
	食用	70	18	23	25	27	26
	野菜	100	99	97	91	81	83
	果実	100	84	81	63	44	41
	みかん	111	105	103	102	94	101
	りんご	102	102	97	84	59	58
	肉類	93	89(28)	80(12)	70(10)	52(8)	58(8)
	牛肉	96	90(61)	72(30)	51(15)	34(9)	43(11)
	豚肉	96	98(16)	87(9)	74(7)	57(6)	55(6)
	鶏卵	101	97(16)	98(10)	98(10)	95(11)	96(10)
	牛乳および乳製品	89	89(56)	82(46)	78(38)	68(30)	71(30)

（資料）農林水産省「食料需給表」。
（注）1）食用大豆には、みそ、しょうゆ向けのものは含まれていない。
　　　2）肉類、牛肉、豚肉、鶏卵、牛乳及び乳製品の（　）については、飼料自給率を考慮した値である。なお、1960年度についてはデータがないため、算出していない。
　　　3）飼料自給率の1960年度の値は、1965年度の値である。
　　　4）農林水産省編『2011年版 食料・農業・農村白書 参考統計表』（農林統計協会、2011年）120ページより引用。

く、国民の食糧確保に関する不安は大きく＊、食料自給の増大は国民的課題となっている。

これにたいして、生産額ベースの食料自給率があり、1960年度には93％であり、2009年度においては70％となっており、供給熱量ベースの食料自給率に比較して、現時点では、相対的に高い数値を維持している。しかしながら、農業のグローバル化の進展にともなって、農産加工品等の輸入は増大しており、この数値を維持できるかどうかは、農産加工の海外展開の動向に大きく関わっているであろう。

食料自給のなかでも、主食用穀物自給率は国民食糧確保の上で大事な指標である。1960年度には89％であったが、2009年度には58％と31ポイントの低下となっており、低水準にある。主食用穀物の国内生産の増大と確保は、国民食糧確保にとって不可欠なことであることを忘れてはならない。米はほぼ自給を達成しているが、小麦の自給率は低く1割程度の自給率しかなく、その結果、主食用穀物自給率は低くなっているのである。第二次世界大戦後における食生活の変化のなかで、「コメ離れ」の進行（＝コメ消費の減退）、洋食の普及・拡大（＝小麦消費の増大）がみられ、これに対応した国産小麦の生産・消費の増大は、国民食糧確保のための重要な課題の1つである。

畜産の産出額のウェイトは伸びていることをすでに指摘したが、畜産の飼料は輸入に依存しており、飼料自給率をみれば理解されるとおりである。1960年度の55％から低下して、2009年度では25％となっており、畜産物消費の拡大のなかで、国産飼料生産の増大は日本畜産の展開にとって避けることのできない問題である。

その他の品目をみれば、大豆の自給率は、1960年は28％であり、高度経済成長期のなかで急激に低下して、2009年度では6％となっている。大豆は、伝統的な日本食品である豆腐、味噌、醤油、納豆等の原材料であるが、国内生産の縮小・衰退にともなって輸入品に多く依存していることがわかる。

野菜については、1990年頃までは基本的に国内自給であり、9割以上を自給していたが、円高と国内野菜生産の縮小にともなって自給率は低下して9割

＊　農林水産省『食料・農業・農村に対する国民の意識と行動』（2009年2月）を参照。

を下回り、2009年度では83％の自給率と低下しており、国内野菜生産は低迷している。

　果実は本来的に国際商品ではあるが、1960年以降の日本経済の開放経済体制への移行にともなって、果実の輸入自由化は進展してきた。その結果、果実の自給率は急速に低下し、2009年度で41％にまで低下している。

　肉類については、1991年の牛肉輸入自由化以降、急速に自給率を低下させてきた。2009年度の自給率は、牛肉43％、豚肉55％となっている。しかし、飼料自給率を考慮すると、2009年度の自給率は肉類8％、牛肉11％、豚肉6％となり、日本畜産の生産構造は飼料自給を欠いており、加工型畜産の特徴を有していることを指摘できる。

　鶏卵、牛乳及び乳製品の自給率は、2009年度で、それぞれ96％と71％と、高い自給率を維持している。しかしながら、肉類と同様に、飼料自給率を考慮すると、その自給率は鶏卵10％、牛乳及び乳製品30％であり、何かの理由で飼料輸入が途絶すると、その生産維持は困難な生産構造となっている。

　このように日本の農業生産の推移をみてみれば、時系列的には、第1に1960年以降の日本経済の開放経済体制への移行、第2に1970年以降の「農産物過剰」による生産調整、第3に1990年以降のグローバル経済の進展による日本農業の絶対的縮小が、日本の農業生産に大きな影響を与えてきたといえる。これと同時に、農業生産構造の特徴が日本の農業生産の構造的な問題を生み出していることを認識することは重要な視点である。

（3）農業経営体の推移

　表3-2は、1960年から2010年までの50年間の日本における農業経営体の推移を示している。

　農家数の推移をみれば、1960年には606万戸であったが、2010年には163万戸までに減少しており、この50年間で443万戸の減少（減少率73.1％）であり、1960年の農家数の26.9％と激減している。専業農家数は、1960年の208万戸から2010年には45万戸へと、163万戸の減少（減少率

78.3％）となっている。とりわけ、高度経済成長期のなかで、農業収入だけで農家経済を支えることはできないために兼業農家となり、専業農家数は激減してきたのである。その結果として、農家労働力は、日本経済の高度経済成長期における労働力供給源の役割を果たし、農家の兼業化に拍車がかけられたのである。この点は、兼業農家数の推移をみれば明らかであり、1960年には398万戸であったが、1970年には456万戸に増加し、増加農家数は58万戸（増加率14.5％）であり、専業農家数の減少は兼業農家数の増加となって現れている。しかしながら、こうした状況は1980年以降には変化しており、兼業農家数の減少は常態化することとなり、とりわけ、1990年以降は日本農業の絶対的縮小のなかで兼業農家数は激減しており、2010年の兼業農家数は118万戸となっており、1970年に比較して、338万戸の減少（減少率74.1％）となっている。これが、農家総数減少の構造的特徴である。

このような農家数の減少にともなって、農業就業人口も減少してきた。農業就業人口は、1960年には1,454万人であったが、高度経済成長期のなか

表3-2 日本の農業経営体の推移

	(単位)	1960年	1970年	1980年	1990年	2000年	2010年
農家数	万戸	606	540	466	297	234	163
専業農家数	万戸	208	84	62	47	43	45
男子生産年齢人口がいる割合	％	—	—	69	67	47	41
兼業農家数	万戸	398	456	404	250	191	118
主業農家数	万戸	—	—	—	82	50	36
農業就業人口	万人	1,454	1,035	697	482	389	261
60歳以上の割合	％	17	27	36	51	66	74
全就業人口に占める割合	％	33	20	13	8	6	4
基幹的農業従事者	万人	1,175	711	413	293	240	205
新規学卒就農者	人	79,100	36,900	7,000	1,800	2,100	1,770
集落営農数		—	—	—	—	9,961	14,643
農業生産法人数	法人	—	2,740	3,159	3,816	5,889	11,829
1経営当たりの平均経営耕地面積	ha	0.9	1.0	1.0	1.1	1.2	2.2
参考 乳用牛の1戸当たり飼養頭数	頭	2	6	18	33	53	68
豚の1戸当たり飼養頭数	頭	2	14	71	272	838	1,437

（資料）総務省「国勢調査」、「労働力調査」、農林水産省「農林業センサス」、「集落営農実態調査」、「新規就農者調査」、「農林漁家就業動向調査」、「家畜の飼養動向」、「畜産統計調査」、農林水産省調べ。

で急速に減少して、2010年には261万人までに減少しており、この50年間に1,193万人の減少（減少率82.0％）となっている。こうしたなかで深刻な事態は、農業就業者の高齢化である。農業就業人口に占める60歳以上の割合は、1960年には17％であったが、その後、急速に上昇して、1990年には5割を超え、2010年には74％となっている。表には示されていないが、同様な傾向は基幹的農業従事者においてもみられる。

新規学卒就農者の動向をみておこう。1960年には79,100人であったが、高度経済成長期のなかで新規学卒者は農業以外の職業に就業し、新規学卒就農者は激減することとなり、1970年には36,990人と半減し、その後も減少を続け、2010年には1,770人までに減少しており、この50年間に77,330人の減少（減少率97.8％）であり、農業の担い手問題の深刻さを示す1つの指標である。

農業の担い手問題に関して注目すべき指標は、集落営農数ならび農業生産法人数の動向である（詳しくは、第4章を参照）。近年、両数値は伸びており、今後の日本農業の担い手問題を考える際に重要な動きであるといえる。

このように日本の農業経営体の推移をみれば、農家総数ならび専業農家数の減少が確認され、農業の高齢化が深刻な問題となっていることがわかる。

（4）日本の農業生産の課題

第二次大戦後、日本経済はめざましい復興・発展を遂げてきたことにより、日本は先進諸国の仲間入りを果たして、日本の産業構造は高度化して第1次産業のウェイトは急速に低下し、これまでに述べたように農業生産も大きく変化させられた。その特徴について要約し、日本の農業生産の課題を整理しておこう。

日本の農業生産の特徴として、第1に、耕地の減少が指摘できる。農業生産の振興にとって、経営規模（耕地）の拡大は重要な政策課題であるが、耕地の減少という状況のなかで経営規模の拡大は進まなかったことに、日本農政における問題点を残している。また、耕地の減少のなかで耕地利用率は低下しており、耕地の有効利用という点からも問題点を抱えている。しかしながら、こう

した状況は農業経営を取り巻く社会・経済環境が厳しいことによって生じており、日本農業が構造的に転換することの必要性に迫られていることを認識することが必要であろう。

　第2に、農業経営に着目すれば、困難を抱えながらも、1990年までは農業総産出額は増大してきた。しかしながら、1990年以降は絶対的縮小過程を辿っていることに、日本の農業生産の特徴がある。これは、バブル経済崩壊以降の日本経済の長期低迷とも関連する事象でもあり、日本経済の構造的転換と同時に日本農業の転換を考えなければならないことを示唆している。農業生産部門の内部に目を向ければ、農業総産出額に占めるコメのウェイトは低下しており、2009年現在では2割となっており、畜産、野菜についで第3位の地位となっている。しかしながら、日本の農業生産構造を考える際には、稲作部門の適正な回復を図らなければ、農業生産はアンバランスな展開となるため、部門間のバランスを考慮した農業生産の展開をめざすことは必要となる。たとえば、畜産部門は農業総産出額に占めるウェイトは第1位とはなっているが、その生産構造は飼料自給を欠落させた加工型畜産であり、安定的で持続的な畜産生産の展開をめざすときには、飼料自給の拡大という克服すべき問題点を認識しなればならない。

　第3に、農家総数の減少のなかで農業就業者の高齢化は進行しており、日本農業の担い手問題の深刻化は日本の農業生産構造の特徴であり、克服すべき問題となっている。農業の高齢化のなかで、新しい担い手が出現してくれば、1つの解決方策とはなるのであるが、現段階ではそのような状況とはなっていない。1990年以降における新規就農者は以前よりは増加しており、若干の期待は持てるが、日本の農業構造全体からみれば、いまだ大きな役割を果たしているとはいえない状況にある。また、2000年以降における集落営農や農業生産法人の増加傾向は注目すべき動向であり、日本農業の行方と関連するといえよう（詳しくは、第4章を参照のこと）。

　第4に、これまでにみてきたように日本の農業生産の停滞・衰退という状況下において、食料自給率の低下は進行しており、そこに日本の農業生産の特徴と課題がある。国民＝消費者からすれば、安全・安心な食料を入手することを強く望んでおり、それに応えることが日本農業の存立条件であり、存立基盤で

あるといえる。すなわち、日本農業は国民食糧の供給という、国民的課題を担うことを通じて、その持続的存立が保証される構造となっているということができよう。

　以上のように日本の農業生産の特徴を整理すれば、日本の農業生産の課題については、次のとおり、指摘することができる。

　第1には、日本の農業生産構造は、部門間のバランスを考慮した持続的な農業生産構造の構築をめざすことが大事な視点である。稲作部門の正常な発展と他の作目との有機的連関を図ることが求められている。また、日本農業の地域性を考慮した、農業生産構造の構築を指向することは必要であり、不可欠なことである。農業は本来的に地域立地型の産業であり、地域特性を生かした農業展開は根本的に重要な視点である。

　第2には、農業の地域性と関連する事項であるが、地域資源の活用を第一義的に考えて、農業生産構造を構築することが求められる。農村における、自然、環境、文化、祭り、社会・経済関係等を含めて、農業生産構造を設計することが大事である。その際に、地域資源の有効活用と同時に、地域資源の維持・保全を積極的におこなうことは必要なことである。また、耕地利用率の向上を念頭において、耕地（農地）の有効活用のためのあらゆる方策を実施することは、現代的課題といえよう。

　第3には、食料自給率の向上という国民的課題に応えるために、日本の農業生産構造を構築することが求められている。これは国民食糧確保という農業生産の基本的課題の実現である。また、国民＝消費者の安全・安心な食料確保の課題に応えることができるかどうかが、日本農業再建にとって不可欠の視点である。

　第4には、日本の農業生産の担い手を考える際に、新しい農業の担い手を正当に評価することが大事なことである（農業の担い手問題については、第4章を参照のこと）。また、日本農業の再建を考える際には、都市と農村の共生は大事な視点である。1980年以降の国際化の進展にともなって、農業の国際化は進展してきたのであり、世界各地の農業は国際的競争にさらされる時代となっている。農業内部の生産力競争の強化だけでは生き残れない状況となっており、国民経済との関係のなかで農業の再構築をめざすことが求められており、国民

的理解の下で農業生産構造の展開は確実なものとなる。その際には、都市と農村の共生は重要な鍵となるであろう。

第3章　参考文献

小池恒男・新山陽子・秋津元輝編『キーワードで読みとく現代農業と食料・環境』（昭和堂、2011年）
八木宏典監修『知識ゼロからの現代農業入門』（家の光協会、2013年）
八木宏典監修『最新世界の農業と食料問題のすべてがわかる』（ナツメ社、2013年）
鈴木宣弘・木下順子『ここが間違っている！日本の農業問題』（家の光協会、2013年）
生源寺眞一『農業と人間──食と農の未来を考える』（岩波書店、2013年）

農家に関する用語

農林水産省によると、現在の農家等の定義については、次のとおりである。

(1) 農家等分類関係（1990年世界農林業センサス以降の定義）

用　語	定　義
農　家	経営耕地面積が10a以上の農業を営む世帯または農産物販売金額が年間15万円以上ある世帯
販売農家	経営耕地面積30a以上または農産物販売金額が年間50万円以上の農家
主業農家	農業所得が主（農家所得の50％以上が農業所得）で、1年間に60日以上自営農業に従事している65歳未満の世帯員がいる農家
準主業農家	農外所得が主（農家所得の50％未満が農業所得）で、1年間に60日以上自営農業に従事している65歳未満の世帯員がいる農家
副業的農家	1年間に60日以上自営農業に従事している65歳未満の世帯員がいない農家（主業農家及び準主業農家以外の農家）
専業農家	世帯員の中に兼業従事者（1年間に30日以上他に雇用されて仕事に従事した者または農業以外の自営農業に従事した者）が1人もいない農家
兼業農家	世帯員の中に兼業従事者が1人以上いる農家
第一種兼業農家	農業所得の方が兼業所得よりも多い兼業農家
第二種兼業農家	兼業所得の方が農業所得よりも多い兼業農家
自給的農家	経営耕地面積が30a未満かつ農産物販売金額が年間50万円未満の農家
農家以外の農業事業体	経営耕地面積が10a以上または農産物販売金額が年間15万円以上の農業を営む世帯（農家）以外の事業体
農業サービス事業体	委託を受けて農作業を行う事業所（農業事業体を除き、専ら苗の生産及び販売を行う事業所を含む）
土地持ち非農家	農家以外で耕地及び耕作放棄地を5a以上所有している世帯

(2) 農業経営体分類関係（2005年農林業センサス以降の定義）

用　語	定　義
農業経営体	農産物の生産を行うかまたは委託を受けて農作業を行い、①経営耕地面積が30a以上、②農作物の作付面積または栽培面積、家畜の飼養頭羽数または出荷羽数等、一定の外形基準以上の規模（露地野菜15a、施設野菜350㎡、搾乳牛1頭等）、③農作業の受託を実施、のいずれかに該当する者（1990～2000年センサスでは、販売農家、農家以外の農業事業体及び農業サービス事業体を合わせた者に該当する）
農業経営体のうち家族経営	農業経営体のうち個人経営体（農家）及び1戸1法人（農家であって農業経営を法人化している者）
個人経営体	農業経営体のうち世帯単位で事業を行う者であり、1戸1法人を除く
法人経営体	農業経営体のうち法人化して事業を行う者であり、1戸1法人を含む

第4章　日本農業を誰が担うか？

　本章では、重要な課題である、日本農業の担い手問題について考えることにしたい。

　そのために、第1に、農業就業構造はどのように変化してきたのかを確認することとする。第2に、農業の主要な担い手である家族農業経営の動向についてみてみることにしたい。第3に、農業の法人化の動向をみてみることにしたい。最後に、第4として、新しい農業の担い手として注目されている集落営農の動向を考察することとしたい。

（1）農業就業構造の変化

農業労働力問題の現状

　高齢化や脱農化の進行によって、総農家数は減少傾向にあり、農業生産の担い手の喪失傾向は強まっている（表4-1参照）。

　表4-1は、農家人口、農業就業人口、基幹的農業従事者数の推移（1960年から2010年までの50年間）を示している。農家人口は1960年には3,441万人であったが、その後減少を続け、2010年には650万人（減少率81.1%）までに減少している。そうしたなかで、65歳以上の高齢者割合は着実に増加しており、2010年の割合は34.3%となっており、農村は高齢者の住むところとなっている。こうした傾向は、農業就業人口や基幹的農業従事者数でみれば、より一層顕著であり、65歳以上の高齢者割合は、農業就業人口61.6%、基幹的農業従事者数61.1%となっており、農業労働力の6割以上は65歳以

[第4章のキーワード]　農業の担い手／農家人口／農業労働力／農業就業人口／基幹的農業従事者／新規就農／販売農家／家族農業経営／農業生産法人／集落営農

I 今日の食生活と食料生産

上の高齢者によって支えられている。

　農業生産の担い手問題を打開するためには、新規就農者の役割は大きい。2000年以降の新規就農者数は約8万人であり、1990年の1万5,700人と比較すると、大きく回復してきている。しかしながら、その年齢構成をみると、新規就農青年は約1万人であり、大半は40歳以上の離職就農者であるため、農業生産の高齢化の解消に直接結びついているとはいえない。とはいえ、国民生活において農業の果たす重要な役割を考えれば、近年の新規就農者の増加傾向は歓迎すべき現象といえるのではないか。

（2）家族農業経営の動向

販売農家の動向

　農業経営をめぐる経営環境の厳しさのなかで、経営類型別の販売農家の動向についてみておこう（表4-2参照）。

　表4-2によれば、2005年から2010年の間の減少率の大きい部門は、小麦61.9％、大豆54.2％、イモ類40.3％、露地花卉37.6％、豚32.2％、採卵鶏32.1％などとなっており、全体的にも1割以上の農家が販売農家から消えており、深刻な事態となっている。

表4-1 日本の農家人口・農業就業人口・基幹的農業従事者数の推移

		1960年	1965年	1970年	1975年	1980年	1985年	1990年
農家人口		34,411	30,083	26,282	23,197	21,366	15,633	13,878
	65歳以上	2,835 (8.2)	2,938 (9.8)	3,082 (11.7)	3,182 (13.7)	3,330 (15.6)	2,643 (16.9)	2,709 (19.5)
農業就業人口		14,542	11,514	10,252	7,907	6,973	5,428	4,819
	65歳以上	― (―)	― (―)	1,823 (17.8)	1,660 (21.0)	1,711 (24.5)	1,443 (26.6)	1,597 (33.1)
基幹的農業従事者数		11,750	8,941	7,048	4,889	4,128	3,465	2,927
	65歳以上	― (―)	― (―)	829 (11.8)	891 (14.1)	688 (16.7)	677 (19.5)	783 (26.8)

（資料）農林水産省「農林業センサス」、「農業構造動態調査」。

第4章 日本農業を誰が担うか？

家族農業経営の継続

　家族農業経営の継続が困難な状況において、新規就農者の動向は注目されるところである。

　新規就農者に関しては、さまざまな困難を抱えており、新規参入者が参入後1～2年目に経営面で困っていることは、「所得が少ない」30.8％、「技術の未

表4-2 販売目的で飼養している農家数

(単位：戸、%)

	2005年	2010年	増減率
水稲	1,403,395	1,159,282	-17.4
小麦	112,826	43,012	-61.9
大豆	204,827	93,762	-54.2
イモ類	192,834	115,140	-40.3
工芸作物	97,900	75,321	-23.1
露地野菜	435,013	370,254	-14.9
施設野菜	146,101	131,421	-10.0
果樹	276,548	242,344	-12.4
露地花卉	57,866	36,101	-37.6
施設花卉	37,995	30,871	-18.7
乳用牛	27,146	21,989	-19.0
肉用牛	80,306	65,085	-19.0
豚	5,688	3,855	-32.2
採卵鶏	5,907	4,012	-32.1
ブロイラー	2,132	1,853	-13.1

(資料) 農林水産省「農林業センサス」(組換集計)。

(単位：1000人、カッコ内%)

1995年	2000年	2005年	2006年	2007年	2008年	2009年	2010年
12,037	10,467	8,370	7,931	7,640	7,295	6,979	6,503
2,904 (24.1)	2,936 (28.0)	2,646 (31.6)	2,570 (32.4)	2,524 (33.0)	2,449 (33.6)	2,380 (34.1)	2,231 (34.3)
4,140	3,891	3,353	3,205	3,119	2,986	2,895	2,606
1,800 (43.5)	2,058 (52.9)	1,951 (58.2)	1,854 (57.8)	1,850 (59.3)	1,803 (60.4)	1,778 (61.4)	1,605 (61.6)
2,560	2,400	2,241	2,105	2,024	1,970	1,914	2,051
1,018 (39.8)	1,228 (51.2)	1,287 (57.4)	1,205 (57.2)	1,178 (58.2)	1,172 (59.5)	1,157 (60.4)	1,253 (61.1)

熟さ」20.1％、「設備投資金の不足」13.3％、「運転資金の不足」7.9％、「農地が集まらない」7.5％、「販売が思うようにいかない」4.0％、「労働力不足」3.8％、「栽培計画・段取りがうまくいかない」3.1％、「その他」9.4％となっている[*]。こうしたことを考えると、新規就農者を増やすためには、所得の増加、技術指導、経営資金の確保が重要な施策課題となっている。2012年度からは、「青年就農給付金」が開始され、原則として45歳未満の独立・自営の新規就農者を対象にして、年間150万円給付される制度が創設された。

（3）農業の法人化

農業の法人化の動向

近年注目されている農業生産法人の動向についてみてみよう（図4-1参照）。
図4-1は、業種別の農業生産法人数の推移を示している。総数でみれば、

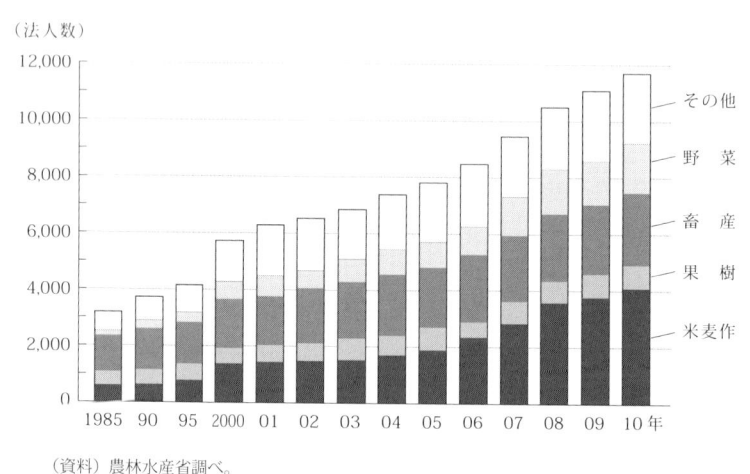

図4-1 日本の業種別農業生産法人数の推移

（資料）農林水産省調べ。

---

[*] 全国農業会議所「新規就農（新規参入者）の就農実態に関する調査結果」（2010年11月実施）。

1985年には3,168法人数であったが、その後、増加となり、1995年頃からは増加傾向を強めており、2010年で11,829法人数となっている。

業種別にみれば、2010年で、米麦作4,053法人数（総数の34.3％）、果樹865法人数（同7.3％）、畜産2,477法人数（同20.9％）、野菜1,838法人数（同15.5％）、その他2,596法人数（同21.9％）となっており、畜産と米麦作とで過半数となっている。近年の法人化の伸びに着目すれば、米麦作と野菜において一定の進展を指摘できる。

（4）新しい農業の担い手

地域農業の担い手

兼業化、高齢化が進行し、農業の担い手確保が困難な状況において、一定の地域における農家が農作業の一部や全部を共同化して、地域の農業生産を維持する方式として、集落営農が水稲農業を中心として展開している。

2014年における集落営農の現状についてみてみることにしたい[*]。全国には、集落営農数は14,717組織あり、地域別には、北海道268組織（構成比1.8％）、東北3,307組織（同22.4％）、北陸2,346組織（同15.9％）、関東・東山977組織（同6.6％）、東海781組織（同5.3％）、近畿2,051組織（同13.9％）、中国1,981組織（同13.5％）、四国429組織（同2.9％）、九州2,571組織（同17.4％）、沖縄6組織（同0.0％）となっており、地域的には東北、北陸、近畿、中国地域を中心として展開している。販売金額1位の農産物別集落営農数割合では、コメ（水稲・陸稲）77.3％、麦類7.8％、大豆6.9％、そば2.6％、飼料作物2.0％、野菜類1.2％、雑穀・イモ類・豆類0.4％、畜産0.4％などとなっており、米作を主体として展開していることを示している。

これらの集落営農に対して、2003年に特定農業団体制度が創設され、法人化を計画する一定の要件を満たす集落営農が新たな担い手と位置づけられ、

---

[*] 農林水産省「集落営農実態調査の結果（2014年2月1日現在）」（2014年3月28日公表）を参照した。

2007年3月現在、全国で1,323団体が認定されている。また、地域の農地利用の過半を担う法人と位置づけられている、特定農業法人があり、2007年3月現在で、全国で558経営体が認定されている。こうした集落営農組織の法人化の動きと、小規模農家や兼業農家を含めた集落営農の育成・維持との整合化が大きな課題となっている。それは、各地域における集落営農の実態を踏まえて、解決されるべき問題であろう。

農作業の受託

　農業労働力確保が困難ななかで、農家からその農作業を受託する、動きがみられる（表4－3参照）。

　表4-3は、水稲作業の受託延べ面積について、2005年と2010年の状況を示している。この5年間で、総受託作業面積は2005年の162万haから2010年には152万haへと減少しており、10万haの減少となっている。この減少は、農業サービス事業体による受託面積の減少（21万haの減少）が反映している。この減少を補っているのは、農業サービス事業体以外の農業経営体であり、8万haの増加となっており、地域農業の存続にとって大きい役割を果たしており、今後の動向に注目する必要がある。

　地域農業の担い手は、各地域において多様に展開されているのが現状であるため、その展開方向については、各地域の実態を踏まえて考えることが重要で

表4-3　日本の農業経営体による水稲作業受託延べ面積

(単位：万ha)

		基幹3作業 + 全作業				育苗	防除	乾燥・調整	計
		全作業	耕起・代かき	田植	稲刈り・脱穀				
①水稲受託作業種類別農業経営体数受託作業面積（全国）	2005年	45.1	4.3	8.5	9.9	22.4	26.2	40.3	50.5	162.1
	2010年	43.9	3.7	8.5	9.8	21.9	22.7	37.5	48.1	152.2
②水稲受託作業種類別サービス事業体数受託作業面積（全国）	2005年	15.2	0.7	3.2	3.0	8.3	17.5	35.7	37.8	106.2
	2010年	11.1	0.8	2.1	2.0	6.1	12.4	27.5	33.5	84.5
③農業サービス事業体以外の農業経営体（①－②）	2005年	29.9	3.5	5.3	6.9	14.2	8.7	4.6	12.7	55.9
	2010年	32.9	2.8	6.5	7.8	15.8	10.3	9.9	14.6	67.7

（資料）農林水産省「農林業センサス」（2010年、組換集計）。

ある。その際には、現在、苦境にある家族農業経営＊の維持・継続を政策目標として掲げ、その安定的な存続の下で、新しい地域農業の担い手を創出することが必要となっている。多様な地域農業の実態に合わせて、家族農業経営を核にした、新しい地域農業の担い手を構想することが、現代的課題といえよう。

第4章　参考文献

田代洋一『集落営農と農業生産法人――食の協同を紡ぐ』（筑波書房、2006年）

楠本雅弘『進化する集落営農――新しい「社会的協同経営体」と農協の役割』（農山漁村文化協会、2010年）

田代洋一『地域農業の担い手群像』（農山漁村文化協会、2011年）

新井聡『集落営農の再編と水田農業の担い手』（筑波書房、2011年）

国連世界食料保障委員会専門家ハイレベル・パネル『家族農業が世界の未来を拓く』（農山漁村文化協会、2014年）

＊　2013年11月22日、国連は飢餓の根絶と天然資源の保全において、家族農業が大きな可能性を有していることを強調するため、2014年を国際家族農業年（International Year of Family Farming 2014）として定めた。

集落営農

　2010年の基幹的農業従事者数は205万人で、平均年齢は66.1歳であり、日本農業の高齢化は深刻な状況となっている。

　農業の担い手不足についても同様の事態であり、地域の農業・農村を維持し、発展させるための方策が求められており、その1つとして集落営農がある。

　集落営農とは、複数の個人が集まって、機械の共同利用や、作業の共同化によって、経営の効率化を図り、地域農業を維持・発展させるための組織である。

　集落営農のメリットとしては、次のようなことが考えられる。

　第1には、農業経営の効率化が図れることである。機械の共同利用や、作業の共同化により、コスト削減の可能性がある。労働力配分についても集落営農全体として考えることができ、高齢者に適した就業が可能となる。農業機械の整備にたいしては、国の支援を受けられる。

　第2には、地域農業を維持することによって、集落機能の維持が図られ、農村地域の維持・存続に資することである。先祖が守ってきた農地を維持し、後世に伝えていくことは、現代を生きる人間に課せられた重要な課題である。

　第3には、米の所得補償交付金を受ける際には、集落営農で加入すると有利となる。米の所得補償交付金に加入する時に、共済資格団体として加入することにより、交付対象面積の計算で有利となる。

　第4には、集落営農を法人化することによって、継続的な運営が可能となることである。法人化することによって、信用力が向上し、新たな人材確保が可能となり、経営の発展に役立つこととなるため、国としては集落営農の法人化を推進している。

　集落営農を進めるために、国として、さまざまな支援制度を設けている。

　経営安定のためには「農業者戸別所得補償制度」、機械の整備のためには「経営体育成支援事業」、規模拡大のためには「規模拡大加算交付金」、農地・農業用水の維持・保全のためには「中山間地域等直接支払交付金」・「農地・水保全管理支払交付金」、農業の6次産業化のためには「6次産業総合推進事業」、低利資金の借入のためには「経営体育成強化資金」・「農業近代化資金」・「農業改良資金」等があり、税制上のメリットもある。

第5章　戦後日本農政を考える

　本章においては、第二次世界大戦後の日本農政の展開過程における日本農業の変化について、考えてみることにしたい。

　農業政策とは、広い意味では農業を対象として実施される経済政策のことであり、歴史貫通的にさまざまな形態で実施されてきた。しかしながら、近代社会における農業政策とは、資本主義経済体制下における政府の経済政策（産業政策）の一環として実施されるところの、農業を対象とした政策と理解される。その基本的課題は、旧来の農業生産形態を資本主義経済社会に適合・調整させることにある。現代では、経済政策の一環としてだけではなく、社会福祉政策や環境政策といった、公共政策を含めた広範な政策体系と関連づけながら、農業政策は展開されている。現代の農業政策には、農業生産の確立と同時に、公共性の確保と社会福祉の増進が求められているといえる。

（1）戦後日本農政の転換

　第二次世界大戦後の日本の農業政策の大きな流れと特徴を、みてみよう（表5-1参照）。

　第1期は戦後復興期（1945～60年）であり、「農地改革・食糧増産農政」が基本的な特徴となる。戦後改革の一環としての農地改革が進められ、1946年10月11日に「農地改革法」が成立し、戦後自作農が創出された。この農

[第5章のキーワード]　産業政策／戦後復興期／戦後自作農／農地法／高度経済成長期／貿易為替政策大綱／農業基本法／総合農政／国際化農政／新政策（「新しい食料・農業・農村政策の方向」）／G5・プラザ合意／食料・農業・農村基本法／食料・農業・農村基本計画／家族農業経営

表5-1 日本における農林水産物自由化の推移

年次	輸入数量制限品目数	主な出来事	主な輸入数量制限撤廃品目
1955年	—	ガット加入	
1960年	—	121品目自由化	ライ麦、コーヒー豆、ココア豆
1961年	—	貿易為替自由化の基本方針決定	大豆、しょうが
1962年	103* 81		羊毛、たまねぎ、鶏卵、鶏肉、にんにく
1963年	76	ガット11条国へ移行	落花生、バナナ、粗糖
1966年	73		ココア粉
1967年	73	ガット・ケネディ・ラウンド決着('64年〜)	
1970年	58		豚の脂身、マーガリン、レモン果汁
1971年	28		ぶどう、りんご、グレープフルーツ、植物性油脂、チョコレート、ビスケット類、生きている牛、豚肉、紅茶、なたね
1972年	24		配合飼料、ハム・ベーコン、精製糖
1974年	22		麦芽
1978年	22	日米農産物交渉決着(牛肉・かんきつ)	ハム・ベーコン缶詰
1979年	22	ガット・東京ラウンド決着('73年〜)	
1984年	22	日米農産物交渉決着(牛肉・かんきつ)	
1985年	22		豚肉調整品(一部)
1986年	22		グレープフルーツ果汁
1988年	22［39］	日米農産物交渉決着(牛肉・かんきつ、12品目)	ひよこ豆
1989年	20［37］		プロセスチーズ、トマトジュース、トマトケチャップ・ソース、豚肉調整品
1990年	17［31］		フルーツピューレ・ペースト、パイナップル缶詰、非かんきつ果汁、牛肉調整品
1991年	14［26］		牛肉・オレンジ
1992年	12［22］		オレンジ果汁
1993年	12［22］	ウルグアイ・ラウンド決着('86年〜)	
1995年	5［8］		小麦、大麦、乳製品(バター、脱脂粉乳等)でん粉、雑豆、落花生、こんにゃく芋、生糸・繭
1999年	5［8］	WTO農業交渉開始	コメ
2000年	5［8］		

(資料)農林水産省作成。
(注)1)輸入数量制限品目数は、各年末現在の数である(CCCN(関税協力理事会)品目表)4桁分類。［］内はHS(国際統一商品分類)の4桁分類。2)1962年4月、輸入管理方式がネガティブリスト方式となった。*印は1962年4月の輸入数量制限品目数。3)品目名については、商品の分類に関する国際条約で定められた名称によらず、一般的な名称により表記したものを含む。4)日米農産物交渉における12品目とは、①プロセスチーズ、②フルーツピューレ・ペースト、③フルーツパルプ・パインナップル缶詰、④非かんきつ果汁、⑤トマト加工品(トマトジュース及びトマトケチャップ・ソース)、⑥ぶどうとう糖・乳糖等、⑦砂糖を主成分とする調製食料品、⑧粉乳・れん乳等乳製品、⑨でん粉、⑩雑豆、⑪落花生、⑫牛肉及び豚肉調製品。5)現在の輸入数量制限品目は、水産物輸入割当対象品目(HS4桁分類の0301、0302、0303、0304、0305、0307、1212、2106の一部)。6)農林水産省編『2011年版 食料・農業・農村白書』(農林統計協会、2011年)401ページより引用。

第5章　戦後日本農政を考える

地改革の成果の恒久化をめざして、1952年7月15日に「農地法」が公布され、自作農主義（耕作者主義）が採用された。また、同時に、戦後の食糧不足の解消は大きな社会・政治問題であり、1950年代前半には、食糧増産政策が打ち出された。

（2）高度経済成長と農業・農政

第2期は高度経済成長期（1960～70年）であり、「基本法農政」として特徴づけられる。1961年制定の農業基本法は、高度経済成長下における農業の保護・育成が大きな課題であった。その主要な政策目標は、①農工間所得均衡、②選択的拡大、③構造改善であり、農業と工業との生産性格差是正が大きな政策課題であった。また、米価政策としては、1960年産米から生産者米価の算定に生産費・所得補償方式を採用したため、農業生産は米生産への偏重が進むこととなった。

表5-2　日本の国民経済における農業のシェアの推移
（単位：％）

年度	1960	1965	1970	1975	1980	1985	1990	1995	2000	2005	2009
農業総生産／国内総生産	8.7	6.8	4.4	4.0	2.5	2.3	1.8	1.4	1.1	1.0	―
農産物輸出／輸出総額	4.3	2.1	2.0	0.7	0.7	0.4	0.4	0.4	0.3	0.3	0.5
農産物輸入／輸入総額	38.5	34.6	22.2	19.4	12.5	13.0	12.4	12.4	9.7	8.4	8.9
農家戸数／総世帯数	29.0	23.3	19.0	15.4	12.9	11.5	7.2	6.0	5.0	4.0	3.2
農家人口／総人口	36.5	30.3	25.1	20.7	18.3	16.4	11.2	9.6	8.2	6.6	5.5
農業就業者／総従業者	26.8	20.6	15.9	11.2	9.1	7.6	6.2	5.1	4.5	4.0	3.7
農業総固定資本形成／国内総固定資本形成	4.9	5.3	4.1	5.0	4.7	4.0	2.5	3.5	3.2	2.3	―
農業関連予算／一般会計国家予算額	7.9	9.2	10.8	9.6	7.1	5.1	3.6	4.4	3.2	2.6	2.2

（資料）内閣府「国民経済計算」、総務省「国勢調査」、「住民基本台帳人口要覧」、「労働力調査」、財務省「貿易統計」、農林水産省「農林業センサス」、「農業構造動態調査」、「農業・食料関連産業の経済計算」。

他方では、貿易自由化の大きな流れがあり、そのために、1960年には日本政府は「貿易為替自由化計画大綱」を公表した。このような動きを受けて日本農業は、次のように大きく変化した。第1に、日本経済における日本農業の相対的地位は大きく低下した。第2に、貿易自由化の進展により、国境措置は緩和され、農産物市場開放は急速に進展した。第3に、兼業化が深化したこともあり、農業生産力構造の劣弱化は急激に進行した（表5-2参照）。

（3）高度経済成長の終焉と農業・農政

　第3期は低成長期（1970～80年）であり、「総合農政」として特徴づけられる。農産物の全般的過剰問題は、1970年代に入っての日本農業をめぐる大きな農政課題の1つとなった。

　1968年以降、コメ過剰は顕在化し、コメの減反政策が打ち出される。他方では、国土開発政策の全国的展開により、国土利用における都市的土地利用と農業的土地利用との対抗関係は拡大し、農地の転用・潰廃はより一層進行した。農地転用価格の高騰により、農地流動化政策は大きく変容し、経営規模拡大の基本路線は自作地拡大から借地拡大へと転換していく。1970年の農地法改正により、農地の権利取得上限面積の廃止、農協の経営受託事業の新設等、借地の公的容認がなされた。1975年の農用地利用増進事業制度の導入により、農地の利用権集積による規模拡大を政策的に推進した。1980年の農用地利用増進事業法の制定により、農地法適用除外での賃貸借が容認され、借地農主義が政策的に大きく押し進められる。しかしながら、農業経営を取り巻く環境は悪化し、地域農業の停滞・衰退は進行したため、1977年には地域農政特別対策事業が導入された。

（4）グローバル化と農政の転換

　第4期は経済調整期（1980～90年）であり、「国際化農政」と特徴づけら

れる。1980年代に入り、日米間では貿易摩擦の激化があり、アメリカからの農産物輸出攻勢が強められ、牛肉とオレンジの輸入自由化が進められることとなる。1980年代初頭には、経済界・労働界等による農業保護政策批判が強まり、同時に、臨調・行革路線が進められ、規制緩和は時代の大きな流れとなった。1985年9月のG5・プラザ合意による、ドル高是正のための円高誘導は、日本の農産物貿易構造を大きく変化させることとなった。国際的競争環境下での日本農業の再構成は重要な政策的課題となり、日本農業の縮小再生産の開始となった。1986年の農政審議会報告「21世紀に向けての農政の基本方向」では、日本農政の市場メカニズム重視の国際化農政への転換、農産物価格政策の転換を述べている。農産物価格政策の転換とは、これまでの価格支持機能による農家所得安定化機能を弱体化させ、農産物価格形成は市場メカニズムにまかせ、農家の分解促進政策を貫徹することをねらいとしている。国際的な流れとしては、1986年に開始されるガット・ウルグアイ・ラウンドの意図は、第1に非関税措置の撤廃であり、いわゆる包括的関税化の実施にある。第2は国内支持を削減し、農業保護政策を転換すること。第3は農産物輸出補助金の削減にある。

　第5期は平成不況期（1990年以降）であり、「新政策」として特徴づけられる。1992年6月10日に農林水産省は、「新しい食料・農業・農村政策の方向」（「新政策」）を公表した。

　そのねらいは、次のとおりである。第1に、「効率的・安定的経営体」像が提示され、主たる従事者の年間労働時間が他産業並みであり、生涯所得として地域の他産業従事者と遜色のない水準がめざされている。国際的競争力を有する農業経営体の育成・強化が政策課題である。第2に、規制と保護のあり方を見直し、規制緩和を促進し、農業保護政策を後退させ、そして、日本農業の国際競争力を強化する。第3に、市場原理・競争条件の一層の導入である。第4に、戦後農政の根底的転換の公式表明である。戦後自作農体制堅持の農業保護政策を全面的に見直し、国際的環境に適合した農業政策への転換を図ることとなり、これ以降、戦後農業法制の急激な改変が進められる。

　1993年12月15日にガット・ウルグアイ・ラウンド農業合意（UR農業合意）が成立し、日本農政はUR農業合意の枠内での農政展開を進めることとなり、

農業保護政策のより一層の後退は顕著となる。1994年8月の農政審議会報告「新たな国際環境に対応した農政の展開方向」では、「農業基本法の見直し」が公的に表明され、新政策の推進が述べられ、食糧管理法の廃止を含めた国際化に対応した農政への転換が打ち出された。1994年12月の「ウルグアイ・ラウンド農業合意関連対策大綱」決定では、「農業基本法に代わる新たな基本法の制定」が示唆されている。そして、1994年12月に食糧管理法は廃止され、「主要食糧の需給及び価格の安定に関する法律」（「食糧法」）が制定された。

（5）食料・農業・農村基本法

農業基本法の改訂作業のために、1995年9月に「農業基本法に関する研究会」が設置され、農業基本法の総括的評価がなされ、1996年9月には「農業基本法に関する研究会報告」が公表され、新農基法の論点整理がなされた。これを受けて、1996年9月に「新基本法検討本部」が農林水産省内に設置された。1996年12月に「新農基法検討本部」が、「食料・農業・農村基本問題調査会」の設置（総理府内）と「新基本法及び関連基本政策の検討項目」を公表した。

食料・農業・農村基本問題調査委員会答申（1998年9月）
　1997年12月に「食料・農業・農村基本問題調査会第1次答申」が公表され、大きくは3つの部分から構成されており、「Ⅰ　食料・農業・農村を考える基本的視点」、「Ⅱ　食料・農業・農村の当面する諸課題」、「Ⅲ　食料・農業・農村政策の基本的考え方」である。両論併記事項は、次の4点である。第1は食料の安定供給の確保における国内農業生産の位置づけであり、国内農業生産を基本とするという意見と、国内農業生産と同様に輸入の役割も重視するという意見の対立である。第2は食料自給率の取扱いであり、政策目標とすべきかどうかの意見の相違である。第3は株式会社の農地権利取得であり、容認すべきかどうかの意見対立である。第4は中山間地域等への直接所得補償の導入に関して、消極的見解と積極的見解との対立である。

1998年9月に「食料・農業・農村基本問題調査会最終答申」が公表され、2部構成になっており、第1部は「食料・農業・農村政策の基本的考え方」であり、第2部は「具体的政策の方向」である。日本農政の国際化対応としての法人経営を中心とした大規模農家の育成を重視しており、ＷＴＯ次期農業交渉での、農業保護削減のより一層の進展が予想される。

農政改革大綱（1998年12月農林水産省）

1998年9月の「食料・農業・農村基本問題調査会最終答申」の公表を受けて、与党・自由民主党における議論が本格的に開始され、農林水産省は「答申」の具体化作業としての政策（新基本法）の基本的方向を「農政改革大綱」ならびに「農政改革プログラム」として、1998年12月にとりまとめた。

農政改革大綱は10章から構成されている。その内容の特徴と問題点を指摘すれば、次のとおりである。

「Ⅰ　農政改革についての基本的考え方」では、農業の多面的機能を指摘し、日本の農業経営の進むべき方向としての「効率的・安定的担い手」を指向しており、国際規律との整合性を行政手法上の留意点としている。

「Ⅱ　国内農業生産を基本とした食料の安定供給の確保と食料安全保障」では、まず、「国内農業生産の維持・増大」を述べており、食生活の見直しと食料自給率の目標の策定を主張している。しかしながら、他方では、「安定的な輸入の確保」と「適正な備蓄の実施」を提言しており、国内農業生産の維持・増大との関連性は明らかでない。「Ⅲ　消費者の視点を重視した食料政策の構築」では、食における安全と安心の確保のための政策提起をしており、また、食品産業の経営体質の強化と卸売市場制度の改善・強化（卸売市場法の改正の検討）を述べている。

「Ⅳ　農地・水等の生産基盤の確保・整備」では、優良農地の確保と農地の流動化の推進を政策課題として挙げている。また、農業生産基盤の整備を指摘している。「Ⅴ　担い手の確保・育成」では、幅広い担い手の確保を政策課題としており、「新規就農の促進」、「多様な担い手の確保」、「農業経営の法人化と法人経営の活性化」をめざすとしている。農村女性の地位の向上と高齢農業者を政策対象としている。「Ⅵ　農業経営の安定と発展」では、市場原理を重

視した価格政策への転換と、価格政策の見直しにともなう所得確保・経営安定対策の実施を提言している。経営体質の強化をめざした施策の整備が提起されている。「Ⅶ　技術の開発・普及」では、新たな技術開発目標を策定し、「効率的かつ効果的な技術開発」の推進をめざすとしている。普及事業の見直しが提起されている。

「Ⅷ　農業の自然循環機能の発揮」では、農業の本来有する自然循環機能の十分な発揮のための施策が提起されている。「Ⅸ　農業・農村の有する多面的機能の十分な発揮」では、農業・農村の有する多面的機能の国民的理解の増進等が提起されており、農村地域の総合的・計画的な整備に関する政策提起をしている。都市農業の振興・発展、中山間地域等への直接支払いの導入等を政策課題としている。

「Ⅹ　農業団体の見直し」では、農業協同組合系統組織・農業委員会系統組織・農業共済団体・土地改良区に関する組織再編の政策提起をしており、地域農林漁業の振興のための団体間の連携の強化を提言している。

食料・農業・農村基本法の特徴と問題点

1961年に制定された農業基本法は廃止され、1999年7月には「食料・農業・農村基本法」が公布・施行された。その特徴と問題点をみてみよう。

第2条では「食料の安定供給の確保」について述べられており、国内農業生産の増大の文言が挿入されている。しかし、他方では、農政の国際的枠組み（ＷＴＯ体制）との整合性が指摘されており、この両者の関係をどうするのかが、日本農政の今後の大きな課題の1つである。

第8条では「地方公共団体の責務」が規定されており、農政の地方分権化が進められようとしている。農業基本法第3条の「地方公共団体は、国の施策に準じて施策を講ずるように努めなければならない」という規定に対比すれば、地域の実態に適合した農政の展開が地方公共団体に求められている。しかしながら、ここでの問題点としては、「基本理念」を述べた第2条から第5条の条文（食料の安定供給の確保、多面的機能の発揮、農業の持続的な発展、農村の振興）と整合性を図りながら、農政の地方分権化による地域の独自性をどのように打ち出すのかは今後の課題となっていることである。

第15条では「食料・農業・農村基本計画」について規定しており、「食料・農業・農村基本計画」の策定と5年ごとの変更を規定している。また、基本計画において定めるべき事項として、食料自給率の目標が加えられている。
　農業の担い手に関しては、第21条から第28条において述べている。その特徴としては、「効率的かつ安定的な農業経営」の育成であり、家族農業経営の活性化と農業経営の法人化の推進を図ることにある。もちろん、女性の参画、高齢農業者、農業生産組織についても記述されてはいるが、全体としては、国際化対応としての「望ましい農業構造の確立」がめざされているといえる。
　農産物価格政策に関しては第30条で述べられており、市場志向的価格形成を促進し、その価格変動に対する経営安定対策の対象を「育成すべき農業経営」に限定していることが特徴である。この点は、新政策において指摘された、農業保護政策を見直し、農産物価格形成における市場原理のより一層の導入の具体化である。
　農村振興策に関しては、第34条から第36条において述べられている。第34条では農村の総合的な振興を国の責務としている。第35条では中山間地域等の振興が規定されており、「農業の生産条件に関する不利を補正するための支援」の実施を述べており、いわゆる「直接支払い」が初めて条文として規定された。第36条では都市と農村の交流の促進等を施策として推進することを規定している。

食料・農業・農村基本計画

　食料・農業・農村基本計画は、食料・農業・農村基本法の第15条に基づき、「基本法に掲げられた基本理念や施策の基本方向を具体化し、それを的確に実施していくための基本的な計画として」、5年ごとに策定される。
　2000年3月に公表された「食料・農業・農村基本計画」では、①食料、農業及び農村に関する施策についての基本的な方針、②食料自給率の目標、③食料、農業及び農村に関し総合的かつ計画的に講ずべき施策、④食料、農業及び農村に関する施策を総合的かつ計画的に推進するために必要な事項が記載されている。
　2005年3月に公表された「食料・農業・農村基本計画」においては、農政

全般の改革を早急に進める必要性を述べており、基本的視点として、①効果的・効率的でわかりやすい政策体系の構築、②消費者の視点の施策への反映、③農業者や地域の主体性と創意工夫の発揮の促進、④環境保全を重視した施策の展開、⑤農業・農村における新たな動きを踏まえた「攻めの農政」の展開を挙げている。

　2010年3月に公表された「食料・農業・農村基本計画」において、①食料自給率目標の引き上げ、②再生産可能な経営確保政策への転換、③多様な需要に対応した生産拡大と高付加価値生産に対する支援政策への転換、④意欲ある多様な農業者の育成・確保政策への転換、⑤優良農地の確保と有効利用を実現する政策の確立、⑥活力ある農山漁村を再生する施策の総合化、⑦安全を実感できる食生活を実現する政策の確立がめざされている。

（6）日本農政を取り巻く国際環境

ウルグアイ・ラウンド農業合意とＷＴＯ農業協定

　1993年12月に合意したＵＲ農業合意は農業保護の削減を主要な課題としており、国境措置（関税、輸入数量制限等）、国内助成（農業補助金等）、輸出競争（輸出補助金）の3分野での1995年から2000年までの6年間の農業保護の削減を決めた。関税に関しては、農産物全体で平均36％の削減であり、品目ごとに最低15％の削減である。輸入数量制限に関しては、原則的にすべての輸入数量制限等を関税に置き換える（包括的関税化とする）こととなった。国内支持に関しては、助成合計量（ＡＭＳ）を6年間に20％の削減である。輸出競争に関しては、輸出補助金を金額で6年間に36％の削減、対象数量で21％の削減が決められた。

　国際的な農政の基調として、生産を刺激する政策と貿易を歪曲する政策にともなう国内保護は削減対象（黄の政策）となり、いわゆるデカップリング政策であり、価格支持政策から所得支持政策への転換となっている。

　1995年1月発効のＷＴＯ農業協定の前文では、長期的目標としての公正で市場指向型の貿易体制の確立を強調しており、農業保護の漸進的削減を進め、

市場アクセス・国内支持・輸出競争の分野における具体的な拘束力ある約束をし、先進国による農産物アクセス機会における開発途上国への特別のニーズを考慮し、非貿易的関心事項（食料安全保障・環境保護等）への配慮をすると述べている。全体としては、農産物の自由貿易体制の確立をめざすものといえよう。

UR農業合意と「UR農業合意関連対策」

1993年12月15日にUR農業合意は採択され、世界貿易機関（WTO）の発足が合意された。政府は国際競争力のある農業経営体の育成・強化をめざして、農業構造の改革を進めるために、同年12月17日に緊急農業農村対策本部を設置し、UR合意にともなう今後の農業施策の基本方針を決定した。1994年10月25日には、UR農業合意関連対策大綱と総事業費6兆1,000億円の6年間にわたり実施する関連対策を閣議決定した。事業費の内訳は、農業農村整備事業（公共事業）3兆1,750億円、その他の事業（非公共事業）2兆8,350億円であり、その他の事業としては、農業構造改善事業等、他の事業（農地流動化対策、新規就農対策、土地改良負担金対策、新技術開発、個別作物対策、中山間地域対策）、融資事業（農家負担軽減支援特別対策、中山間地域対策関連融資の金利引下げ）となっている。

WTO閣僚会議と「WTO農業交渉日本提案」

2001年11月にカタールの首都ドーハにおいて、第4回WTO閣僚会議が開催され、新ラウンドの立ち上げが宣言され、交渉期限は2005年1月1日までとされた。農業交渉は2000年3月からすでに開始されていたが、今後は、他の交渉分野とともに交渉を終結し、交渉の実施、結論及び交渉結果の発効は、一括受諾方式となった。

日本政府は「WTO農業交渉日本提案」を取りまとめ、2000年12月21日にWTO事務局に提出した。

第1に、基本的姿勢として、「各国の多様な農業の共存」を基本的な目標とし、①農業の多面的機能への配慮、②食料安全保障の確立、③農産物輸出国と輸入国に適用されるルールの不均衡の是正、④開発途上国への配慮、⑤消費者・市民社会の関心への配慮の5点を追求するとしている。

第2に、基本的重要事項として、各国のＵＲ合意の実施状況等を十分に検証し、世界的な農政課題である農業の多面的機能と食料安全保障を追求するとしている。

　第3に、論点ごとの基本的方針として、次の6点を指摘している。①市場アクセスでは、関税水準、アクセス数量の設定に際して柔軟性を確保して適切に設定すること、運用の透明性を高めたセーフガードを検討すること。②国内支持では、現行の規律の基本的枠組みを維持しつつ、現実的な国内支持水準（削減約束）を設定すること。③輸出規制では、輸出補助金等の輸出奨励措置や輸出制限措置等についての規律を強化すること。④国家貿易では、輸出国家貿易についての規律を強化すること。⑤開発途上国への配慮では、貿易ルール上の配慮や国際的な食料援助の取組みを検討すること。⑥消費者・市民社会の関心への対応では、食料の安定供給、食品の安全の確保等の消費者・市民社会の関心に対する貿易ルール上の配慮をすること。

ＷＴＯ体制下の日本農業・農政

　ＷＴＯ体制下では、市場志向型農業政策の強化・促進状況にある。そうしたなかで、日本農政の基本的課題として、次の6点を指摘できる。

　第1としては、国民経済における農業・農村の役割を正当に評価し、国内農業に関する国民的合意の形成を図ることである。

　第2には、食料安全保障と食料自給率問題との関係性を、どのように整理・整合させるのかということである。

　第3には、農業・農村の多面的機能の概念を正確・精緻にし、その正当性を高めることである。

　第4は、環境保全型農業を推進し、食の安全性を確保することである。

　第5には、多様な農業経営体を形成し、支援することである。

　第6としては、農村地域政策の課題を明確にすることである。こうした課題に真剣に取り組むことによって、日本農業の再生は可能となるであろう。

第5章　参考文献

OECD編著『日本の農政改革——競争力向上のための課題とは何か』(明石書店、2010年)

神田健策編著『新自由主義下の地域・農業・農協』(筑波書房、2014年)

田代洋一・小田切徳美・池上甲一『ポストTPP農政——地域の潜在力を活かすために』(農山漁村文化協会、2014年)

中村靖彦『TPPと食料安保——韓米FTAから考える』(岩波書店、2014年)

田代洋一『戦後レジームからの脱却農政』(筑波書房、2014年)

認定農業者制度

1992年の「新政策」(「新しい食料・農業・農村政策の方向」)において、効率的・安定的経営体が生産の大宗を担う農業構造を構築するために、1993年に制定された農業経営基盤強化促進法により、旧農用地利用増進法の農業経営規模拡大計画の認定制度を拡充し、農業者の作成する農業経営改善計画を市町村の基本構想に照らして、市町村が認定する制度として、認定農業者制度が創設された。

農業経営基盤強化促進法にもとづいて、効率的・安定的な農業経営の指標として、都道府県は「基本方針(10年計画)」を、市町村は地域の実情に応じて「基本構想(10年計画)」を策定する。

認定農業者制度とは、農業者が作成した「農業経営改善計画(5年計画)」を、市町村が「基本構想」に照らして認定する制度である。

認定の基準は、第1に計画が市町村基本構想に合致、第2に計画が農用地の効率的・総合的利用に適切、第3に計画達成の現実性があることである。

認定の手続としては、農業者が「農業経営改善計画書」を市町村に提出する。この計画書には、①経営規模の拡大目標(作付面積、飼養頭数、作業受託面積)、②生産方式の合理化目標(機械・施設の導入、圃場の連担化、新技術の導入)、③経営管理の合理化目標(複式簿記での記帳)、④農業従事者の様態等の改善目標(休日制の導入)などを記載する必要がある。

認定農業者制度の認定によって支援制度が活用できる。主な支援策としては、第1には、(株)日本政策金融金庫のスーパーL資金を活用して、農地取得、施設整備などの経営改善のための資金を、長期資金として低利融資を受けることができる。第2には、認定農業者が、経営安定のための交付金を積み立て、農用地や農業用機械等の固定資産を取得した際には、この積立額や取得額を、「農業経営基盤強化準備金」として、必要経費または損金として算入できる。第3には、農業委員会による農用地の利用権設定等に関する優先的斡旋を受けることができる。

2013年3月末現在、認定農業者は、233,299経営体あり、このうち単一経営体が全体の52％、複合経営体が48％となっている。法人経営は16,592経営体であり、このうち特定農業法人は749経営体となっている。

第6章　日本農政の課題は何か？

　本章においては、日本農業をめぐる諸問題について、考えることにしたい。第1には、戦後自作農を支えてきた農地政策がどのように変遷してきたのをみてみる。第2には、消費者の要望の高い食の安全・安心の現状と問題点について考える。第3には、環境と農業の関係について考察をする。

（1）戦後自作農と農地法改正問題

　第二次世界大戦後の農地政策の特徴は、農地改革による戦後自作農の創出であった。その後、戦後自作農体制の変質に対応して、農地法制は変化してきた（表6-1参照）。

　表6-1は、戦後の農地政策の主要事項を示している。それでは、主要な事項について、みておこう。

　まずは、1946年以降の農地改革であり、これによって、戦後自作農は創出され、小作地率は10％未満へと激減した。そして、その農地改革の成果を恒久化するために、1952年に農地法が制定され、耕作者主義を前提として、自作農体制の維持・存続を図っている。

　しかしながら、高度経済成長にともなう農工間所得格差の拡大に対応して、1961年に農業基本法が制定され、1962年には農地法が改正されて、農業生産法人制度が創設された。個別農業経営の規模拡大と同時に、農業生産法人形

> [第6章のキーワード]　ウルグアイ・ラウンド農業合意（UR農業合意）／WTO農業協定／農業保護／デカップリング政策／価格支持政策／所得支持政策／WTO農業交渉日本提案／農地法改正／農用地利用増進法／農業経営基盤強化促進法／食の安全・安心／GAP（農業生産工程管理手法）／環境保全型農業／エコファーマー／フード・マイレージ

I 今日の食生活と食料生産

態による経営規模の拡大が指向されるようになるのである。

1968年の都市計画法公布による、いわゆる都市側の「線引き」に対抗して、1969年に「農業の領土宣言」と称される、「農業振興地域の整備に関する法律(農振法)」が制定され、農振地域を指定して、農業投資をそこに集中させることを意図した。

農地政策の転換

農業経営規模拡大の方法としては自作地拡大と借地拡大とがあるが、農地法

表6-1 戦後の農地政策に関する主要年表

	主 要 事 項
1946年～	農地調整法改正、自作農創設特別措置法制定：農地改革の実施（193万町歩の農地が解放され、小作地率は46%から10%未満へ）
1949年	土地改良法制定：土地改良事業の推進
1952年	農地法制定：農地はその耕作者自らが所有することを最も適当とする
1961年	農業基本法制定：著しい経済成長の過程で顕在化した農業と他産業との間の生産性及び生活水準の格差の是正を目標に、生産政策、価格・流通政策及び構造政策の3柱により国の施策を方向付け
1962年	農地法改正：農業生産法人制度の創設
1969年	農業振興地域の整備に関する法律（農振法）制定：農業上の利用を確保すべき土地について、原則として農地以外の用途に転用することを規制する農用地区域を設定
1970年	農地法改正：借地規制の緩和、小作料規制の緩和等
1975年	農振法を改正し、農用地利用増進事業を創設：借地等による農地流動化を促進
1980年	農用地利用増進法制定：農地を安心して貸せる仕組みづくり
1989年	農用地利用増進法改正：耕作放棄地の有効利用等
1993年	農用地利用増進法を農業経営基盤強化促進法に改正：効率的・安定的な農業経営体の育成、農地を担い手に集積するための仕組みづくり
1998年	農地法改正：農地転用許可基準の法定化
1999年	食料・農業・農村基本法制定
2000年	農地法改正：農業生産法人の一形態として株式会社形態を導入
2002年	構造改革特別区域法制定：農地リース方式による農業生産法人以外の法人の農業参入を可能に
2003年	農業経営基盤強化促進法改正：耕作放棄地所有者の利用計画の届出等

(資料) 農林水産省作成。農林水産省編『食料・農業・農村白書 2004年度』より引用。

では自作農主義であり、借地を規制している。それは、戦前の地主・小作制度の歴史的反省に立脚するものである。しかしながら、日本経済の高度成長は地価の高騰をもたらし、農地の非農業的土地利用への転換を引き起こし、農地価格は転用価格に大きく影響され、農業的土地利用は都市的土地利用との厳しい対抗関係が形成され、自作地拡大は容易に進まなくなる。こうした事態を打開するために、借地拡大を容易にするための農地法改正が、1970年以降に展開することとなり、戦後の農地政策は大きく転回することとなる。1970年の農地法改正によって、借地規制の緩和、小作料規制の緩和等を図り、1975年の農振法改正では、農用地利用増進事業を創設して、借地等による農地流動化を促進するために、農地法の適用を除外した、利用権による農地流動化施策が展開される。そして、1980年には農用地利用増進法として制定され、農地流動化施策の大きな役割を担うこととなる。

　1989年の農用地利用増進法改正では、耕作放棄地の有効利用等が課題となっており、前述の耕作放棄地の解消のために、農地流動化施策が考えられるようになる。そして、農政のグローバル化に対応して、1993年には農用地利用増進法は農業経営基盤強化促進法に改正され、効率的・安定的な農業経営体の育成、農地の担い手への集積を課題として取り組む。それは、国際競争力ある農業経営体の育成をめざして、農業の構造改革の加速化を促進するため、農地制度の変更が期待されていることを意味している。

農地制度改革の方向

　農業の生産基盤である農地を有効的に活用し、グローバル化に対応した農地制度の改革が1990年代に入り、大きな議論となってきた。1998年の農地法改正では、農地転用許可基準の法定化がなされ、1999年の食料・農業・農村基本法制定においても、株式会社による農地取得が問題となり、2000年の農地法改正で、農業生産法人の一形態として株式会社形態が導入された。そして、2002年には構造改革特別区域法制定によって、農地リース方式による農業生産法人以外の法人の農業参入が可能となった。2003年には農業経営基盤強化促進法改正で、耕作放棄地所有者の利用計画の届出等が規定された。

　こうした状況のなかで、農林水産省の農地制度改革の基本的方向は、担い手

への農地集積の加速化と地域農業の再編・活性化にある。この両者の関係を、どのように調整するかは大変むつかしい課題である。とりわけ、大企業による農業進出が一般化した場合、これまでの家族農業経営の維持・存続による、国民食糧の確保、農村地域の維持、農業の多面的機能の発揮という課題は、誰が担うことになるのであろうか。

（2）食の安全・安心の確保

日本の食料供給の過半は、輸入農産物によって賄われているため、輸入食品の動向と実態について検討することにしたい。

日本の農産物輸入の動向

表6-2は、日本における農産物輸入額の推移を示している。

1960年の農産物輸入額は6,223億円であり、その大半は穀物1,049億円（農産物輸入額に占める割合は16.9％）と畜産物1,449億円（同23.3％）であった。その後、農産物輸入額は大きく増加し、1970年1兆5,113億円、1980年4兆66億円、1990年4兆1,904億円、2000年3兆9,714億円と上昇傾向を示した。そして、2010年には4兆8,281億円となっており、その内訳としては、穀物6,969億円（農産物輸入額に占める割合は14.4％）、果実3,485億円（同7.2％）、野菜3,451億円（同7.1％）、畜産物1兆2,351億円（同

表6-2　日本の農産物輸入額の推移

(単位：億円)

	1960年	1970年	1980年	1990年	2000年	2010年
農産物輸入額	6,223	15,113	40,066	41,904	39,714	48,281
穀物	1,049	3,766	9,987	6,624	4,742	6,969
果実	75	852	1,894	3,209	3,399	3,485
野菜	38	2,129	1,078	2,201	3,417	3,451
畜産物	1,449	2,875	7,905	12,347	12,073	12,351

(資料) 財務省「貿易統計」。
(注) 農林水産省編『2011年版 食料・農業・農村白書 参考統計表』（農林統計協会、2011年）119ページより引用。

第6章　日本農政の課題は何か？

25.6％）となっている。この50年間で、農産物輸入額は7.8倍に伸びてきたことになる。この数字をみれば、日本経済の国際化にともなって、農産物輸入額は増加してきことが理解されるであろう。

図6-1は、1990年以降の日本における食料品等の輸入額の推移を示している。1990年の加工食品類以外は3兆4,683億円、加工食品類は1兆419億円（食料品等に占める割合は23.1％）であった。その後、加工食品類以外は3兆5,000億円前後を上下変動するが、加工食品類は上昇傾向を示し、2010年には1兆7,258億円（同33.6％）となっており、輸入食料品等の3割強を占めるまでになっている。

このような状況においては、輸入食品の安全・安心問題について考えることが必要となってきている（詳細については、第21章を参照）。

産地におけるGAP制度の導入

他方、国内農業生産においても、食の安全・安心をめざして、以下のような

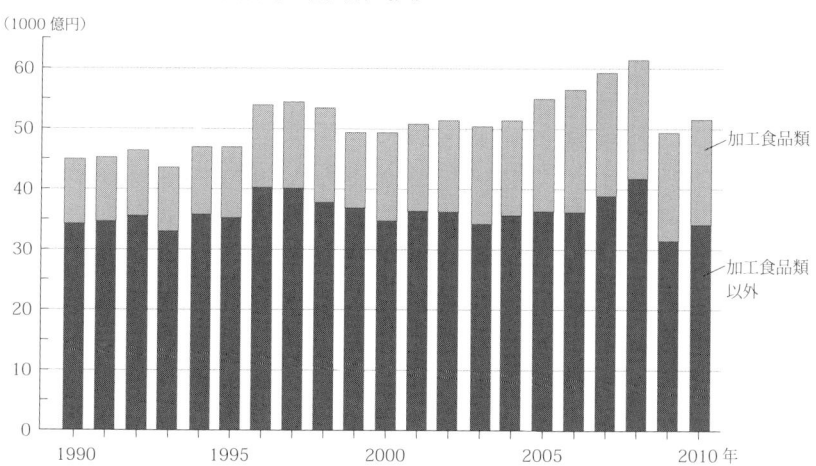

図6-1　日本の食料品等の輸入額の推移

（資料）（独）日本貿易振興機構（JETRO）「貿易統計データベース」を基に農林水産省で作成。
（注）　1) 加工食品類は、肉、魚、野菜等の加工食品をはじめとした各種調整品及びアルコール飲料、たばこを含む。2) 農林水産省編『2011年版 食料・農業・農村白書 参考統計表』（農林統計協会、2011年）39ページより引用。

取り組みが実施されている。

GAP（農業生産工程管理手法、Good Agricultural Practice）制度を導入することによって、PDCAサイクルを活用することになる。PDCAサイクルとは、①計画（Plan）、②実践（Do）、③点検・評価（Check）、④見直し・改善（Action）のサイクルを循環させることを意味している。このGAP制度導入によるメリットとして、①食品の安全性向上、②環境の保全、③農業経営の改善等が考えられ、消費者・実需者の信頼確保をめざしている。

表6-3は、日本におけるGAPの導入状況を示している。

2010年3月現在のGAP導入産地数は1,984であり、品目別にみれば、野菜1,138（総数に占める割合は57.4％）、米246（同12.4％）、麦213（同10.7％）、果樹199（同10.0％）、大豆138（同7.0％）となっている。

（3）環境と農業

近年は、環境保全型農業への関心が高まっている。そうしたなかで、農薬の使用量を減らす農家の取り組みも始まっている。

表6-3　日本のGAPの導入状況

1　導入産地数の推移

	2007年7月	2007年12月	2008年7月	2009年3月	2010年3月
産地数	439	596	1,138	1,572	1,984

2　品目別導入状況（2010年3月）

	導入済	検討中	未検討
合計	1,984	915	1,519
野菜	1,138	594	879
コメ	246	51	127
麦	213	48	112
果樹	199	125	226
大豆	138	97	175

（資料）農林水産省調べ。農林水産省編『2011年版 食料・農業・農村白書 参考統計表』（農林統計協会、2011年）60ページより引用。

図6-2は、日本における農薬出荷量の推移を示している。

総農薬出荷量は、1989年51万6,500トンであったが、低下傾向となっており、2008年には26万2,100トンとなっている。これを農薬の種類でみれば、殺虫剤10万トン（総農薬出荷量に占める割合は38.2%）、殺菌剤4万9,000トン（同18.7%）、殺虫・殺菌剤2万5,000トン（同9.5%）、除草剤7万4,000トン（同28.2%）、その他1万4,600トン（同5.6%）となっている。この20年間ほどで、総農薬出荷量は半減している。単位面積当たり農薬出荷量も低下傾向にあり、1989年952kg／10aであったが、2008年には615kg／10aとなっており、10a当たり337kgの減少となっている。

図6-3は、日本におけるエコファーマー*認定件数の推移を示している。

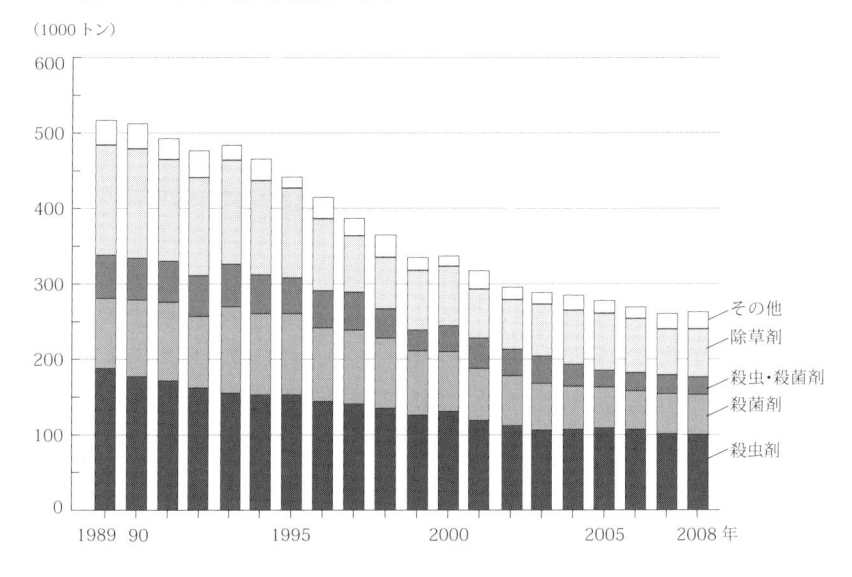

図6-2　日本の農薬出荷量の推移

(1000トン)

(資料)　農林水産省「耕地及び作付面積統計」、(社)日本植物防疫協会「農薬要覧」を基に農林水産省で試算。農林水産省編『2011年版 食料・農業・農村白書 参考統計表』(農林統計協会、2011年) 7ページより作成。

*　エコファーマーとは、「持続性の高い農業生産方式の導入の促進に関する法律」に基づき、認定されている農家を指している。

図6-3　日本のエコファーマー認定件数の推移

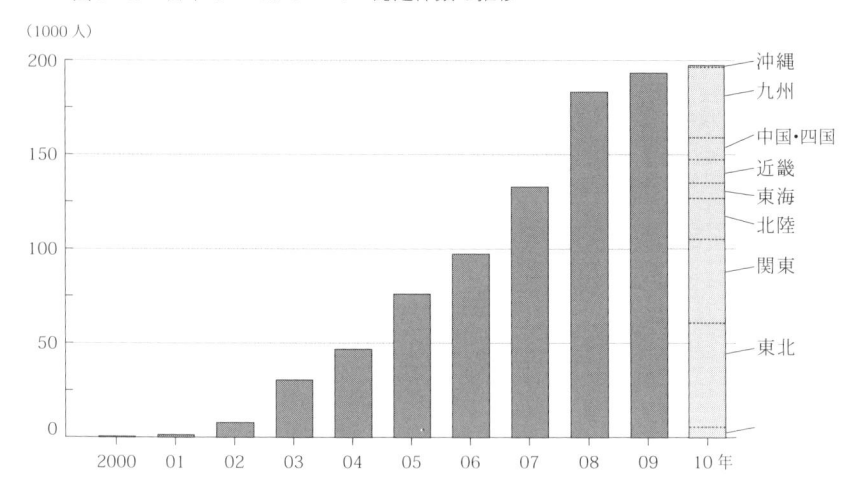

（資料）農林水産省調べ。農林水産省編『2011年版 食料・農業・農村白書 参考統計表』（農林統計協会、2011年）8ページより作成。

図6-4　日本の有機JAS制度下の有機農産物の格付数量の推移

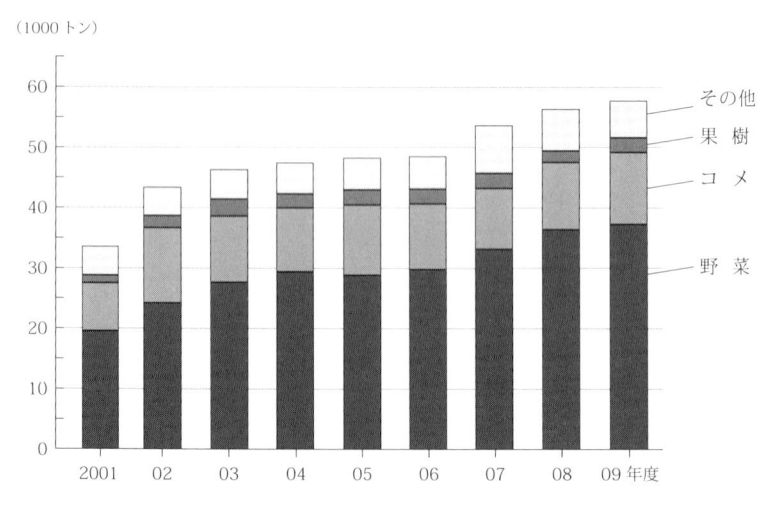

（資料）農林水産省調べ。農林水産省編『2011年版 食料・農業・農村白書 参考統計表』（農林統計協会、2011年）8ページより作成。

エコファーマー認定件数は増加傾向にあり、2010年で、全国では19万6,692人であり、認定数の多い順に地域を挙げると、東北58,535人（全国に占める割合は29.8％）、関東42,362人（同21.5％）、九州34,190人（同17.4％）、北陸21,019人（同10.7％）、近畿14,797人（同7.5％）、中国・四国13,369人（同6.8％）、北海道6,749人（同3.4％）、東海5,222人（同2.7％）、沖縄449人（同0.2％）となっている。東北地域ならびに関東地域においては、著しい認定数の伸びを示している。

図6-4は、2001年度以降の日本における有機JAS制度による有機農産物の格付数量の推移を示している。

合計数量は、2001年度33,734トンであり、その後は増加傾向を示し、2009年では57,342トンとなっており、1.7倍に伸びている。品目別に示せば、2009年度で、野菜37,644トン（合計数量の占める割合は65.6％）、コメ11,565トン（同20.2％）、果樹2,436トン（同4.2％）、その他5,697トン（同9.9％）となっており、野菜が過半を占めている。

こうした環境に配慮した取り組みを実施しているが、フード・マイレージの

表6-4 各国のフード・マイレージ

		日本		韓国	米国	イギリス	フランス	ドイツ
		2010年	2001年	2001年	2001年	2001年	2001年	2001年
食料輸入量	1000 t	56,111 (0.96)	58,469 (1.00)	24,847 (0.42)	45,979 (0.79)	42,734 (0.73)	29,004 (0.50)	45,289 (0.77)
人口1人当り食料輸入量	kg/人	438 (0.95)	461 (1.00)	520 (1.13)	163 (0.35)	726 (1.57)	483 (1.05)	551 (1.20)
平均輸送距離	km	15,450 (1.00)	15,396 (1.00)	12,765 (0.83)	6,434 (0.42)	4,399 (0.29)	3,600 (0.23)	3,792 (0.25)
フード・マイレージ（実数）	100万 t・km	866,932 (0.96)	900,208 (1.00)	317,169 (0.35)	295,821 (0.33)	187.986 (0.21)	104,407 (0.12)	171,751 (0.19)
人口1人当りフード・マイレージ	t・km/人	6,770 (0.95)	7,093 (1.00)	6,637 (0.94)	1,051 (0.15)	3,195 (0.45)	1,738 (0.25)	2,090 (0.29)
人口	万人	12,806 (1.01)	12,692 (1.00)	4,779 (0.38)	28,142 (2.22)	5,884 (0.46)	6,008 (0.47)	8,216 (0.65)

（資料）農林水産省作成。
（注）1）フード・マイレージ＝輸送量×輸送距離、CO_2排出量＝輸送量×輸送距離×CO_2排出係数 2）カッコ内は2001年の日本の値を1.00とした指数。3）農林水産省編『2011年版 食料・農業・農村白書 参考統計表』（農林統計協会、2011年）4ページより引用。

視点から、各国比較をしてみよう（表6‐4参照）。

　2001年度における人口1人当たりフード・マイレージをみれば、日本7,093 t・km／人、韓国6,637 t・km／人（日本の値を1.00とした指数は0.35）、米国1,051 t・km／人（同0.51）、イギリス3,195 t・km／人（同0.45）、フランス1,738 t・km／人（同0.25）、ドイツ2,090 t・km／人（同0.29）となっており、日本のフード・マイレージの極端な高さが際立っている。こうした背景には、食料輸入大国＝日本の特質が隠されている。日本の豊かな食生活は、世界各国からの食料調達によって成り立っており、地球環境問題を視野に入れて考えることの重要さを示唆している。

第6章　参考文献

高木賢編著『詳解新農地法——改正内容と運用指針』（大成出版社、2010年）
南石晃明編著『東アジアにおける食のリスクと安全確保』（農林統計協会、2010年）
原田純孝編著『地域農業の再生と農地制度——日本社会の礎＝むらと農地を守るために』（農山漁村文化協会、2011年）
荘林幹太郎・木下幸雄・竹田麻里『世界の農業環境政策——先進諸国の実態と分析枠組みの提案』（農林統計協会、2012年）
西尾健他『英国の農業環境政策と生物多様性』（筑波書房、2012年）

フード・マイレージ

　フード・マイレージ（food mileage）は、食料の重量と輸送距離を掛け合わせたものであり、食料の輸送にともない排出される二酸化炭素が地球環境に与える負荷を意識した指標である。フード・マイレージは、食料の消費と生産が近ければ小さくなり、日本のように食料を遠く離れた海外から輸送してくると大きくなる。

　フード・マイレージの起源は、イギリスの消費者運動家ティム・ラング（Tim Lang）がフード・マイルズ（Food Miles）として提唱した概念である。食品の重量に輸送距離を掛けた指標フード・マイルズを意識して、環境負荷にやさしい選択をめざして、イギリスのＮＧＯサスティン（Sustain）が中心となって、市民運動を展開し、1994年にレポートを発表し、大きな反響を呼んだ。

　日本では、農林水産政策研究所が輸入食料の輸入過程に着目して、いくつかの前提・仮定を設けて統計を用いて計測した。その結果、各国間比較を可能な指標として、フード・マイレージを提唱した。

　フード・マイレージの考え方は単純であり、食料の輸送量に輸送距離を掛け合わせた指標である。たとえば、単位はt・km（トン・キロメートル）となる。特色としては、食料の供給構造を物量とその輸送距離により把握することにある。①食の安定供給、安全性の確保（トレーサビリティ）、②「食」と「農」の間の距離の計測、③食料輸入による地球環境への負荷の把握である。

　日本のフード・マイレージは世界中で最大であり、国民1人当たりでみても1位となっている。それは、食料の輸入距離が他国に比較して、長いことにある。日本のフード・マイレージの内訳としては、トウモロコシなどの穀物が50％強、大豆などの油糧種子が20％強を占めている。

　こうしたフード・マイレージの考え方からは、地産地消が望ましいということになる。そのため、生産地と消費地を近くすることによって、地球環境問題の解決に資することが大きな課題となっている。その意味からは、食育を通して、フード・マイレージを教えることは有効なこととなるであろう。

第7章　先進国の農業政策はどうなっているか？

　政府やマスコミは日本の農業が「過保護」との批判し、もっと「規制緩和」すべきとの主張している。しかし、国内農業を保護してきたのは日本だけでなく、欧米などの先進国も国内農業を保護するためにさまざまな政策をおこなってきたし、現在もおこなっている。近年、先進国の農業政策は、ＷＴＯ農業交渉の影響を受け、市場主義を基本とする新自由主義的農業政策を強めている。この章では近年の米国とＥＵの農業政策について紹介する。

（1）ＷＴＯ農業協定と国内農業補助金の削減

ＷＴＯ農業協定と国内農業補助金の削減

　近年、先進国の農業政策は大きく変化してきた。この変化は 1994 年に結ばれたＷＴＯ農業協定とその後のドーハ・ラウンド交渉の進展に対応する形で進められてきた。1994 年に締結されたＷＴＯ農業協定は、1986 年 9 月から開始されたガット・ウルグアイ・ラウンド（以降、ＵＲ）が難航の末に 1993 年 12 月に最終合意を踏まえてもので、農業分野では「市場アクセス」「国内支持」「輸出競争」の 3 分野があり、ＷＴＯ加盟国は、これを遵守する必要があるがゆえに各国の農業政策に大きく影響を与えてきた。1994 年のＷＴＯ農業協定の内容は 1995 年から 2000 年までの 6 年間で、①「市場アクセス」では農産物の輸入数量制限は禁止され、すべての国境措置は関税化で対応することに決定し、関税を単純平均で 36％引き下げ、各関税品目で最低 15％引き下げ

［第7章のキーワード］　　ＷＴＯ農業協定／不足払い制度／ローンレート制度／1996 年農業法／固定払い制度／2002 年農業法／新たな不足払い（ＣＣＰ）／ＥＣ共通農業政策／輸入課徴金制度／1992 年ＣＡＰ改革／2003 年ＣＡＰ改革／デカップリング

る。②「国内支持」では、国内農業への補助金について、「緑の政策」「青の政策」を除く「黄の政策」について所定算定方式で計算された総合ＡＭＳ（助成合計総量）を20％削減する。③「輸出競争」では、輸出補助金の財政支出を36％、輸出補助金付き数量制限を21％削減する、などの内容であった。各国の農業政策は、この協定に従って変更されることになった。

ドーハ・ラウンドと国内農業補助金の削減交渉

1995年1月にガットは発展的に解消され、マラケシュ協定によりＷＴＯ（世界貿易機関）が設立された。ＷＴＯはＧＡＴＴ（物品貿易）だけでなく、ＧＡＴＳ（サービス貿易）などの協定も対象とした。そして、1994年のＷＴＯ協定の実施期間が終了するのを踏まえて、2000年に新しいＷＴＯ交渉が開始された。2001年11月にカタールのドーハで開催された第4回ＷＴＯ閣僚会議で新しいラウンドの開始が合意され、ドーハ・ラウンド（正式名称は「ドーハ開発アジェンダ」）が開始された。

ドーハ・ラウンド交渉の詳しい経過については後ほど13章で詳しく述べるが、この交渉は先進国と途上国の対立が続き10年以上経った2011年12月末に決裂状況に陥っている。しかし、それまでの交渉の中でさまざまな議論がおこなわれ、それを踏まえて欧米など先進国の農業政策に大きな影響を与えてきた。交渉が難航するなかで、2004年8月にＷＴＯ一般理事会が「農業の枠組み合意」が成立した。さらに2008年12月には「議長改定案」が示された（第13章の表13−4参照）。米国やＥＵや日本などの先進国は、ドーハ・ラウンド合意を見越して農業補助金の削減など国内政策をＷＴＯに対応し変更してきた。

（２）米国の農業政策の展開

米国の不足払い制度

米国の農業政策は、5〜6年ごとに決められる新しい農業法によって決定される。「08年農業法」も2012年までが期限で1年延長されたが、2014年2

月に新しい農業法が成立した。(ここでは新しい農業法についてはふれないことにする。)

1973年以降から96年までの米国の農業政策は、基本的には「不足払い制度」と「ローンレート制度」(融資単価)に依存して農業保護政策が行われてきた。「不足払い制度」は「所得補償制度」であり、農場の生産調整への参加を条件に、図7-1のように農業法で定められた主要作物の目標価格(Target Price)を基準として、市場価格が下回れば市場価格との差額を不足払いとして支払う。「不足払い」の対象作物は、小麦、トウモロコシ、麦類、コメ、綿花であり、大豆や油糧種子はその対象外であった。支払い額は作物ごとの基礎面積＝過去5年間の作付面積と減反面積の平均を基礎にして一定割合で決められる。目標価格水準は当初は毎年農務省が各穀物価格の生産コストに需給状況をみて決めていたが80年代以降は農業法で決定することになった。たとえば、1990年の小麦の目標価格が1ブッシェル(1ブッシェル＝約35リットル)当たり4.00ドルであった場合、市場価格が2.61ドルであったので、1ブッシェ

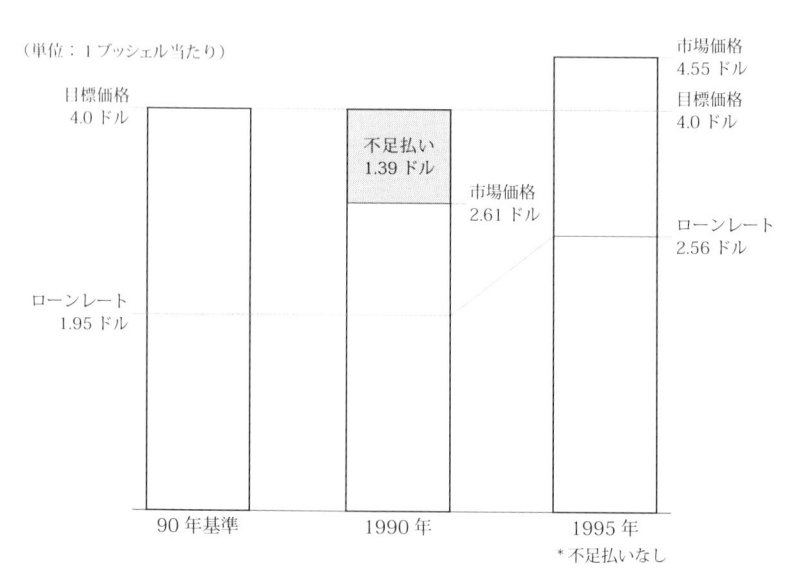

図7-1　米国の小麦の不足払い制度とローンレート制度(市場価格基準)

(単位：1ブッシェル当たり)

	90年基準	1990年	1995年 ＊不足払いなし
目標価格	4.0ドル	4.0ドル（不足払い1.39ドル、市場価格2.61ドル）	市場価格4.55ドル／目標価格4.0ドル／ローンレート2.56ドル
ローンレート	1.95ドル		

(資料) U.S.D.A "Agricultural Statistics 1999" より作成。

ル当たり差額の 1.39 ドルが「不足払い」として農場に支払われることになった。しかし、1995 年の場合のように市場価格 4.55 ドルとなり目標価格を上回った場合は、「不足払い」による支払いはない。米国の「不足払い」制度は、穀物価格が下落した場合の米国の穀物農場の所得を補償する制度であった。実際、1980 年代の米国の穀物価格は長く低迷していたため、この制度で米国の農業経営者は助けられた。

　他方、「ローンレート」制度は、戦前の 1933 年農業調整法によって導入された制度で、農産物価格が大幅に下落した際に価格支持政策として導入された。ローンレートは目標価格の 3 分の 2 程度と低く設定され、対象作物は小麦、トウモロコシだけでなく大豆、油糧種子作物も対象となっている。農場経営者は収穫した穀物を担保に商品金融公社（ＣＣＣ）から融資単価で融資を受け、担保穀物は最大限 9 ヶ月間農場の倉庫に保管され、農場経営者は期間内に穀物価格が上昇すれば売却し融資を返済するか、穀物価格の下落が続けば担保流れにして融資の返済なしにするかを選択ができる。80 年代前半に、国際農産物価格が下落し、ローンレート以下の水準となり、米国の価格競争力が低下したため、この制度は一部修正され、融資不足支払いとマーケッティング・ローン制度が導入された。「融資不足払い」は融資を受ける権利があるものが、融資を受けないことに同意すれば、「融資不足払い単価」×「融資適格量」の支払いを受けられる。この「融資不足払い」は市場価格がローンレート以下になった場合に適用され、近年では穀物価格が下落した 1998 年秋に激増した。

「1996 年農業法」による不足払い制の廃止

　1970 年代以降続けられてきた米国の農業政策は「1996 年農業法」によって大転換がおこなわれる。それは以下の内容であった。
　① 生産調整を廃止し、野菜・果樹を除き作付けを自由化する。
　②「不足払い」制度を廃止し、7 年間を限度とする「固定払い」へ移行する。
　③ ローンレート制度は維持する。
　これによって、長年、米国の農業政策の所得補償の中心であった「不足払い」制が廃止された。
　新しく導入された「固定払い」制度は、過去 5 年間において生産調整に一

度でも参加したことのある農場を対象に 1995 年基準の契約面積の 85％に対して行われる。1 ブッシェル当たりの単価は、各年の支払い総額を契約生産量（契約面積×計画収穫量）で割って算定され、1996 年は 1 ブッシェル当たり小麦 0.66 ドル、トウモロコシ 0.27 ドルとなった。支払い条件は、契約面積を農地として用いることと保全遵守義務だけである。「固定支払い」制度は当年の生産量・価格に関係ないため「緑の政策」として位置づけられた。ローンレート制度については維持されたが 1995 年のレートを上限とする小麦は 1 ブッシェル当たり 2.58 ドル、トウモロコシは 1.89 ドルとなった。また、使用量に対する在庫量の比率（在庫率）が、小麦の場合は 30％以上、トウモロコシで 25％ある場合は 10％までの引き下げ、在庫率が小麦で 15〜30％、トウモロコシで 12.5％〜25％までは 5％の引き下げが可能とした。

　「1996 年農業法」によるこれらの制度変更の背景には、当時の米国の財政事情によるところが大きかった。とりわけブッシュ前政権下で財政赤字が拡大し、財政支出削減が不可避となり、農業分野でも財政支出削減が要求されたことにある。他方、農場経営者も 90 年代半ばから国際農産物価格が上昇し「不足払い」による支払いはなく、それに代わる農産物価格の変動と関連しない「固定支払い」を受け取るほうが有利な状況にあったため大きな反対が起きなかった。

　しかし、この農業政策の変更は、その後の国際農産物価格の下落による米国の農業所得の大幅減少によって変更を余儀なくされる。小麦価格は 1996 年に 1 ブッシェル当たり年平均 4.30 ドルであったが、その後下落を続け 1998 年には 2.65 ドル、99 年 2.48 ドルに下落し、小麦の生産総額は 1995 年の 97.9 億ドルから 2001 年には 54.1 億ドルと 45％弱減少し、トウモロコシ価格も 1996 年の 2.71 ドルから 99 年には 1.82 ドルへ下落し、生産総額もその間に 251.5 億ドルから 171.0 億ドルと 32％以上減少した。また、大豆価格も 1996 年 7.35 ドルから 2001 年には 4.38 ドルと下落し、生産総額も 1996 年 174.4 億ドルから 99 年 122.1 億ドルと 30％減少した。小麦、トウモロコシ、大豆ともローンレートを下回る価格となったため融資不足支払い額は、1998 年 4.8 億ドル、99 年 33.6 億ドル、2000 年 64.1 億ドル、01 年 52.9 億ドルに達した。

このため当時のクリントン政権は 1999 年 10 月に市場喪失補償と農業支援パッケージを決定し、1999 年度産に固定支払いへの追加として 55.4 億ドルの市場損失補償、総額で 87 億ドルを支払った。さらに農場の苦境が続いたため、市場損失補償は続けられ 2000 年度産には 55 億ドル、総額で 106 億ドル、2001 年度産には 46 億ドル、総額で 55 億ドルが支出された。米国政府は、この市場所得補償を一度は「黄の政策」としてWTOに通報したが、その後に保護削減対象の総合AMSに含めず「黄の政策」でも削減の対象外となる「デミニミス」に入れ大幅な削減対象から外した。

「2002 年農業法」による「新しい不足払い」の復活

2002 年 5 月に「2002 年農業法」が成立した。「2002 年農業法」の内容は以下の内容であった。

① 自由生産・自由作付けは継続する。

② 固定払いも大豆を加えて継続する。

③ 1998 年以降の「市場喪失補償」を引き継ぎ、それを機構化するものとして「新たな不足払い」(Counter Cyclical Payment) 制度を導入する。

④ ローンレート、融資不足払いは継続する。

⑤ 価格・所得支払いの制限を強化する。

⑥ 農業環境政策を拡充する。

期間は 2002 年から 2007 年までとする。

新しく導入された「新たな不足払い」(CCP) の基本は、1995 年までの不足払い制度と実質的に同じであり、その復活であるが違いもある。それは図7－2のように、1995 年までの「不足払い」は、目標価格と市場価格との差額が支払われたが、「新しい不足払い」は、目標価格と「市場価格＋固定払い」の合計との差額を不足払いとして支払う。「市場価格＋固定払い」の合計が目標価格を上回れば支払われない。もうひとつの違いは、「新しい不足払い」は、当年基準でなく作付面積を過去の実績を用い、単収も計画単収か過去の単収の 90％を用い、過去の実績に基づき固定された。現行で用いるものは市場価格だけである。これは、WTO農業交渉を踏まえ、「黄の政策」から外すためである。

米国政府は、WTOにたいし「新しい不足払い」を「市場損失補償」同様に「デミニミス」で届けようとしたが、WTO農業交渉では、「デミニミス」も50％削減で同意しているため、「青の政策」に入れることにした。しかし、従来のWTO協定では、「青の政策」は「生産調整下が条件の直接支払い」であったため、EUと協力し「現行の生産に関係しない直接支払」も「青の政策」として追加させた。

大きな政策変更なかった「2008年農業法」

米国の農産物価格は、トウモロコシのバイオ・エタノール需要の急増と国際投機資金の国際農産物市場への流入もあって急激に上昇する。2006年以降、市場価格が「目標価格＋固定支払い」を上回るようになり、「新しい不足払い」への財政支出は、06年43.6億ドルであったのが、その後は大幅に減少した。

このようななかで「2008年農業法」が成立する。この農業法は米国の農産物価格が上昇するなかで成立したが、「2002年農業法」を基本的に継続する

図7-2　新しい不足支払制度（過去実績に基づく）小麦の場合

（単位：1ブッシェル当たり）

目標価格 3.92ドル
ローンレート 2.75ドル

2004年基準

CCP支払
固定支払
市場価格 3.40ドル

2004年

固定支払
市場価格 6.65ドル

2007年
＊不足払なし

（資料）U.S.D.A "Agricultural Statistics 2006", "2008" より作成。

内容となった。自由作付けの継続、新しい不足払い、固定払い、融資不足払いなどは維持された。新しく導入されたのは、①この農業法の名称が、「2008年食料・保全・エネルギー法」（The Food, Conservation, and Energy Act of 2008）とあるように農業政策とバイオ燃料政策を一体化させ、バイオ・エタノールの増産による新たな穀物需要の拡大を推進する。②農産物高価格下で、実質保護水準を引き上げるために新しい不足払いの選択肢として、州の収入を基準とする「平均作物収入・選択支払い」（ACRE）を導入した。③環境保全政策への支出の拡充をおこなう、などであった。

（3）EUの農業政策の展開

輸入課徴金と農産物価格政策によるEC域内の農業保護

　EU諸国はECの時代から国内農業は日本以上に保護されてきた。それは、第二次大戦の中で食料自給が国家の安全保障と強く結びついているとの教訓から得たものであった。そのため欧州各国は食料自給率を高めるため国内農業を強力に保護した。

　西ヨーロッパでは1957年のローマ条約でフランス、西ドイツ、イタリアなどの6カ国でEEC（欧州経済共同体）が発足し、その後、イギリスやスペインも加盟した。ローマ条約で6カ国は農業共同市場と共通農業政策（Common Agricultural Policy＝CAP）をもつことになった。そして、1968年に本格的な共通農業政策が確立されることになる。それは以下の内容であった。

　① 農家の所得を保障するために域内の農産物の介入価格を決め、市場価格が一定価格以下になると公的機関が買い上げ介入をおこない農家の所得を安定的に保障する。なお介入価格の水準は高コスト国の水準に合わせて設定する。

　② 域外から安い農産物が輸入される場合は、輸入価格と介入価格の差額分の輸入課徴金が上乗せされ市場価格が下落しないようにする。輸入価格が低ければ低いほど課徴金が増加する。

　③ 域外への輸出の際には、国際市場価格と介入価格との差額が輸出補助金として支給される。

④ 支出は、すべて欧州農業指導保証基金（ＦＥＯＧＡ）を通じておこなわれる。などである。

輸入課徴金制度は定率関税による農業保護より保護度が高い制度であった。

この共通農業政策によってＥＣ域内の食料自給率は高まり、1980年代に入ると域内の農産物過剰が問題になる。そして、この過剰農産物を輸出補助金で輸出したため、ＥＣ全体では農産物輸入地域から輸出地域となった。このため、米国など他の農産物輸出国から輸出補助金に対する批判が高まる。ＵＲでも、米国などからＥＣの共通農業政策への批判が強まった。また、ＥＣ財政の7割近くがＣＡＰ向けに充てられたため域内でも改革の必要に迫られることになる。

1992年以降のＣＡＰ改革に基づく農業保護

ＵＲ合意が迫る1992年に、これまでのＥＵの共通農業政策は大きく転換する。「1992年ＣＡＰ改革」の内容は以下のものであった。

① 輸出補助金を減らす為に介入価格を引き下げ、国際的な市場価格に近づける。

② 1995年に輸入課徴金を廃止し、定率関税に変更する。

③ 介入価格を引き下げるかわりに生産調整を条件に直接払いを実施する。

③によって「生産調整下の直接支払い」となり、ＵＲでは「青の政策」と位置づけられ国内補助金の削減対象外となった。しかし、この政策変更は、ＥＵの農業経営に大きな影響を与えた。介入価格分が直接支払い分に振り向けられたとはいえ、農業経営はこれまで以上に市場価格に大きく影響されるようになった。市場価格が下落すると直接支払いを受けても農業経営は苦しくなる。

1997年にＥＵ委員会が発表した「アジェンダ2000」は、ＣＡＰ改革は第2段階に入る。その内容は、以下のものであった。

①介入価格をさらに引き下げる。

②引き下げ分の50％を直接払いに上乗せする。

③農村開発政策をＣＡＰの「第2の柱」（the Second Pillar）に位置付け、農村地域の持続的で広い分野を統合した開発条件の整備に力を入れる。

介入価格のさらなる引き下げは、輸出補助金が大幅に削減されても輸出可能

とするためであり、農村開発政策は、「緑の政策」であるため国内農業補助金の削減外となるためである。

2001年からＷＴＯ交渉が開始され、ＥＵは対応を余儀なくされる。2003年９月にＥＵ農相理事会はＣＡＰ改革規制案に合意した。「2003年ＣＡＰ改革」の内容は以下のものであった。

① 直接支払いのデカップリング化。これまでの作物別の生産高ベースであった農家の直接支払いを各作物の作付面積と切り離し（デカップリング）過去の直接支払い実績ベースとして補償である「単一支払い制度」（Single Payment Scheme）に2005年から移行する。

② デカップリングにともなって土地放棄を防ぐため直接支払いを受ける要件として、環境保全、動物福祉保全性に関する新たな「クロス・コンプライアンス」（cross-compliance）を導入する。

③ 農村開発政策の強化に必要な財源を得るために直接支払いに「逓減方式」（modulation）を採用する、などである。

これらの改革によって、ＥＵの共通農業政策の多くの部分が「青の政策」から「緑の政策」に移行した。

このようにＥＵの共通農業政策は、農産物価格は市場価格で、農業・農家保護は生産と切り離された直接支払いとなりＷＴＯ協定に沿ったものとなったが、問題点もある。ＥＵの農業純所得に占める直接支払いの割合は80％近くを占め日本や米国の30％弱と比較して圧倒的に高い。その最大の問題は農家の所得の大半が直接支払いによるものとなり、農家の生活は安定化するかもしれないが、農業生産への意欲の低下は起きないかという問題である。また、直接支払いの多くが大規模農家に支払われ不公平であるとの批判もある。これでは「農業者の国家公務員化」（田代洋一氏）につながりかねない。

第 7 章　参考文献

農業問題研究学会編『グローバル資本主義と農業』（筑波書房、 2008 年）

村田武編『食料主権のグランドデザイン』（農文協、2011 年）

服部信司『アメリカ農業・政策史 1776-2010』（農林統計協会、2010 年）

中野一新・岡田知弘編『グローバリゼーションと世界の農業』（大月書店、2007 年）

田代洋一『反ＴＰＰの農業再建論』（筑波書店、年 2011 年）

生源寺眞一『日本農業の真実』（ちくま新書、2011 年）

環境保全型農業

　農林水産省によれば、「環境保全型農業とは、『農業の持つ物質的循環機能を生かし、生産性との調和などに留意しつつ、土づくり等を通じて化学肥料、農薬の使用等による環境負荷の軽減に配慮した持続的な農業』」と定義している。1999年「持続性の高い農業生産方式の導入の促進に関する法律」によって、農水省も「環境保全型農業」を推進し、エコファーマーとしてコンクールなどを実施している。

　戦後から70年代初頭までの日本農業の生産の発展は「農業の化学化」、つまり化学肥料と農薬に依存して発展してきた。しかし、化学肥料や農薬の大量投入は地力低下をひきおこし野菜の連作障害を発生させる同時に農薬の大量使用は発がん物質など人体に被害があることが判明してきた。また、農薬は農村環境を悪化させ多くの川魚、野鳥など絶滅させてきた。その後、消費者の意識が高くなり農薬をできるだけ使用しないで堆肥等の有機肥料を使った有機農業運動が発展してくる。農薬をできるだけ使用しないためには「土づくり」が重要である。

　「土づくり」には堆肥が必要で、堆肥は土壌の性質を改善し地力を高める効果と作物の養分を供給する効果など多様な効果を発揮する。堆肥が投入されると堆肥中の有機物がエサとなり土壌中の微生物が増殖、多様化し、これら増えた微生物によって土壌有機物の分解も促進される。また堆肥は地力窒素や養分の保持力が高まり連作障害などへの抵抗力となる。

　堆肥は、戦前や戦後直後は人糞を使っていたが、現在の堆肥は牛糞などの家畜糞尿、生ごみ、給食・外食・コンビニなどの食べ残し、稲わら、モミガラなどを使っている。それゆえ野菜農家と畜産農家との連携、生ごみ利用の堆肥づくりでの自治体の役割などが重要になっている。堆肥は十分に分解、発酵した完熟堆肥を使うと効力が高まり収量、品質もすぐれた野菜ができる。

　堆肥づくりが発展し農薬を使わなくなったことで農業以外にも良い影響がある。戦後、農薬使用で、それまで農村に多様にいた鳥や虫などがいなくなったが、農薬を使わないことで、これらの野生動物の生息地が回復し「トキ」や「コウノトリ」など絶滅していた野鳥も復活している。農村の生態系の維持されることで農村の美しい景観を維持されることになる。

第8章　日本のアグリビジネスの動きは？

　本章においては、一般法人による農業への新規参入問題ならびに農業ビジネスの現状について考察することにしたい。第1に、アグリビジネスとは何か、どのように展開しているのかをみてみる。第2に、日本の農業ビジネス（農業生産関連事業[*]）はどうなっているのかを考える。第3に、カゴメの野菜ビジネスの展開状況についてみてみる。最後に、第4として、農業ビジネスと地域農業活性化との関連について考えることにしたい。

（1）アグリビジネスの展開と現状

　アグリビジネスとは、農業に関連する幅広い経済活動を総称する用語であり、

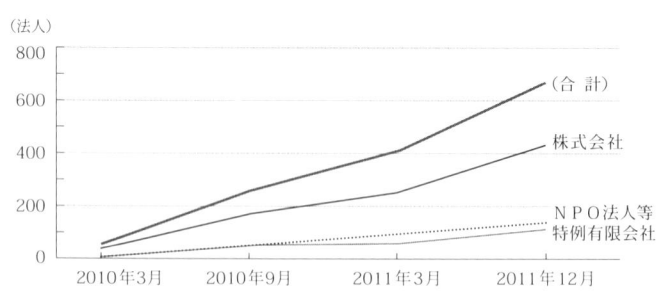

図8-1　一般法人による農業新規参入の推移

（資料）農林水産省調べ。農林水産省編『2012年版 食料・農業・農村白書 参考統計表』（農林統計協会、2012年）42ページより作成。

[第8章のキーワード]　アグリビジネス（農業関連産業）／農業ビジネス（農業生産関連産業）／農産物直売所／農産物加工／観光農園／野菜工場／農業生産法人／農村地域経済／農家経営／農村集落

1950年代後半にR・ゴールドバーグによって、アメリカの食料生産システムを説明するために使用された**。日本では、当初は農業関連産業と翻訳されていたが、現在では、アグリビジネスをそのまま使用することが多くなっている。

図8-1は、一般法人による農業新規参入の推移を示している。

2000年の農地法改正によって、農業生産法人の一形態として株式会社形態が導入されて以降、農業への株式会社の参入は開始された。2010年以降、株式会社の農業新規参入は増えており、その動向を注目する必要がある。

表8-1 日本の食品産業の農業参入理由
（2つまで回答）

（単位：%）

理　由	割合
商品の高付加価値・差別化	41.7
原材料の安定的な確保	35.2
トレーサビリティの確保	27.1
地域・社会への貢献	23.6
企業のイメージアップ	17.1
原材料の調達コストの低減	16.5
経営の多角化	11.9
その他	7.0

（資料）㈱日本政策金融公庫「食品産業動向調査」。全国の食品関連企業（製造業、卸売業、小売業、飲食業）6,824社を調査対象としたもので有効回答数2,568。
（注）農林水産省編『2011年版 食料・農業・農村白書 参考統計表』（農林統計協会、2011年）60ページ、より引用。

---

* 「農業生産関連事業」とは、農林水産省の「6次産業化総合調査」で使用されている用語であり、次のとおり、定義されている。
　「農業経営体及び農協等による農産物の加工及び農産物直売所、農業経営体による観光農園、農家民宿、農家レストラン及び海外への輸出の各事業をいう。
　ただし、原材料の全てを他から購入して事業を営む場合は該当しない。」

**　Wikipediaの「アグリビジネス」の項目には、次のとおり記載されている（2015年1月31日閲覧）。
　「アグリビジネス（英：agribusiness）とは、農業に関連する幅広い経済活動を総称する用語である。1950年代後半に、ハーバード・ビジネス・スクールのR.ゴールドバーグが、アメリカ合衆国の食料生産システムについて、農業資材供給から生産・流通・加工に至るまでを垂直的に説明するためにこの用語を使ったのが最初である。日本語は農業関連産業と訳されることもあるが、大学にアグリビジネス学科が設けられるなど、外来語として定着している。文字通りアグリカルチャー（農業）とビジネス（事業）を組み合わせた造語で、アグリビジネスに含まれる領域は農業機械・農薬・肥料などの農業資材、品種改良、株式会社の農業参入、農産物の流通・貿易・加工など多岐にわたる。」

図8-2 農業生産関連事業の年間総販売金額

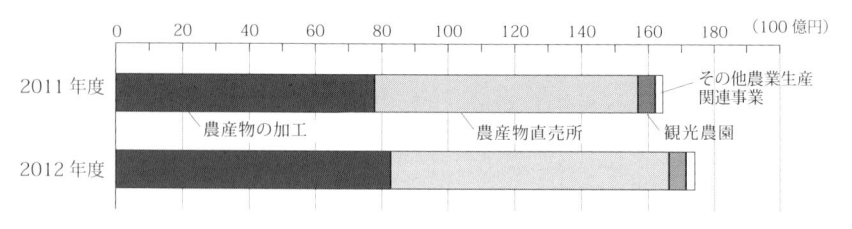

(資料) 農林水産省大臣官房統計部『2014年度 6次産業化総合調査の結果』(2014年4月1日公表)。

表8-2 農業生産関連事業の販売金額規模別事業体数割合 (2012年度)

	総額 (100万円)	1事業体 当たり 販売金額 (万円)	事業体数 (事業体)	販売金額規模別にみた事業体数の割合 (%)					
				100万 円未満	100～ 500万 円	500～ 1000 万円	1000～ 5000万 円	5000万 円～1 億円	1億円 以上
農業生産関連事業計	1,745,125	2,630	66,360	33.0	33.8	12.5	13.5	3.0	4.2
農産物の加工	823,730	2,711	30,390	43.2	33.9	10.8	8.7	1.0	2.4
農産物直売所	844,818	3,586	23,560	15.6	32.4	15.6	21.5	6.7	8.2
観光農園	37,932	429	8,850	41.0	40.3	9.8	8.0	0.3	0.6
農家民宿	5,731	292	1,960	59.7	24.2	7.8	8.1	0.2	0.1
農家レストラン	27,207	1,838	1,480	18.6	27.3	22.4	22.9	5.0	3.8
農産物の輸出	5,707	4,756	120	31.6	28.2	7.7	16.2	5.1	11.1

(資料) 農林水産省大臣官房統計部『2014年度 6次産業化総合調査の結果』2014年4月1日公表。

表8-3 農業生産関連事業・農産物加工の販売金額規模別事業体数割合 (2012年度)

	事業体数 (事業体)	1事業体 当たり 稼働日数 (日)	総額 (100万円)	1事業体 当たり 販売金額 (万円)	販売金額規模別にみた事業体数				
					100万 円 未満	100～ 500 万円	500～ 1000 万円	1000～ 5000 万円	5000 万円～ 1億円
総数	30,390	108	823,730	2,711	43.2	33.9	10.8	8.7	1.0
農業経営体	29,110	104	293,622	1,009	44.6	34.4	10.8	7.9	0.8
農家(個人)	25,350	97	79,597	314	48.0	35.6	10.4	5.6	0.0
農家(法人)	900	148	20,155	2,230	23.0	25.4	16.7	24.6	6.9
会社等	2,850	154	193,870	6,793	20.9	26.8	12.0	22.6	6.4
農協等	1,270	180	530,107	41,610	11.4	22.1	11.0	27.0	5.7
農業協同組合	730	185	295,629	40,608	7.7	17.3	10.9	31.3	6.9
会社	190	247	230,792	119,581	0.5	8.3	9.3	26.4	7.8
生産者グループ等	350	134	3,686	1,044	25.3	39.8	11.9	18.2	2.3

(資料) 農林水産省大臣官房統計部『2014年度 6次産業化総合調査の結果』2014年4月1日公表。

第8章　日本のアグリビジネスの動きは？

　食品産業の農業参入理由としては、「商品の高付加価値・差別化」、「原材料の安定的な確保」が多くなっており、食品産業の生き残り戦略として、食品産業による農業生産の包摂を指向しているといえるであろう。こうした回答以外には、「トレーサビリティの確保」、「地域・社会への貢献」、「企業のイメージアップ」、「原材料の調達コストの低減」、「経営の多角化」などが続いている（表8-1参照）。

（2）農業ビジネス（農業生産関連産業）の実態

農業生産関連事業の年間総販売金額の実態

　図8-2は、農業生産関連事業の年間総販売金額を示している。

　2012年度の年間総販売金額は1兆7,451億円であり、その内訳としては、「農産物の加工」8,237億円（年間総販売金額に占める割合は47.2％）、「農産物直売所」8,448億円（同48.4％）となっており、この両者で年間総販売金額の95.6％を占めており、農業ビジネスの大半は農産物加工と農産物直売所によって担われている。

　表8-2は、2012年度における農業生産関連事業の販売金額規模別事業体数割合を示している。1事業体当たり販売金額は、農業生産関連事業計では2,630万円である。そのうち、「農産物の加工」は2,711万円であり、「農産物直売所」は3,586万円となっている。業態の特性に規定されて、販売金額には高低がみられる。ここで販売金額規模別事業体数に注目すれば、二極化現象が確認される。全体としてみても、大半は100万円未満で総事業体数に占める割合は33.0％であり、500万円未満では同66.8％となっている。本表には示されていないが、時系列でみれば上層の増加傾向がみられ、今後の展開について注視する必要がある（表8-3参照）。

農業生産関連事業の就業状況

　農業生産関連事業の展開によって、就業状況はどうなって

いるであろうか？

図8-3は、農業生産関連事業における総従事者数を示している。

2012年度の総従事者数は451,200人である。その内訳としては、農産物の加工160,600人（総従事者数に占める割合は35.6％）、農産物直売所214,900人（同47.6％）、観光農園56,000人（同12.4％）、その他農業生産関連事業19,700人（同4.4％）となっている。

就業状況について、もう少し詳しくみてみよう。表8-4は、2012年度における農業生産関連事業の従事者の状況を示している。

総従事者数は451,200人であり、その内訳としては、役員・家族218,700人（総従事者に占める割合は48.5％）、雇用者232,500人（同57.3％）となっており、農業生産関連事業は雇用の拡大に寄与している。雇用者についてみれば、

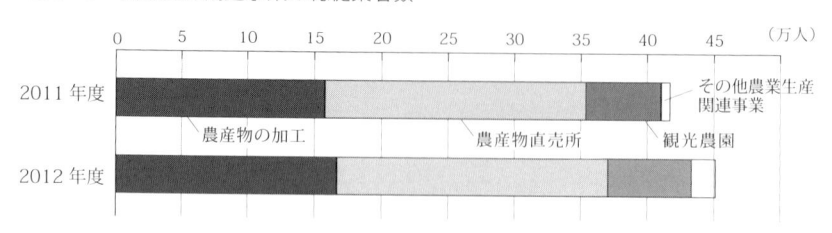

図8-3　農業生産関連事業の総従業者数

（資料）農林水産省大臣官房統計部『2014年度 6次産業化総合調査の結果』（2014年4月1日公表）。

表8-4　農業生産関連事業の従業者の状況（2012年度）

（単位：100人、％）

	計	役員・家族	雇用者			雇用者の男女別割合（％）			
			小計	常雇い	臨時雇い	常雇い		臨時雇い	
						男性	女性	男性	女性
農業生産関連事業計	4,512	2,187	2,325	991	1,333	33.4	66.6	29.9	70.1
農産物の加工	1,606	699	907	402	504	43.1	56.9	30.6	69.4
農産物直売所	2,149	1,174	976	482	493	24.7	75.3	28.9	71.1
観光農園	560	229	330	58	272	40.8	59.2	31.6	68.4
農家民宿	73	49	25	4	21	39.5	60.5	29.5	70.5
農家レストラン	113	32	81	42	39	27.7	72.3	19.7	80.3
農産物の輸出	11	4	7	3	4	57.2	42.8	49.2	50.8

（資料）農林水産省大臣官房統計部『2014年度 6次産業化総合調査の結果』2014年4月1日公表。

常雇いは 99,100 人（総雇用者に占める割合は 47.6％）、臨時雇いは 133,300 人（同 57.3％）となっており、雇用者の男女別割合をみれば、女性比率が約 7 割となっており、女性雇用の拡大に大きな役割を果たしている。

以上のように、農産物の加工ならびに、農産物直売所は就業の場としても、注目されるところである。

（3）カゴメ株式会社の野菜ビジネス参入

「農業食品企業」への道

カゴメは 1899 年に創業され、現在では「農業食品企業（メーカー）」として、野菜とトマトを中核とする事業展開をしている。1980 年代初頭には、「総合食品メーカー」をめざして、多角化と国際化を推進してきた。中長期（5 ヵ年）経営計画として、「ＳＫＹ計画（1983～1987 年）」を進め、多くのヒット商品を生み出し、海外企業とのビジネス連携を成功させた。ＳＫＹとは、「Ｓ＝積極性、Ｋ＝効率化、Ｙ＝躍進性」を意味しており、その目標である、700 億円企業から 1,000 億円企業への成長を果たした。

しかし、それに続く「ニューＳＫＹ計画（1988～1991 年）」では、「多角化・国際化」を掲げて、食品新規分野だけでなく非食品分野への参入を図り、1,500 億円企業を指向したが、バブル経済崩壊とも重なって、本計画は 1991 年に 5 ヵ年中長期計画の 4 年目にして中断された。

ニューＳＫＹ計画を見直して、カゴメらしさを追求することとなり、カゴメ 101 運動が 1992 年から開始された。101 運動においては「農業食品メーカーの実体化」を重視し、種子の開発から製造販売までの垂直統合を図って、カゴメトマトの優位性を打ち出すこととなった。そして、1998 年から生鮮野菜事業への参入が開始される。

カゴメ野菜工場

カゴメの生鮮野菜事業への参入は、野菜工場として生食用トマトの出荷が開始された。その概要は、つぎのとおりである。

カゴメから苗・農業生産資材の提供を受けて、農業生産法人が2ヘクタールの大型温室で契約栽培する。全国10地域に産地展開を図る。養液栽培を基本として、減農薬栽培で年間を通じた安定供給を実現する。販売先は、市場外流通を基本として、量販店や外食産業との提携を強める。栽培品目としては、カゴメが開発した赤系品種を主体とし、リコピンを多く含有する品種とする。赤系トマトを中心とした流通戦略により、生食用トマト市場の消費拡大を目的としている。事業規模としては、1産地当たり約10億円が考えられている。
　カゴメの生食用トマト事業の推移について、述べておこう。
　1998年に「新・創業」計画の一環として、事業部が設立される。1999年6月には美野里菜園（茨城県美野里町、カゴメの保有設備）が竣工し、生食用トマト市場への本格的参入が開始される。2001年10月には、世羅菜園（広島県世羅町）の出荷が開始され、生食用トマトを「こくみトマト」のブランドで販売を開始する。2003年10月には四万十みはら菜園（高知県三原村）の出荷が開始される。2004年8月には、安曇野みさと菜園（長野県三郷村）の出荷が開始される。2004年9月には山田みどり菜園（千葉県山田町）の出荷が開始される。2005年10月にはいわき小名浜菜園（福島県いわき市）の出荷が開始される。
　生食用トマト事業の売上高、出荷量の推移は、2003年3月期で18億円、約3,200トン、2004年3月期で24億円、約5,000トン、2005年3月期で40億円、約7,000トン（計画）、2007年3月期で100億円、約2万トン（目標）となっている。2003年度で、全国のトマト収穫量の約1％に相当している。

カゴメトマト「加太菜園」

　カゴメ株式会社（本社：名古屋市）とオリックス株式会社（本社：東京都）は、和歌山県和歌山市加太地区で生食用トマトを栽培するために、「加太菜園株式会社」を2004年10月8日に設立した。出資は、カゴメ70％、オリックス30％である。
　加太菜園は大規模ハイテク野菜工場であり、カゴメブランドの赤系生食用トマトを栽培する。温室の稼働時期は、第1期は2005年秋で5.2ヘクタール、年間出荷量は約1,500トン、第2期は2008年春で5.2ヘクタール、第3期

は 2010 年春で 9.7 ヘクタールを予定しており、温室面積は合計で 20.1 ヘクタール、年間出荷量は約 6,000 トンとなる。アジア最大規模の温室面積である。

加太菜園の用地は関西国際空港の土取り跡地「コスモパーク加太」であり、農地法等の適用を受けないため、国内最初の非農業生産法人である。加太菜園株式会社は、カゴメの連結子会社であり、資本金は 9,000 万円（カゴメ 70％、オリックス 30％）であり、雇用人数は全施設稼働時でパート雇用を含めて約 300 人であり、年間出荷量は前述のとおり約 6,000 トンである。総事業費は約 47 億円であり、栽培品目は「こくみトマト」を中心としたカゴメブランドの生食用トマトであり、年間販売額は 23 億円を予定しており、販売先は近畿圏を中心に中国、四国、中部圏の量販店や外食産業等である。

加太菜園の栽培方法の特徴としては、オランダの栽培技術を導入した、大規模ハイテク植物工場であり、温室内の温度、湿度、灌水等はコンピューター制御され、収穫作業は人力により丁寧に実施される。ロックウール養液栽培を採用しており、液体肥料は点滴給液方式で行われる。多段収穫とするため、1 本の樹を 15〜20 メートルまで伸ばし続け、10 カ月の連続収穫であり、1 本の樹の先を天井からの誘導フックに吊して、フックを移動することによって、樹を伸ばし続ける。

こうした大規模野菜工場ができることによって、和歌山県内のトマト生産農家は大きな不安を抱えており、とりわけ価格下落について、大半の農家は心配している。カゴメによれば、流通経路は市場出荷ではなく、市場外出荷であるため、県内トマト生産農家と競合関係はないというのであるが、現実には、量販店への市場外出荷もあり、今後の動向には注目する必要がある。しかも、カゴメの全施設稼働時の出荷量は 6,000 トンである。この数字は、2002 年の和歌山県のトマト生産量 6,410 トンに匹敵する量であり、巨大産地の出現による県内農業への大きな影響は考えざるをえないであろう。

（4）農業ビジネスの動向と農村地域の活性化

1990 年代末以降の農地制度改革によって、企業の農業生産法人への出資や

農地取得の規制緩和は、大手企業の農業ビジネス参入への追い風となっている。しかしながら、大手企業による農業ビジネスへの参入は、農村地域経済の活性化に役立つかどうかについては疑問点がある。

 それは、従来の農村地域の担い手である農家経営の維持・存続と、調和的に発展するかどうかに大きく関わっている。現在の農村経済の低迷状況にあっては農村集落は消滅の危機にあり、これを回避することは、都市生活者にとっても重要な課題である。

 農村地域の現状は多様であり、その担い手も多様である。この農村地域の多様性を尊重しながら、その活性化方策を樹立することが必要となっている。その際には、外部の力の活用も必要であり、農村内部の力だけで解決できる問題でないことは忘れてはならない。そして、農業生産関連事業でみたように、地域に根ざした産業との連携は大事なことであり、地域経済の循環を重視して、地域産業の再構築を図ることが不可欠な視点であるといえよう。

第8章　参考文献

大塚茂・松原豊彦編『現代の食とアグリビジネス』（有斐閣、2004年）

F・マグドフ、J・B・フォスター、F・H・バトル編『利潤への渇望――アグリビジネスは農業・食料・環境を脅かす』（大月書店、2004年）

斎藤修『地域再生とフードシステム――6次産業、直売所、チェーン構築による革新』（農林統計協会、2012年）

河合明宣・堀内久太郎編著『アグリビジネスと日本農業』（放送大学教育振興会、2014年）

大仲克俊・安藤光義『JC総研ブックレット1　企業の農業参入――地域と結ぶ様々なかたち』（筑波書房、2014年）

遺伝子組み換え食品と安全性

　遺伝子組み換えとは、英語表記ではGenetic Modificationであり、遺伝子操作を意味している。細胞のなかにある遺伝子を操作することによって、新しい品種の作成が可能となった。他の生物の細胞から有用な遺伝子の一部を取り出して、植物などの細胞の遺伝子に組み込むことによって、新しい形質の生命体を作る技術である。

　この遺伝組み換え技術を応用することによって、遺伝組み換え食品は作られる。代表的なものは、除草剤耐性の大豆や殺虫性のトウモロコシなどの農作物、遺伝組み換え大腸菌を活用した牛成長ホルモン、組み換え体そのものを食べない食品添加物がある。

　厚生労働省の医薬食品局食品安全部発表の「安全性審査の手続を経た旨の公表がなされた遺伝子組換え食品及び添加物一覧」によると、2015年1月15日現在の日本における遺伝子組み換え食品の認可は299品種である。その内訳としては、ジャガイモ（8品種）、大豆（19品種）、テンサイ（3品種）、トウモロコシ（201品種）、ナタネ（20品種）、ワタ（44品種）、アルファルファ（3品種）、パパイヤ（1品種）である。添加物は18品目となっている。

　世界の遺伝子組み換え作物の作付面積は、国際アグリバイオ技術事業団（ISAAA）の調査によると、2011年現在で、大豆7,540万ha（作付面積に占める割合は47％）、トウモロコシ5,100万ha（同32％）、ワタ2,470万ha（同15％）、ナタネ820万ha（同5％）となっている。日本国内では商業的には栽培されていないが、日本の食料の大半は海外に依存しているため、遺伝組み換え食品の認可が世界のトップクラスとなっている。

　遺伝子組み換え食品の安全性をめぐっては、賛否両論の議論がある。厚生労働省としては、安全性のチェックを適切に実施していると主張している。しかしながら、反対の論陣では、安全性審査において、申請者の提出書類による審査のみであり、第三者機関による試験がない点、組み換え作物そのもの摂取試験は実質免除されている点、組み込まれたタンパク質も急性毒性試験だけであり、長期的・慢性的毒性に関しては免除されている点などが指摘されている。

第9章　農業協同組合はどうなる？

　私たちは、都市でも農村でもＪＡという看板をよく見かける。ＪＡが農業協同組合であることを知っている人はいるが、農協とはどのような組織で何をやっているかを知っている人は少ない。農協は現在でも中山間地の農村生活に不可欠なものである。ここでは戦後から現在までの農協の発展とその問題点、今後の農協のあり方についてみていこう。

（1）農業協同組合とは何か？

戦後農協の出発点

　現在の農協（ＪＡ）は、1947年に成立した農業協同組合法を起点としている。その前身としては、戦前の協同組合として産業組合があった。産業組合は1930年代に全農民の組織化をすすめ、1931年の「産業組合拡充5カ年計画」によって、①未設置農村の解消、②全戸加入、③4種兼営（信用、販売、購買、利用）④組織統制力の強化をかかげ、産業組合は1935年には全農民の75％を組織するまでに至った。産業組合は戦時下では他の農業団体と統合され農業会となった。農業会は協同組合ではなく、戦争中の食料の確保など国策機関としての役割を果たした。

　戦後、農地改革の実施によって地主制は解体され、多数の自作農が創出された。この自作農体制を支えるために農業協同組合法が成立した。それは、「農民の農民による農民のための協同組合」をめざすものであったが、実際に組織

［第9章のキーワード］　農協法成立／農業会の看板の塗りかえ／農協合併／正組合員と准組合員／世界のノウキョウ／農協栄えて農家滅ぶ／資金吸収機関化／住専の不良債権処理／ＪＡバンク制度／中央会の廃止／全農や経済連の株式会社化／独禁法適用除外

された農協は、それとはほど遠いものであった。農協法をめぐってはさまざまな議論があり、欧米のような生協を含めた協同組合一般法を制定すべきとの意見もあった、また、専門農協を中心とするか総合農協にするかの議論もあったが、けっきょくは農協法と生協法という2つの法律に分離され、総合農協方式が採用された。農協法は、協同組合であると同時に産業政策上の特別法として位置づけられた。そして、戦前の産業組合の4種兼営を残すこととなった。生協は信用事業が禁止されたが、農協は戦前と同様に信用事業ができることになった。

 戦後にできた農協は、そのほとんどが農協法成立1年後以内に結成され、村ぐるみで農民たちは農協に加入することになった。これは、自主的参加という協同組合の精神に反するものであった。戦後の農協は戦前の古い体質を多く残したため「農業会の看板の塗りかえ」との批判がおこなわれた。また、戦後の深刻な食糧不足のもとで食料の配給制度が続けられ、その配給機能を農協が果たすことで、農協の行政補完機能が維持されることになった。この農協の出発点が、その後のさまざまな問題を生むことになった。

 その後、1949年の「ドッジ不況」で多くの農協が経営危機に陥り、政府による農協への監督が強化され、それによっていっそう政府依存の体質を強化することになった。農協もまた農協中央会を発足させ自ら農協の管理監督を強化した。

農協の事業と系統組織

 現在の農協の事業は大きく分けて5つに分けられる。

 ①指導事業。これは組合員の農業経営の改善、生活の向上のためのサービス事業である。農協の土台となる事業であるが直接利益を生み出さないため軽視されがちである。

 ②経済事業。販売事業と購買事業の2つに分かれ、販売事業は農家が生産したコメ、野菜、果実、畜産物などを農協が集荷し卸売市場やスーパーに販売する(「農協共販」)。大量集荷・販売することで市場に圧力をかけて、できるだけ農産物を高く売る役割を果たす。また、近年ではファーマーズマーケット(農産物直販所)を設立し地元の農産物を直接販売する事業も増えている。もう

ひとつは購買事業で、農業生産に必要な農業機械、肥料、農薬、飼料などを生産財を農業者に販売する事業と、Ａコープなどでの食料品の販売、ガソリンスタンド事業などの生活物資事業の２つがある。
　③信用事業。農業者や付近の住民から預金を集め運用する。
　④共済事業。農家にさまざまな保険を提供する事業である。
　⑤厚生事業。農協が出資し病院を設立し、農村住民の健康を守る事業である。
　また、従来の多くの農協は規模が小さかったため、それを補完するための系統組織が、都道府県、全国レベルでつくられた。経済事業は、都道府県では「経済連」、全国では「全農」という系統組織があった。しかし、近年の農協合併で農協の経営規模が大きくなったため「経済連」の多くは「全農」の傘下に入ることとなった。信用事業、共済事業も都道府県で「信連」「共済連」全国レベルで「農林中金」「全国共済連」があったが、近年では農協金融は一体的に運用されるようになっている。また、農協の事業全体を管理・監督・指導するために都道府県中央会、全国中央会（全中）がある。

農協の組織・事業の現状は？

　表９－１は、近年の農協の現状を示している。組合員数は近年の農協合併で大きく減少している。1990年には3,591の総合農協があったが、2000年には1,424に、さらに2010年には725まで減少した。この10年間で半分となった。奈良県、香川県、佐賀県、沖縄県などでは、１県１農協という巨大農協もできた。このこともあって経済事業や信用事業で都道府県団体と全国団体の統合が進んでおり、実質上３段階制から２段階制に移行しつつある。
　農協の組合員には正組合員と准組合員がいる。正組合員は農業者であることが資格要件であり、組合の議決権をもつ。他方、准組合員は、農協預金など農協を利用しているものであればだれでもなれるが、議決権はない。近年は、表９－１にあるように議決権がない准組合員が正組合員を上回っており、協同組合の民主的運営という点で問題となっている。
　職員数も、農協の経営危機と広域合併の影響もあって大幅に減少している。2000年27万人近くいた職員は10年には22万人と５万人も減少した。また、職員のパート化も進んでいる。また、営農指導員の数も少しずつ減少している。

第9章　農業協同組合はどうなる？

　農協の事業規模は2010年度で販売事業は4兆2262億円、購買事業は2兆9849億円となっており、経済事業合計で7兆2111億円となっている。しかし、近年の日本の農業生産額の減少を反映し、経済事業は2000年比で21%も減少している。販売事業を品目別にみると、コメと野菜と畜産物の3つが主要販売物であるが、近年は米価の下落もありコメの販売割合が大幅に低下し20%を切り逆に野菜の販売割合が30%を超えコメを上回っている。購買事業では、Aコープやガソリンスタンド事業の不振で生活物資部門の販売額の減少が大きくなっている。

　経済事業が不振ななかで信用事業は預金残高を順調に増やし85兆円を上回り、この10年間で19%以上増やし3大手銀行並みかそれを上回る預金を集めている。しかし、これらの資金は農業や農村地域にほとんど貸し出されておらず、貯貸率は30%を切っている。共済事業についても長期共済保有契約が311兆円と、近年、減少傾向にあるとはいえ大手生保並みの契約高となって

表9-1　農業協同組合（総合農協）の概要

			1990年	2000年	2010年
組合総数			3,591	1,424	725
組合員数	正組合員	（千人）	5,544	5,249	4,720
	准組合員	（千人）	3,065	3,859	4,974
職員数		（人）	297,459	269,208	220,781
うち	営農指導員	（人）	18,938	16,216	14,459
販売事業		（億円）	64,113	49,508	42,262
うち	コメ	(%)	31.2	24.4	19.9
	野菜	(%)	20.9	26.0	30.7
	果実	(%)	12.2	11.0	10.0
	畜産物	(%)	22.3	25.0	25.7
購買事業		（億円）	52,111	41,660	29,849
うち	生産資材	(%)	61.2	64.4	67.9
	生活物資	(%)	38.8	35.4	32.1
信用事業	貯金残高	（億円）	532,540	716,628	855,637
	貸出金残高	（億円）	136,855	218,768	238,080
	貯蓄率	(%)	25.7	30.5	27.8
共済事業	長期共済保有契約高	（億円）	2,988,452	3,897,482	3,110,878
事業利益		（億円）	3,735	425	1,569

（資料）「総合農協統計表」各年、より作成。

いる。

　事業利益は2001年には赤字寸前の261億円にまで減少していたが、その後、合併等による合理化で回復し2010年には1569億円の黒字となっている。

（2）これまでの農協の事業活動の問題点

高度成長のもとでの農協の事業拡大

　農協の事業が巨大化していったのは、1960年代の高度経済成長期以降である。表9-2は、1960年から1980年にかけての農協の各事業量の推移を示している。60年代は物価も急激に上昇したので少し割り引く必要があるが、農協の事業量は飛躍的に伸びた。とくに購買部門は「基本法」農政の農業近代化政策によって飛躍的に伸ばした。政府が農業の機械化をすすめたため農業機械が売れ、農業の化学化によって肥料・農薬の売上は飛躍的に伸びた。
また、畜産振興政策は飼料の販売を拡大した。販売事業も生産者米価の上昇によってコメの販売手数料は急増した。野菜の大型産地化も「農協共販」の事業拡大につながった。

　しかし、それ以上に信用事業、共済事業が拡大した。高度成長期に急速に進んだ農家の兼業化によって兼業収入は増加し、農協預金を急激に増大させた。さらに大都市近郊では、住宅地、工業用地、道路建設の需要拡大によって地価が上昇し、農地を売却する農家が増え、これらの土地代金が都市農協の預金

表9-2　1960～80年の農協の部門別事業量の推移

（単位：億円）

		1960年	1970年	1980年
販売事業		5,999	21,088	55,009
購買事業		2,801	12,398	47,004
うち	生産財	2,133	9,087	32,025
	生活物資	688	3,311	14,979
預金残高		6,828	55,106	254,376
貸出金残高		3,240	29,133	106,362
長期共済保有高				1,221,100

（資料）「総合農協統計表」各年、より。

に流入し農協預金も急増した。また、貸出金も、この時期はまだ農業資金需要が旺盛であったので順調に伸びた。そして、1960年代末には農協の各事業は、総合商社、都市銀行、大手保険会社と並ぶほどに成長し、「世界のノウキョウ」といわれるまでになった。

このように、農協の事業は順調に拡大していったが、他方で農業者の要求から離れ「農協の農民離れ」がすすむ。農民から農協は「経営主義」との批判が強まり、「農協栄えて農家滅ぶ」といわれるようになる。

1970年代に入ると高度成長は終わり低成長時代に入る。この時期、経済事業で増えたのは購買事業の生活物資部門である。1973年には全国Aコープチェーンが結成され、全国の農村にAコープの店舗がつくられた。また、農村での自動車の普及もあってガソリンスタンド事業も拡大していった。農協のガソリンスタンドは、1970年に1800カ所ほどであったのが、80年代半ばには5500カ所を上回るようになった。

金融事業で利益をあげ、他部門の赤字を穴埋め

農協の事業は順調に伸びたが，事業各部門で採算がとれていたわけではなかった。表9-3は、この時期の事業別の採算状況を示している。農協の純損益は1958年以降、黒字が増え続けてきた。とくに60年代から70年代にかけて黒字幅は急激に拡大している。しかし、部門別に黒字なのは信用事業と共済事業だけであり、販売事業は1965年から赤字が続いていた。また、購買事

表9-3　1農協当たり部門別純損益の推移（1960～80年）

（単位：1000円）

	1960年	1970年	1980年
合　計	477	10,744	54,671
販売事業	△61	△2,940	△14,034
購買事業	269	△3,321	△13,259
信用事業	801	20,496	65,879
共済事業	56	2,611	37,596
倉庫事業		△594	△4,896
加工・利用事業	△588	△1,429	△9,100
その他		△4,079	△7,519

（資料）「総合農協統計表」各年、より。

業も 1967 年以降赤字に転落し、以降は赤字が続いていた。しかも、これらの赤字幅はどんどん拡大していった。農協が経営危機にならなかったのは、経済事業の赤字を金融事業で穴埋めできたからである。その意味では、総合農協主義が経営危機を救っていたのである。

（3）農協経営の危機と農協改革

バブル崩壊と農協の金融事業の収益低下

　このような農協の経営構造は、1980 年代半ばから始まる金融の自由化と 1990 年のバブル崩壊によって転機を迎える。90 年代に入って、金融事業の収益が大きく低下するとともに、農協の経営危機が顕在化してくる。

　バブル崩壊以前から、農協の信用部門は次第に収益があがらなくなってきていた。80 年代も依然として農協預金は増大するが、他方で農村の資金需要は農業生産の低迷から減少してくる。このため多くの農協は貯金を上部団体である信連への預け入れ、その運用を任せる事態が進行していった。貯金量にたいする貸出金の割合(貯貸率)は、急速に低下し、75 年段階では 53.3％と 50％を超えていたが、1980 年には 41.8％に低下し、1990 年には 24.2％にまで低下する。農協はもっぱら資金吸収機関化し、運用は上部団体である信連と農林中金に任せるという分業関係が確立してくる。

　信連の資金運用は 80 年代までは株高で有価証券への運用を強めたが、バブル崩壊による株価の暴落以降、不動産関連の貸し出しを増加させる。その貸し出しの中心を占めたのが旧住専であった。しかし、1995 年に「住専」に対する巨額の不良債権問題が表面化し、住専融資総額の約 6 割を占めていた農協系金融機関に対する批判が強まった。住専の不良債権処理は、農協が 5300 億円を債権管理機構に贈与し、1 兆 9000 億円の同機構への低利融資で決着がつき旧住専 7 社から農協系金融機関に融資元本の 5 兆 4000 億円全体が返済され農協の負担としては比較的軽微なもので済んだ。しかし、これによって 23 信連が経常利益で赤字を出し、信連全体の収益も大幅に減少した。農協の多くが信連に預け入れしていたので、農協の収益も大きく低下した。

第9章　農業協同組合はどうなる？

　90年代後半に入ると、巨額の不良債権処理をめぐって日本の金融機関の多くが経営危機に陥り、金融機関にたいする政府の監督が強化された。これによって農協も貸倒引当金の積み増しが要求され、信用事業はいっそう悪化する。さらに農協の債権の自己査定の厳格化が要求されたため、農協でも不良債権問題がつぎつぎと表面化する。また、役職員の不正融資や放漫経営による巨額の不良債権を抱える問題農協が相次ぎ、系統農協の保険機構による支援を受ける農協や信連が出てくる。さらに債務超過に陥った農協も全国各地で出てくる。

農協合併とJAバンク化

　信用事業や共済事業に依存していた農協経営は、大きな危機に瀕する。当面、改革が迫られたのが信用事業の立て直しであった。1996年2月に「農林中央金庫と信用農業協同組合連合との合併に関する法律」が成立し、農林中金と信連との合併が可能となった。2001年6月には農協改革2法が成立し、そのもとで信用事業破たん防止のために02年1月から「JAバンク」制度が成立する。JAバンク制度とは、農協、信連、農林中金で構成されるグループで3者が実質的に「ひとつの金融機関」として機能するシステムである。自己資本比率も8％以上という「自主ルール」を定め、これを守れない農協等はJAバンクグループから排除することにした。また農協改革法で信用事業を常勤理事3名以上必要とし、そのうち1名は信用事業専任を置くことを義務付けられた。このため小規模な農協は、これらを満たせないため合併を余儀なくされた。地方の農協は事実上、JAバンクの支店・支所化され、農協の信用事業は事実上、3段階制から農林中金を中心とする2段階制に移行することとなった。

　これらの改革によって農協金融の安全性、効率化はすすんだが、農協が農業、農村の金融機関しての役割は以前とかわらず、農協は農業・農村からの資金吸収機関という役割は変わっていない。2011年3月末の農林中金の資料によれば、農協で集められた預金の3分の2は信連に預けられ、信連に集められた資金の6割弱は農林中金に預けられ、農林中金は、その資金の4分の3を有価証券や金銭信託で運用し、かなりの部分を海外で運用している。農林中金は2008年のリーマンショックで大きな損害を被り農協に損害を与えた。

農協の経済事業改革

　農協の事業損益は1990年には3735億円あったが、金融危機によって90年代に大きく減少し、2001年には261億円となり赤字に転落寸前となった。金融事業改革と同時に赤字が恒常化している経済事業改革の必要に迫られた。

　経済事業のなかでも、70年代以降、急速に事業拡大した生活物資部門の赤字がとくに問題になった。2003年12月に全中が出した「経済事業改革指針」で「拠点事業（物流、農機、ガソリンスタンド、Ａコープ）の収支改善と競争力強化」が目標のひとつとして掲げられた。

　Ａコープは、農協のスーパーとして農村地域に店舗が多かったが、農村にも総合スーパーや食品スーパーが進出し、その競争戦で敗れたため、半数近くの店舗が赤字になっていた。これらのＡコープの赤字体質を改善するために2003年のＪＡ全国大会でＡコープの「経営一体化」と「広域会社化」が打ち出された。Ａコープの店舗を基本的に県域単位に「経営一体化」をはかり、それを基礎にブロック単位で広域一体化を図るというものである。Ａコープを都道府県単位で一体化をはかる同時にブロック広域株式会社を設立しＡコープに商品を供給する体制を築いていった。これは生協なども同じシステムをとっており、それを真似したものである。2004年3月にエーコープ関東が設立され、近畿や九州や中四国地方でもエーコープ近畿、エーコープ九州、エーコープ中国（現・エーコープ西日本）が設立された。そして、これらの広域株式会社に全農が商品を供給する体制がとられた。ガソリン事業やＡコープ事業は信用事業と同様に実質的に全国会社化がはかられた。

　他方、経済事業の中核事業である販売・購買事業改革については2003年の全国農協大会で経済事業改革を決議し、「選択と集中」が謳われ、その後、経済連の全農との統合がすすめられた。現在、全農と統合して全農県本部になったのは35の都府県あり、8道県が経済連を存続させている。「3大経済連」の北海道、長野、鹿児島のうち、長野県は全農との統合を選択し、北海道（ホクレン）、鹿児島県は経済連として残った。全農との統合で経済事業の赤字は減少傾向にある。

（4）岐路に立つ農協

規制緩和と農協改革論

　現在、農協改革論は、さまざまな分野で議論されている。その代表的な議論は、政府や財界から規制緩和論と結びついた農協改革論である。政府の規制改革会議は、「成長戦略」のひとつとして「農業・農協改革」を打ち出している。2014年5月に農協改革として次のような提案をしている。①地域農協の指導機関であるＪＡ全中を頂点とする中央会制度を廃止し、中央会はシンクタンクに改組する。②ＪＡ全農は株式会社に転換し、経済連についても株式会社化を視野に入れる。③「ＪＡバンク」の名称で展開している農協の貯金や融資などの金融事業は農林中金に移管し手数料だけを支払うなどである。

　政府の規制改革会議のねらいは、①の中央会の廃止はＴＰＰ反対運動などで政府の方針に反対する組織の弱体化をすすめる。②の全農や経済連の株式会社化は、現在の農協の販売原則である全量委託、共同選果、共同販売を否定し委託販売でなく買い取り販売に全面的に変更し、これによって農協を独占禁止法適用除外から外し、アグリビジネスが農業分野に自由に進出できるようにする。③地域農協から金融事業を分離し、農協の金融部門を農林中金や信連に譲渡し地域農協を、手数料を支払うだけの代理店にする。そして、そのねらいは農協を協同組合から株式会社に転換させることで独禁法適用除外から外すことにある。

　独占禁止法の農協の適用除外については、現在の独占禁止法は22条で以下の場合は適用除外としている。①小規模の事業者又は消費者の相互扶助を目的にすること。②任意に設立され、かつ組合員が任意に加入又は脱退することができる。③各組合員が平等の議決権を有すること。④組合員に対し利益配分をおこなう場合には、その限度が法令又は定款に定められていること。ただし、不公正な取引方法を用いる場合又は一定の取引分野における競争を実質的に制限することにより不当な対価を引き上げることとなる場合は、その限りでないとしている。農協でも不公平な取引方法や競争の実質的な制限で不当な利益を得ていれば独禁法は適用されるが、そうでない限り適用除外であることは明白

である。

　政府や財界は、連合会などは小規模事業者でないので独禁法適用除外から外すべきと主張している。しかし、現在の小規模生産者を直接組織している単位農協だけで巨大企業に対抗することは不可能で、連合会抜きに対抗ができないことは明らかである。

　また、信用・共済事業と経済事業の分離論は、財界だけでなく、農水省の「農協改革の基本方向『農協のあり方についての研究会』報告書」(2003年)でも主張されている。1996年農協法改正で農協は部門別損益の開示が義務化された。そして、部門別採算が重視されるようになった。先に述べたように現在の農協経営は信用事業に依存しているので、信用・共済事業を分離することで経済事業のいっそう改革を進めようというものである。しかし、この議論の問題点は、信用・共済事業を分離すれば経済事業改革がどうすすむかについての具体論がない。分離しないでも経済事業改革は必要であり、経済部門の黒字化が進めば信用・共済事業からの補填は必要なくなる。この議論は、信用・共済部門の分離によって農協経営を困難にして農協解体論にむすびつくものである。

協同組合としての農協

　戦後の農協の経過の中で、農協が農水省の下請け的役割と自民党の選挙支援組織的な役割が大きかった。しかし、このような「制度としての農協」(第2の役所)は現在では成り立たなくなってきている。政府から独立した「協同組合としての農協」に転換する必要がある。日本の農協指導者は協同組合として自立している日本の生協の組織、事業、運営についてもっと学ぶべきである。

　また、自立した農協になるためにはある程度の経営規模が必要であり、農協合併もやむを得ない側面がある。しかし、合併によって農協が地域の農業生産と離反することになれば問題である。農協の事業改革は、地域農業の再生に抜きではありえない。地域農業が弱体し日本農業が衰退する中で農協事業改革だけがすすむことはありえない。

　現在の日本農業の最大の問題は高齢化による農業生産の担い手の喪失にある。農協が地域の農業の担い手育成にいかにかかわっていくかが極めて重要である。2001年の改正農協法でそれまでの信用事業にかわって営農指導事業が農協事

業のトップにあげられることになった。しかし、現在の営農指導事業は部門別の採算だけでみれば大きな赤字要因になっている。営農指導事業で指導料の引き上げも必要であるが、総合農協の良さを発揮し営農指導の強化によって地域農業の担い手の育成に農協の果たすべき役割は大きい。

また、現在の中山間地域の生活を維持するためにも農協の事業であるガソリンスタンド事業、預金年金業務、Ａコープの果たす役割は大きい。赤字だからという理由だけで、これらが廃止されれば、これらの地域での生活がいっそう困難になる。

第9章　参考文献

青柳　斉『農協の経営問題と改革方向』（筑波書房ブックレット、2005 年）
増田佳昭『規制改革時代の JA 戦略』（家の光協会、2006 年）
田代洋一編『協同組合としての農協』（筑波書房、2009 年）
田代洋一『農業・食料問題入門』（大月書店、2012 年）
大田原高明『農協の大義』（農文協、2014 年）

協同組合と株式会社

　現代の資本主義社会では、企業のほとんどは株式会社という組織形態をとっている。株式会社は株の所有者である株主によって構成され、会社が利益をあげれば株主は高い配当を受け取ることができる。会社の経営者は、株主の配当を高めるために常に会社の利潤を大きくするための努力をしなければならない。株式会社の決算や経営方針の承認、役員は株主総会で決定されるが、株主総会は一株一票制であるため株数を多く持っている大株主がそれらの決定権に大きな影響力を及ぼす。

　これにたいして協同組合も、組合員が出資金を出し合って事業体を設立・運営するが、その出資目的は、組合員の「共通の経済的、社会的、文化的ニーズと願いを満たすため」であって、株式会社のような配当目的で出資金を出すわけではない。もちろん、協同組合も一定の剰余金を出さないと経営が破たんし本来の組合員のニーズを達成できなくなるので、事業利益は確保されなければならない。しかし、協同組合の剰余金は株式会社の株主配当とはちがって、次の３つの形態で利用される。①組合の発展のための準備金として一定部分を不分割の形での確保、②組合員の取引高に比例して組合員に配当する（利用高配当）、③組合員の承認のもとで自分の組合以外の活動支援である。（国際協同組合同盟の「協同組合原則」より）

　また、協同組合も株式会社と同様に組合総会を定期的に開催するが、株主総会と違って出資金の多少にかかわらず一人一票制を原則としている。株式会社が資本中心の組織なのにたいして、協同組合はあくまでも「自発的に結んだ人々の自治組織」なのである。協同組合が独占禁止法の適用除外になっているのはこのためである。

　1995年９月にイギリスのマンチェスターで開催されたＩＣＡ（国際協同組合同盟）総会での「協同組合のアイデンティティに関する声明」は、協同組合の「基本的価値」として「協同組合は自助、自己責任、民主主義、平等、公平そして連帯の価値を基礎とする。それぞれの創設者を受け継ぎ協同組合の組合員は正直、公開、社会的責任、そして他人への配慮という倫理的な価値をその信条とする。」と述べている。

第10章　中山間地域問題を考える

　本章においては、日本の中山間地域問題について検討することにしたい。第1に、高度成長期に大きく進行した、過疎と過密についてみてみる。第2に、農村地域問題がどうなっているのかをみてみることにする。第3に、中山間地域を支えるために創設された「中山間地域等直接支払制度」を考察する。最後に、第4として、中山間地域の活性化方策について考えることにしたい。

（1）過疎と過密

高度経済成長と日本農業

　高度経済成長期に農村地域から大量の労働力が流出し、農村地域は過疎となり、大都市圏では過密となった。過疎と過密は表裏の関係にあり、都市における居住環境を向上させるためには、農村地域の維持・発展が不可欠であることを意味している。

　過疎化の進行によって、1990年代に入ると、農村集落の崩壊現象が出現してきており、集落機能の維持は現代の大きな政策課題の1つである。

　表10-1は、日本における農業集落の変化を示している。

　全人口に占める農村人口の割合は、1960年には56％であったが、その後、減少を続け、2005年には34％までに低下している。日本社会において、農村集落は3割を占める状況となっている。

［第10章のキーワード］　過疎と過密／農村集落／農村社会／農村的生活様式／都市的生活様式／混住化／直接支払い／中山間地域等直接支払制度／中山間地域／農業の有する多面的機能（農業の多面的機能）

（2）農村社会の変化と農村地域問題の深刻化

農村地域の混住化

　高度経済成長期の農村における大きな変化は、農村的生活様式が都市的生活様式に転換したことである。

　農村地域における混住化の進展は、農村地域問題の深刻化を示す1つの指標といえよう。従来は、農業生産は農村地域において、農家によって担われてきたが、高度経済成長期における農村地域の混住化によって、農業経営を取り巻く環境は大きく変化した。

　農業集落数は、1960年15万2431集落であり、その後、漸減して、2005年には13万9176集落となっており、減少率は8.7％であり、農家数の減少率に比較すれば低い数字となっている。しかしながら、農業集落といっても、農家の割合は減少しており、1960年には61％であったが、2005年には11％となっている（表10－1参照）。1990年以降の日本農業の絶対的縮小段階においては、農業集落における脱農化の進行が推測されるところであり、こ

表10-1　日本の農業集落の変化

(単位：％、集落)

		1960年	1970年	1980年	1990年	2000年	2005年
全人口に占める農村人口の割合		56	47	40	37	35	34
農業集落における農家の割合		61	46	23	16	11	11
農業集落数		152,431	142,699	142,377	140,122	135,163	139,176
農家率80％以上の割合		－	51	35	20	9	17
農家率50～80％の割合		－	27	29	33	30	19
農家率50％未満の割合		－	22	35	47	61	65
人口集中地域までの所要時間別農業集落数の割合	30分以内	－	34	44	62	71	68
	1時間以内	－	73	82	92	94	93
農村地域の生活環境整備の状況	道路舗装率	－	5	34	58	67	68
	ゴミ収集率	－	47	64	78	87	93
	上水道等普及率	－	63	80	87	91	93
	汚水処理施設普及率	－	1	15	9	32	47

（資料）総務省「国勢調査」、「公共施設状況調」、農林水産省「農林業センサス」。農林水産省編『2011年版食料・農業・農村白書　参考統計表』（農林統計協会、2011年）123ページより引用。

うした結果として、1990年以降の農家率の激減現象が生じているといえよう。

表10-2は、日本における農業集落の地域別平均像を示している。

2010年における1集落当たり平均農家数は、北海道で7戸であり、都府県全体では19戸となっており、都府県では地域差があり、中国・四国地域では農家戸数は少なくなっている。同様に、1集落当たり平均経営耕地総面積をみても、北海道では150ha、都府県では19haであり、都府県内では地域差があり、中国・四国地域では9haと最小になっている。このことは、農業集落のことを考える際には、地域差を念頭におくことの必要性を示唆しているといえよう。小規模な農業集落が多数ある中山間地域においては、地域社会を支える担い手は少数の農家であることを意味している。また、同時に、小規模な農業集落を存続させるためには、非農家の果たす役割も重要であり、非農家を含めた集落機能の維持・発展を考えなければならない。いずれにしても、中山間地域の維持・発展のためには、まずもって、農家の健全な維持・発展は不可欠なことである。

表10-2 日本の農業集落の地域別平均像

	農業集落の現状（2000年／2010年）									
	① 農業集落数 (集落)		② 総農家数 (戸)		③ 1集落当り平均農家数 ③=②/① (戸)		④ 経営耕地総面積 (ha)		⑤ 1集落当り平均経営耕地総面積 ⑤=④/① (ha)	
	2000年	2010年	2000年	2010年	2000	2010	2000年	2010年	2000	2010
北海道	6,637	7,135	69,527	51,203	10	7	996,637	1,068,251	150	150
都府県	128,526	132,041	3,046,879	2,476,745	24	19	2,887,307	2,563,335	22	19
東　北	16,982	17,686	506,761	406,266	30	23	745,580	712,303	44	40
北　陸	10,696	11,057	238,663	175,855	22	16	284,162	273,232	27	25
関東・東山	25,149	24,653	671,541	566,699	27	23	618,836	534,194	25	22
東　海	12,007	11,687	332,986	277,436	28	24	223,561	184,962	19	16
近　畿	11,347	10,807	307,328	255,860	27	24	197,246	163,528	17	15
中　国	18,589	19,739	315,484	254,410	17	13	211,918	168,921	11	9
四　国	10,406	11,081	189,111	155,440	18	14	125,109	96,394	12	9
九　州	22,622	24,586	458,077	363,232	20	15	450,571	403,818	20	16
沖　縄	728	745	26,928	21,547	37	29	30,323	25,983	42	35

(資料) 農林水産省「農林業センサス」。農林水産省編『2011年版 食料・農業・農村白書 参考統計表』（農林統計協会、2011年）113ページより引用。

Ⅰ　今日の食生活と食料生産

農村地域の生活環境施設の整備

　中山間地域を維持・発展させるためには、その生活環境の整備は重要である。農業集落においても生活環境施設の整備は進展してきた（表10‐1参照）。道路舗装率、ゴミ収集率、上水道等普及率においては都市的地域と大きな差はなく整備されているが、汚水処理施設普及率においては都市的地域に比較して低い整備率となっている。こうした整備状況を改善することは、農村居住の快適性を高め、中山間地域の維持・発展に役立つこととなるであろう。

　図10‐1は、日本における農村生活上の困難・不安を示している。

　複数回答数で多いのは、「付近に耕作放棄地が増加したこと」、「農地の手入れが十分にできないこと」、「サル、イノシシ、クマ等の獣が現れること」等、農業生産環境の悪化に関わる事項が上位を占めている。これ以外には、生活継

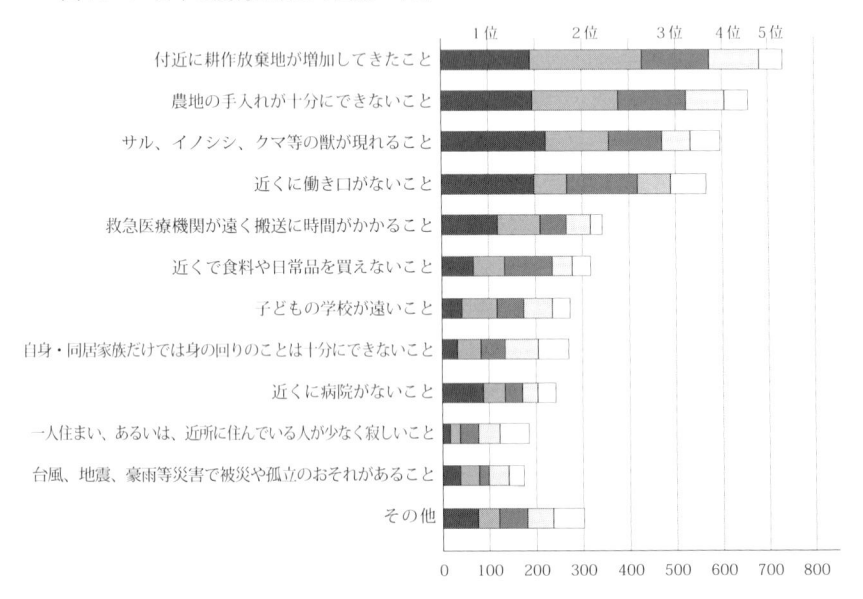

図10‐1　日本の農村生活上の困難・不安

（資料）農林水産省「食料・農業・農村及び水産資源の持続的利用に関する意識調査」（2011年5月公表）。
　（注）1）農業者モニター2千人を対象としたアンケート調査（回収率81.4％）。　2）これから先（10年程度先まで）、農村で生活するうえで困ること、不安なことについて、順位をつけて5つまで選択。3）農水省編『2011年版 食料・農業・農村白書 参考統計表』（農林統計協会、2011年）112ページより作成。

続に関わる事項、「近くに働き口がないこと」、「救急医療機関が遠く搬送に時間がかかること」、「近くで食料や日常品を買えないこと」等が高い値となっている。農村生活を支えるためには、農業生産環境の維持・向上と同時に、生活環境の維持・発展も必要な事項となっていることを示している。

農村地域の農業生産基盤の維持

中山間地域を維持・発展させるためには、農業生産基盤の維持・発展は不可欠なことである。

図10-2は、日本の集落による地域資源の保全状況を示している。

地域資源の保全割合は、農地では34.6％、農業用排水路では73.1％、河川・水路では43.6％、森林では19.0％、ため池・湖沼では56.6％となっている。この数字に示されているとおり、農地、森林の保全割合は低く、地域資源の保全・管理上の大きな問題を抱えている。同時に、この数字は全国平均のものであるので、中山間地域においてはより厳しい状況であると類推される。現時点において、有効な施策を実行しなければ、農業生産環境の悪化は進行し、集落の崩壊は現実的問題となる。

野生鳥獣による農作物被害は深刻な問題となってきている（図10-3参照）。

野生鳥獣による農作物被害金額は、2003年199.4億円であったが、2009年には213.3億円と、13.9億円の増加となっている。2009年の農作物被害金額は、シカ70.6億円（被害総額に占める割合は33.1％）、イノシシ55.9億円

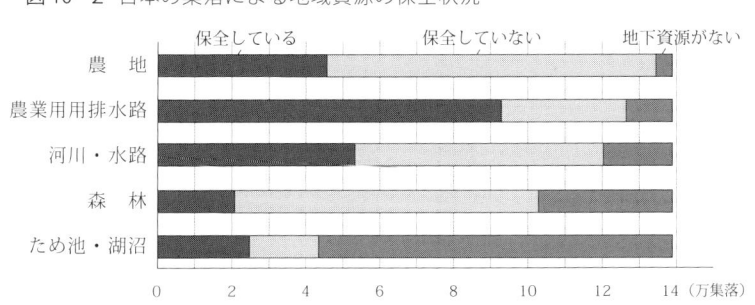

図10-2 日本の集落による地域資源の保全状況

（資料）農林水産省「農林業センサス」（2010年）。農林水産省編『2011年版 食料・農業・農村白書 参考統計表』（農林統計協会、2011年）113ページより作成。

（同26.2％）、サル16.5億円（同7.7％）、その他獣類20.0億円（同9.4％）、カラス23.1億円（同10.8％）、その他鳥類27.2億円（同12.8％）となっている。この数字に示されているとおり、シカ、イノシシ、サルの被害の大きさが理解できるであろう。

2009年の日本の野生鳥獣による農作物被害金額を地域別にみてみよう。農作物被害金額の高い順に列挙すると、北海道54.2億円（被害総額に占める割合は25.4％）、九州32.9億円（同15.4％）、関東・東山32.6億円（同15.3％）、近畿23.7億円（同11.1％）、東海19.0億円（同8.9％）、中国17.9億円（同8.4％）、東北14.9億円（同7.0％）、北陸8.3億円（同3.9％）、四国7.8億円（同3.6％）、沖縄1.9億円（同0.9％）となっている。北海道ならびに関東・東山では、鳥獣害は経済的にも深刻な問題となっている。

（3）中山間地域と直接支払い

中山間地域の役割

中山間地域には、いわゆる過疎地域が多く、傾斜地など農業生産の条件不利地域に該当している。しかしながら、中山間地域は全国の耕地面積や総農家数

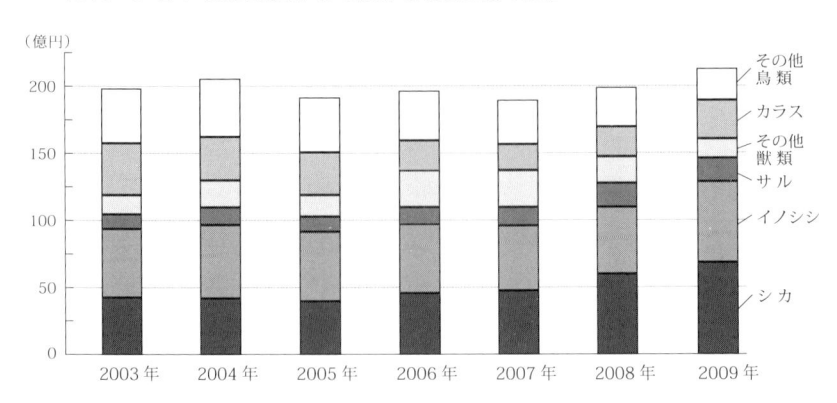

図10-3　日本の野生鳥獣による農作物被害金額の推移

（資料）農林水産省調べ。農林水産省編『2011年版 食料・農業・農村白書 参考統計表』（農林統計協会、2011年）115ページより作成。

の約 4 割を占めており、日本農業のなかで重要な役割を担っている。すなわち、中山間地域の衰退は日本農業の後退につながり、農村地域の荒廃を生み出す結果となる。

中山間地域は食料の安定供給に寄与していると同時に、その農業生産活動を通じて自然環境の維持・改善に役立っている。こうした役割を、農業の多面的機能の発揮と呼んでいる。農業の多面的機能が発揮されることによって、都市生活者の生活環境は快適に保てるのであり、農業は都市の生産・生活活動の基盤を支えているといえる。

「中山間地域等直接支払制度」の実施状況

過疎化・高齢化・混住化の進行のために、中山間地域の維持・存続の困難性は増しており、それへの対策として、2000 年度から「中山間地域等直接支払制度」（2000～2004 年度）が実施されており、2004 年度までに対象市町村の 93％の 1,965 市町村において、66 万 5,000ha の農用地を対象に集落協定等を締結して、多面的機能の維持を図っている。

農林水産省「2004 年度食料・農林水産業・農山漁村に関する意向調査　中山間地域等直接支払制度における集落協定代表者への意向調査結果」（2004 年 9 月公表）によれば、85.0％が集落協定の締結による効果があったと回答しており、交付金の廃止によって、耕作放棄が発生すると回答しているのが 89.7％であった。このことからも中山間地域等直接支払制度の存続が望まれていた。

「中山間地域等直接支払制度」の継続

2004 年度に中山間地域等総合対策検討会における中山間地域等直接支払制度の検討を踏まえて、引き続きこの制度を実施することとなった。

「中山間地域等直接支払制度」（2005～2009 年度）では、将来に向けた前向きな農業生産活動等の推進のために、条件不利地域の農業者等を対象として協定を締結し、①計画に基づく 5 年間以上の農業生産活動の継続、②一定の要件の下での農用地保全体制の整備や農業生産活動等の継続のための取り組みの実施を条件に、交付金が交付される。

対象農用地とは、農振農用地内の1ha以上の一団の農用地であり、急傾斜地では、水田は傾斜1/20、畑は傾斜15°に対して、10a当たり、田2万1,000円、畑1万1,000円、草地1万500円、採草放牧地1,000円が交付される。緩傾斜地では、水田は傾斜1/100、畑は傾斜8°、小区画・不整形な田、高齢化率・耕作放棄率の高い集落にある農地に対して、10a当たり、田8,000円、畑3,500円、草地3,000円、採草放牧地300円が交付される。積算気温が低く、草地比率の高い草地に対して、10a当たり1,500円が交付される。また、加算措置として、土地利用加算、規模拡大加算（継続）、耕作放棄地復旧加算、法人設立加算がある。
　こうした活動の効果として、①農業生産活動の継続が期待されており、耕作放棄の復旧や防止、農道・水路の適切な管理が図られる。②多面的機能の発揮が考えられており、農作業体験を通じた都市住民との交流、周辺林地の下草刈り、景観作物の作付等によって、農業の多面的機能が増進される。③集落営農化等自律的かつ継続的な農業生産活動等の体制整備の進展が期待されており、集落機能の維持・発展が図られる。
　表10-3は「中山間地域等直接支払制度（第2期対策）」の実績を示している。
　交付面積割合でみれば、対象農用地面積の8割強がカバーされる状況となっており、「中山間地域等直接支払制度（第2期対策）」は、中山間地域の維持・存続に役立つ施策といえるであろう。

表10-3　日本の中山間地域等直接支払制度の実績（第2期対策）

		2005年度	2006年度	2007年度	2008年度	2009年度
協定数	（個）	27,869	28,515	28,708	28,757	28,765
集落協定数	（個）	27,435	28,073	28,253	28,299	28,309
個別協定数	（個）	434	442	455	458	456
対象農用地面積	（万ha）	80.1	80.5	80.7	80.9	80.8
交付面積	（万ha）	65.4	66.3	66.5	66.4	66.4
交付面積割合	（％）	81.6	82.4	82.4	82.1	82.2

（資料）農林水産省調べ。農林水産省編『2011年版 食料・農業・農村白書 参考統計表』（農林統計協会、2011年）114ページより作成。
　（注）「集落協定」とは、対象農用地において農業生産活動等を行う複数の農業者等が締結する協定。「個別協定」とは、認定農業者等が農用地の所有権等を有する者との間において利用権の設定等や農作業受委託契約に基づき締結する協定。

（4）中山間地域の活性化方策

中山間地域における多面的機能の維持・発展

「中山間地域等直接支払制度」の継続によって、中山間地域の活性化をめざしており、その役割は大いに期待されている。そこで、今後の課題について検討しておこう。

前述の農林水産省「2004年度食料・農林水産業・農山漁村に関する意向調査　中山間地域等直接支払制度における集落協定代表者への意向調査結果」（2004年9月公表）によれば、多面的機能の維持・増進に関わる取り組みの困難性、リーダー不在による集落活動の低調、将来に向けた農業生産活動の継続的実施の困難性が指摘されている。

こうした多くの課題を抱えながら、中山間地域の活性を図らなければならないのが、日本農業の現状であり、それらの問題を解決するための具体的な施策が求められている。

中山間地域の活性化

中山間地域の活性化のためには、基本的には都市と農村との交流の促進を図ることが重要な課題となっている。

地域資源を活用した都市と農村の交流を進めることによって、都市と農村の両者にとって、相互の理解を深め、自然環境の保全に役立ち、快適な居住空間が確保される。中山間地域の活性化は、ただ単に中山間地域に居住する地域住民の問題であるだけではなく、都市住民にとっても大きな問題である。中山間地域を活性化し、農業の有する多面的機能を維持・増進することは、都市住民にとっても必要不可欠なことである。

「食」と「農」との距離拡大によって、食の安全・安心が求められる時代においては、その生産基盤の安定的確保は根本的な重要課題であろう。そのためにも、日本農業の約4割を担う中山間地域の役割に着目して、中山間地域問題の解決のために、中山間地域の活性化に真剣に取り組むことは、農政の重要課

題の1つといってよいであろう。

第 10 章　参考文献

出村克彦・山本康貴・吉田謙太郎編著『農業環境の経済評価——多面的機能・環境勘定・エコロジー』（北海道大学出版、2008 年）

小田切徳美『農山村再生——「限界集落」を超えて』（岩波書店、2009 年）

谷口憲治編著『中山間地域農村発展論』（農林統計協会、2012 年）

徳野克雄・柏尾珠紀『Ｔ型集落点検とライフヒストリーでみる家族・集落・女性の底力——限界集落を超えて』（農山漁村文化協会、2014 年）

小田切徳美『農山村は消滅しない』（岩波新書、2014 年）

農業の多面的機能

農業の多面的機能については、2001年11月に日本学術会議の答申がなされており、その概要については、次のとおりである。

日本学術会議「地球環境・人間生活にかかわる農業及び森林の多面的な機能の評価について（答申）」(2001年11月)

1. 持続的食料供給が国民に与える将来に対する安心
2. 農業的土地利用が物質循環系を補完することによる環境への貢献
    1）農業による物質循環系の形成
        （1）水循環の制御による地域社会への貢献
            洪水防止、土砂崩壊防止、土壌浸食（流出）防止、河川流況の安定、地下水涵養
        （2）環境への負荷の除去・緩和
            水質浄化、有機性廃棄物分解、大気調整（大気浄化、気候緩和など）、資源の過剰な集積・収奪防止
    2）二次的（人工の）自然の形成・維持
        （1）新たな生態系としての生物多様性の保全等
            生物生態系保全、遺伝資源保全、野生動物保護
        （2）土地空間の保全
            優良農地の動態保全、みどり空間の提供、日本の原風景の保全、人工的自然景観の形成
3. 生産・生活空間の一体性と地域社会の形成・維持
    1）地域社会・文化の形成・維持
        （1）地域社会の振興
        （2）伝統文化の保存
    2）都市的緊張の緩和
        （1）人間性の回復
        （2）体験学習と教育

第11章　農村地域の活性化を考える

　本章においては、農村地域の活性化について考えることにしたい。第1に、農村地域の高齢化の現状をみておこう。第2に、農業を担う新規就農者の動向がどうなっているかをみてみる。第3に、都市農村交流における新たな展開について考察をしておこう。最後に、第4として、地域における「食」(消費者)と「農」(生産者)との連携について考えることにしたい。

（1）農業就業者の高齢化と新たな担い手の構築

農業就業者の高齢化

　農業就業者の高齢化は、日本農業の大きな問題の1つである。2013年で、農業就業人口に占める65歳以上の割合は62％であり、平均年齢は66.2歳となっている。同様に基幹的農業従事者においても61％であり、平均年齢は66.5歳である。

　1990年代に入り顕著となっており、基幹的農業従事者の平均年齢は年々上昇しており、1995年59.6歳、2000年62.2歳、2005年64.2歳、2010年66.1歳となっており、日本農業の高齢化は急速に進行している。高齢農業者が農業生産を担っているのである。

　これを地域別にみれば、2010年では、北海道56.9歳、東北65.5歳、北陸68.4歳、関東・東山66.4歳、東海67.8歳、近畿67.5歳、中国70.5歳、四国66.8歳、九州64.5歳、沖縄64.3歳となる。中国の過疎化地域を多く抱え

[第11章のキーワード]　農業就業者／新規就農者／新過疎／農業生産の特殊性／農地確保／都市農村交流／新規就農センター／市民農園／観光農園／ファーマーズ・マーケット／CSA（地域が支える農業）／地産地消／食の地方分権

る地域では高齢化の進行は著しくなっている。東北、九州等の農業地帯の地域においても高齢化は確実に進んでいる。

（２）新規就農者の動向と農村地域の活性化

新規就農者の動向

　高度経済成長期に農村人口は都市に移動し、都市労働力の供給源の役割を果たしたのであり、農山村には高齢者が取り残され、過疎化と高齢化が急速に進行した。1990年代に入り、農山村は深刻な高齢化段階に到達しており、「新過疎」時代を迎えている。過疎地域では農業就業者の高齢化のため、耕作放棄地は増加傾向にあり、その解消のためには、新規就農者の動向は注目されている（表11－1参照）。

　表11－1は、新規就農者の1990年以降の推移を示している。新規就農者は1990年の1万5,700人を最低として、それ以降は増加傾向にあり、2006年では8万1,000人となったが、これ以降は減少となっており、2009年で

表11－1　日本の新規就農者の動向

（単位：1000人、カッコ内％）

		1990年	1995年	2000年	2005年	2006年	2007年	2008年	2009年
全体	自営農業就業者	15.7	48.0	77.1	78.9	72.4	64.4	49.6	57.4
	新規参入者	—	—	—	—	2.2	1.8	2.0	1.9
	雇用就農者	—	—	—	—	6.5	7.3	8.4	7.6
	合計	15.7	48.0	77.1	78.9	81.0	73.5	60.0	66.8
	60歳以上（割合）					38.8 (47.9)	36.1 (49.1)	27.8 (46.3)	33.6 (50.3)
39歳以下	自営農業就業者	4.3	7.6	11.6	11.7	10.3	9.6	8.3	9.3
	新規参入者	—	—	—	—	0.7	0.6	0.6	0.6
	雇用就農者	—	—	—	—	3.7	4.1	5.5	5.1
	合計	4.3	7.6	11.6	11.7	14.7	14.3	14.4	15.0

（資料）農林水産省「農家就業動向調査」、「農業構造動態調査」、「農林業センサス」、「新規就農者調査」。農林水産省編『2011年版　食料・農業・農業白書　参考統計表』（農林統計協会、2011年）84ページより引用。
　（注）「自営農業就農者」とは、農家世帯員で、調査期日前1年間の生活の主な状態が、「学生」から「自営農業への従事が主」になった者及び「他に雇われて勤務が主」から「自営農業への従事が主」になった者。「新規参入者」とは、調査期日前1年間に土地や資金を独自に調達し、新たに農業経営を開始した経営の責任者。「雇用就農者」とは、調査期日前1年間に新たに法人等に常雇いとして雇用されることにより、農業に従事することとなった者。

6万6,800人となっている。この新規就農者の大半は、40歳以上の中高年齢者の離職就農者であり、農業就業人口の高齢化の解消に直接に結びつくものとはなっていない。しかしながら、39歳以下の離職就農者も増加しており、若年者における農業志向も加わって、2009年の新規就農青年は1万5,000人となっている。

農業大学校への入学者数は近年伸びており、農業への関心度は高まっている（図11-1参照）。

また、全国農業会議所や各都道府県農業会議が運営する、新規就農センターへの就農相談件数は増加している。

新規就農のための問題点

新規就農を実現するためには、解決すべき問題は多くある。就農開始に当たっては、農地確保が必要となる。本人に就農意欲があっても、農地の確保ができなければ、新規就農は実現しない。それと同時に、住宅の確保も必要であるが、農村地域には賃貸住宅は少なく、住居の確保は容易ではない。そして、営農開始に際しては、営農資金は必要であり、農地確保のための購入資金または借入資金等、多額の資金が必要となる。当面の生活資金の工面も必要となる。

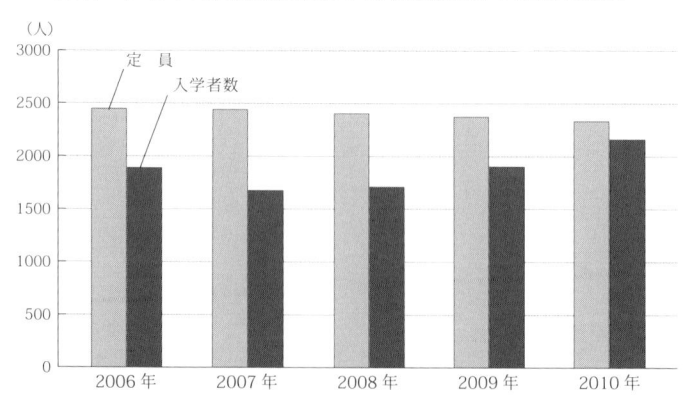

図11-1 日本の道府県農業大学校（養成課程）入校者の動向

（資料）全国農業大学校協議会「2010年度 全国農業大学校の概要」（2010年10月公表）。
（注）農林水産省編『2011年版 食料・農業・農村白書 参考統計表』（農林統計協会、2011年）84ページより作成。

これらの問題を解決して、初めて就農の道は開かれることとなる。新規就農センターへの就農相談者のうち、実際に就農する人は少なく、新規就農者を増やすためには、現実に解決すべき課題は多いといえよう。

　新規就農者のなかには就農を安易に考えている人もあり、就農のために資金が必要であることを理解していなかったり、農地確保についても、過疎地であれば農地は簡単に手に入ると思っていたりする場合がみられる。また、自然条件に左右される農業生産の特殊性を理解していない場合もあり、農村における集落の運営方式や生活環境に適応できない等の問題もある。こうした問題を解消するために、行政では、就農希望者に対する農業体験の実施等、新規就農前の支援策を講じている事例もある。

　和歌山県那智勝浦町色川地域では「籠ふるさと塾」という新規就業者技術習得施設を開設して、新規就業者を積極的に受け入れてきた。籠ふるさと塾は基本的には宿泊施設であり、農業実習ならびに技術指導については、地域の農家等で直接に習得することになっている。いずれにしても、地域農業の活性化のためには、新規就農者を地域農業の担い手として、積極的に位置づけることは大事なことである。

（3）都市農村交流の新展開

都市農村交流の必要性

　1992年6月に公表された、農林水産省「新しい食料・農業・農村政策の方向」（「新政策」）において、農村政策の必要性が明示的に提起された。そこでは、農村政策に関して、「このような個性ある多様な地域社会を発展させることが、国民一人一人が日々の生活の中で豊かさとゆとりを実感でき、多様な価値観を実現することができる社会を育むことにつながることとなる」と、述べられている。

　1999年7月制定の「食料・農業・農村基本法」では、第2章「基本的施策」の第4節「農村の振興に関する施策（第34条－第36条）」において、農村政策が規定されている。第34条は「農村の総合的な振興」について、農村の総

合的な振興施策の計画的推進を述べている。第 35 条は「中山間地域等の振興」について、中山間地域等（条件不利地域）に対する、いわゆる直接支払いの施策が提起されている。第 36 条は「都市と農村の交流等」について書かれており、農業施策の対象として、都市農業が初めて法的に公認され、その意義と役割が正当に評価された。

都市住民にとっての農村生活

　農林水産省の「都市と農村の共生・対流等に関する都市住民及び農業者意向調査」（2002 年 3 月公表）によれば、都市在住者が考える農村生活のプラス面については、農村での生活で評価する点としては、「おいしい水・きれいな水などの生活環境」（64.4％）、「ゆとりある居住空間」（37.9％）、「子どもが伸び伸び育つ、子育てに良好な環境」（28.9％）を挙げている。食の安全・安心への関心の高まり反映して、地産地消や人的交流についても関心が高くなってきており、都市農村交流の可能性を示しているといえよう。

　表 11-2 は、観光農園に取り組む農業経営体数を示している。全国 8,768 経営体数の約半数は関東・東山に立地しており、都市住民の意向に沿った配置となっている。

　図 11-2 は、市民農園開設数の推移を示している。2000 年に入り、都市住民の意向を反映して、開設数は増加傾向にある。とりわけ、都市部の地方自治体においては、積極的に推進している（表 11-3 参照）。

都市農村交流における地域資源

　都市農村交流においては、農村固有の地域資源の活用が大きな意味を持っている。

　表 11-4 は、2007 年における農山漁村高齢者活動グループ数を示している。全体としてみれば、「主に生産・加工販売活動」がほとんどであり、高齢者が農産物のマーケティング活動を担う状況となっている。そのなかでは、東北と九州地域においては、「伝承文化・技術の伝承または交流活動」に取り組むグループ数が多く、注目に値する。

表11-2 観光農園に取り組む農業経営体数(2010年)

	農業経営体数
全　　国	8,768
北 海 道	405
東　　北	1,004
北　　陸	238
関東・東山	4,097
東　　海	547
近　　畿	799
中　　国	548
四　　国	205
九　　州	887
沖　　縄	38

(資料) 農林水産省「農林業センサス」(2010年)。農林水産省編『2011年版 食料・農業・農村白書 参考統計表』(農林統計協会、2011年) 94ページより引用。

表11-3 市民農園の開設数(2010年3月現在)

	農園数 (ヵ所)	人口 (千人)	人口10万人当たり農園数
全　　国	3,596	127,513	2.82
北 海 道	82	5,507	1.49
東　　北	124	9,370	1.32
関　　東	1,901	48,871	3.89
北　　陸	116	5,446	2.13
東　　海	424	11,380	3.73
近　　畿	371	20,814	1.78
中国・四国	367	11,559	3.18
九　　州	196	13,184	1.49
沖　　縄	15	1,382	1.09

(資料) 農林水産省調べ、総務省「人口統計」(2009年10月1日現在)を基に農林水産省で作成。
(注) 関東は山梨県、長野県、静岡県を含む。農林水産省編『2011年版 食料・農業・農村白書 参考統計表』(農林統計協会、2011年) 117ページより引用。

図11-2 日本の市民農園開設数の推移

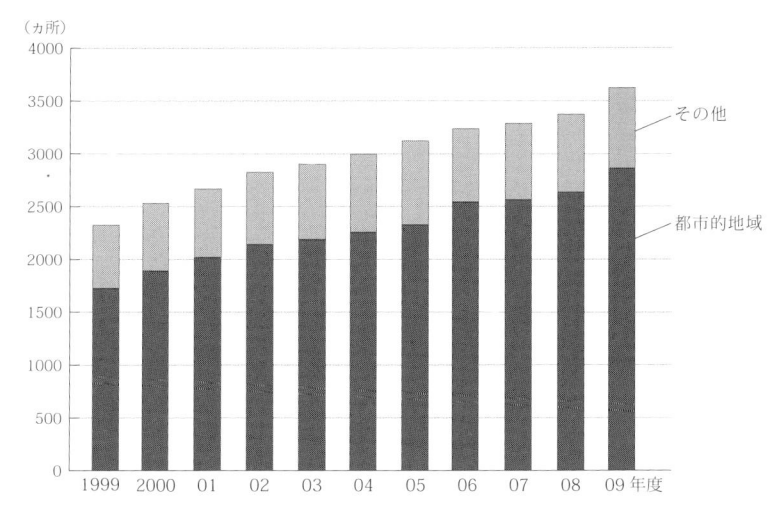

(資料) 農林水産省調べ。
(注) 「特定農地貸付けに関する農地法等の特例に関する法律」及び「市民農園整備促進法」に基づき開設された農園の各年3月末現在の数値。農林水産省編『2011年版 食料・農業・農村白書 参考統計表』(農林統計協会、2011年) 116ページより作成。

大阪府下における都市農村交流の事例（１）

　堺市の「コスモス館」（農産物直売施設、1998年5月開館）は、堺市の南部丘陵に位置しており、泉北ニュータウンの南端に隣接している。1981年度から事業開始された圃場整備事業の営農事業の主体として、鉢ヶ峯営農組合（1988年結成、2003年現在、約100戸）が組織されている。都市近郊の立地特性を生かして、野菜の直売事業（コスモス館）を始め、野菜のもぎ取り体験、田植え体験、収穫体験等のイベント行事を織り交ぜて、都市農村交流事業に取り組んできた。

　しかしながら、営農組合員の高齢化によって、営農事業継続の困難性もみられるようになり、1999年からは農業改良普及所との協力により、「農作業応援団」を発足させ、土曜日や日曜日には20〜30名の人が農作業の補助をしている。平日においても、5〜6名が農作業の手伝いをしている。農作業の内容は、水稲、大豆、野菜、花の栽培、各種イベント作業の応援活動である。集合時間は午前8時00分であり、現地の鉢ヶ峯構造改善センターに集合となっている。2003年9月末現在の登録者総数は137名であるが活動中は32名（男性21名、女性11名）であり、年齢構成は最低23歳、最高79歳、平均52.6歳である。活動中32名の居住地は堺市19名、大阪狭山市3名、和泉市

表11-4　日本の農山漁村高齢者活動グループ数（2007年）

	主に生産・加工販売活動	主に労働力補完活動	主に農作業体験指導活動	伝承文化・技術の伝承または交流活動	その他	計
全　　国	4,674	119	99	750	424	6,066
北 海 道	88	3	2	12	3	108
東　　北	577	8	9	46	55	695
関　　東	813	11	26	245	84	1,179
北　　陸	409	1	6	29	31	476
東　　海	313	31	10	37	39	430
近　　畿	498	9	6	31	13	557
中国・四国	1,083	25	14	60	102	1,284
九　　州	845	31	26	286	89	1,277
沖　　縄	48	0	0	4	8	60

（資料）農林水産省「高齢者グループ活動調査」（2007年11月公表）。
　（注）関東は山梨県、長野県、静岡県を含む。農林水産省編『2011年版 食料・農業・農村白書参考統計表』（農林統計協会、2011年）97ページより引用。

2名、富田林市1名、大阪市6名、寝屋川市1名となっており、地元堺市を中心としながらも、大阪府下の広範な各地域に及んでいる。

このように、地元の農業労働力不足をカバーするとともに、都市住民の農業体験要求に応える事例として、注目されている。

大阪府下における都市農村交流の事例（2）

貝塚市の「彩の谷・たわわ」（貝塚農業庭園）は貝塚市の南部に位置しており、秬谷川が流れる、面積12.1ヘクタールの中山間地域である。貝塚秬谷川ダム建設計画跡地を有効利用するために地元協議を踏まえて、事業目的として、「都市住民の農業体験を促進し、都市と農村の交流を図るため、豊かな自然を保全活用した住民参加型農園、生産農地を中心とした農業公園の整備を行います」ことが提案された。1999年度から事業着手され、2004年度に完成である。「貝塚農業庭園・たわわ」の管理運営の主体として、地元の馬場、秬谷、大川の3町会（総戸数は約300戸、そのうち農家は約100戸）が中心となって、農事組合法人「奥貝塚・彩の谷」が2002年3月17日に設立された。組合員は、3町会と退職者等の協力者の48名で構成されている。都市住民との交流を図りながら、地域の活性化をめざす事例である。

（4）地域の食と農の連携

現在、「食と農の距離拡大」を解消するための取り組みが、全国各地で実践されている。

JA紀の里ファーマーズマーケット・めっけもん広場

JA紀の里は1992年10月1日に、和歌山県下で初めて那賀郡内の5JA（那賀町、粉河町、打田町、桃山町、貴志川町）が広域合併して、誕生した大型合併JAである。2003年3月31日現在の組合員数は1万3,562名（正組合員9,201人、准組合員4,361人）、役職員数は406名であり、本所と14の支所、旅行センター、給油所、選果場施設を配置している。2000年11月3日

に「めっけもん広場」（大型農産物直売所）を開設し、既存の4直売所（貴志川支所ふれあい市場、桃山町特産センター、粉河支所ふれあい市場、那賀支所ふれあい市場）と合わせて、生産者と消費者の交流拠点として活動を展開している。2002年度の事業実績は貯金1,256億円、貸出金255億円、長期共済保有高5,485億、購買品供給高40億円、販売品供給高104億円である。管内の農産物は、桃、柿、ミカン、イチジク等の果樹が中心であり、温暖な気象条件を生かした施設野菜や花卉類も年間を通じて生産されている。

　めっけもん広場の設置目的としては、①農業振興と地域活性化を図ること、②農産物の有利販売と農業所得の安定、③消費者ニーズに合った農産物の普及・生産拡大、④地場産米の積極的な直販による消費拡大を図ることの4点である。敷地面積6,696㎡、施設面積1,350㎡、駐車場220台、付帯設備として米工房と研修施設があり、営業時間は午前9時00分から午後5時00分までで、定休日は毎週火曜日、盆と正月である。出荷者登録会員数は1,641人（2003年3月31日現在）であり、出荷資格は、①組合員個人、②組合員が構成員の農業生産法人・グループ、③ＪＡ紀の里協力組織（かがやき部会、青年部、年金友の会）、④ＪＡ紀の里選果場、⑤業者等となっている。委託販売手数料は、生産者15.5％、選果場10.5％、指定業者20.0％であり、バーコードラベル代は委託販売品1件当たり1円（税込）となっている。めっけもん広場に出荷するに当たっては「生産基準」（2003年2月10日施行）があり、安全・安心な農産物を提供するために、農薬・肥料・生産資材等の使用基準の遵守と記録の保管が義務づけられている。めっけもん広場の2002年度の販売実績は委託品販売額15億4,761万円、仕入品販売額4億8,049万円、合計20億2,810万円であり、営業日数は307日、1日当たり販売額は661万円、1日当たり平均客数は2,591人、1人当たり平均販売単価は2,549円となっている。都市近郊の立地を生かした地産地消の注目される事例であり、地域消費者の安全・安心要求に応えて、積極的なマーケティング活動を展開している。

生産者と消費者の新しい協同

　現代の食と農に関しては、日本農業の危機的状況、食生活における不安の増大、安全・安心志向の高まりがみられる。その解決の方策として、都市農村交

流が考えられる。そこで、生産者と消費者の新しい協同の方向性と課題について、述べることにしたい。

　第1は、グローバル時代における都市と農村の現実を踏まえて、運動を構築することが必要である。農業・農政の国際化は進展しており、国際競争力のある農業構造への再編の大きな流れと同時に、地域の家族農業経営の存続を模索する動きは国際的にも確認されている＊。地産地消は新たな農産物流通の方向であると同時に、食と農との関係を見直す動きとしても注目されており、国際的な運動としても、ファーマーズ・マーケット、ＣＳＡ（「地域が支える農業」）、スローフード運動等がある。こうした食と農の見直しを進める運動には、生産者と消費者の関係を「顔の見えるもの」に変えていこうという点で共通している。これらの運動を大きく進めるためには、不断の学習と新しい発想への共感が不可欠である。

　第2は、都市と農村の新たな関係の構築が必要であり、それは、自然環境と社会環境の共存をめざすことである。生産者と消費者の新しい協同を創るためには、両者の不断の努力が必要であることはいうまでもないが、そのネットワーク化を実現すべき段階ではないかと考える。各地域の運動の交流を図り、それぞれが抱える問題と課題を相互に認識することが大事であり、連携のための情報ネットワーク化、個々の運動の情報発信を援助する体制の構築が求められている。

　第3は、人間居住環境の総合性と全体性を堅持する重要性である。人間の地域生活は、その総合性と全体性が確保されて、居住の快適性が保証される。そのためには、食と農に関する制度の法制化を研究する必要がある。とりわけ、農業の構造改革の加速化が図られている下では、農地制度改革の方向に注目することは大事な点である。

　第4は、地域住民自治を確立することである。地域の活性化のためには、その根底として地域への愛着は不可欠である。東北地方では、「食の地方分権」

　＊　2013年11月22日、国連は飢餓の根絶と天然資源の保全において、家族農業が大きな可能性を有していることを強調するため、2014年を国際家族農業年（International Year of Family Farming 2014）として定めた。

等の運動が出現しており、多くのことを学ぶことができる。地域への愛着を根底において、地域住民自治を実践することが、生産者と消費者の新しい協同の創造につながるであろう。

第11章 参考文献

石田正昭編著『農村版コミュニティ・ビジネスのすすめ――地域活性化とJAの役割』（家の光協会、2008年）

日本都市農村交流ネットーク協会編『田舎へ行こうガイドブック――明日香と京丹後のグリーン・ツーリズム』（昭和堂、2010年）

佐藤真弓『都市農村交流と学校教育』（農林統計協会、2010年）

宮崎猛編『農村コミュニティ・ビジネスとグリーン・ツーリズム――日本とアジアの村づくりと水田農法』（昭和堂、2011年）

田代洋一『地域農業の担い手群像――土地利用型農業の新展開とコミュニティ・ビジネス』（農山漁村文化協会、2014年）

都市と農村

　農村地域の活性化が喫緊の課題となっている現在、都市においては、ゆとりや安らぎを求めて、農村へのUターンや農村へのあこがれが広がっている。

　従来の都市と農村の関係においては、農村地域の役割は都市住民への食料供給機能が第一義的であったが、農業の多面的機能の認識が広まることによって、都市においては農業・農村の多面的機能に着目がはじまっている。

　都市住民は農村を訪れて、農畜産物の購入や飲食、農作業体験などの体験型の都市農村交流に大きな期待をかけている。また、農村においては、農村地域の活性化のために、都市住民の受け入れに努力しており、この両者の都市農村交流を発展させることが、日本農業の維持・発展にとって重要な鍵の1つとなっている。

　都市住民のニーズを満たしながら、都市の環境形成に大きく貢献している農村地域の意義と役割について、都市住民の農村での体験を通じて実感することは重要ことである。

　都市地域においても都市農業の役割を見直して、緑空間・オープンスペースの提供、市民農園などの農業体験の実施、都市住民参加型の農業経営も工夫する必要性がでてきている。

　農林水産省では「都市と農山漁村の共生・対流」という用語を用いており、その意味するところは、「都市と農山漁村を行き交う新たなライフスタイルを広め、都市と農山漁村それぞれに住む人々がお互いの地域の魅力を分かち合い、『人、もの、情報』の行き来を活発にする取組」としており、「グリーン・ツーリズムのほか農山漁村における定住・半定住等も含む広い概念であり、都市と農山漁村を双方向で行き交う新たなライフスタイルの実現を目指すもの」と、定義している。

　このように行政においても、都市と農村の関係をより広く交流の視点から再構成しており、農業・農村問題を考える場合にも、新たな都市と農村の関係を組み込んで考えることが大事な時代となっているといえる。

II

今日の食生活と食料流通

第12章　世界の農産物流通はどうなっているか？

　この章では、世界の農産物貿易の特徴と米国の穀物流通、牛肉の加工・流通についてみていく。まず、世界の農産物貿易について特徴について、国際穀物価格の乱高下などを考察する。さらに、近年の米国の穀物流通の流通ルートとそれを支配しているカーギル社などの巨大穀物商社の実態についてみる。さらに、米国の肉牛産業の肥育、解体処理を支配しているカーギル・ミート社やタイソンフーズなど巨大フィードロット企業と食肉加工資本の実態についてみていく。

（1）世界の穀物貿易と流通

世界の農産物貿易の特徴

　農産物貿易は、工業製品と違って次のような3つの特徴をもっている。第1に、農産物は途上国でのプランテーション経営のように最初から輸出向けに栽培される作物以外は、基本的に自国で消費するために生産されていることである。表12-1は世界の主要農産物の生産量と輸出量を示している。このなかで、生産量にたいする輸出量の割合がもっとも高いのは大豆の39.0％で、ついで小麦の22.1％となっている。しかし、大半の農産物の生産に対する輸出の割合は小さい。とくにコメの割合は低く8.4％であり小麦やトウモロコシと比較しても低くコメの90％以上は自国消費に向けられている。

　第2に、農産物輸出できる国は米国、カナダ、オーストラリア、ブラジル、フランス、タイなどの少数であるという点である。表12-2は、世界の

[第12章のキーワード]　米国農業の国際競争力の低下／カントリー・エレベータ／ターミナル・エレベータ／巨大穀物商社／輸出用エレベータ／カーギル社／ＢＳＥ問題／フィードロット／巨大フィードロット企業／食肉加工資本

第 12 章 世界の農産物流通はどうなっているか？

主要農産物の輸出と輸入を示している。輸出国上位3国のシェアは、コメが64％、小麦が47％、トウモロコシが68％、大豆が88％を占めている。なかでも米国は、小麦、トウモロコシ、大豆で1位を占めている。しかし、近年、世界の農産物輸出における米国のシェアは低下傾向にあり、2001/02年の段階でのシェアは大豆54.2％、ウモロコシ52.9％、小麦23.8％であったのが、

表12-1 世界の主要農産物の生産量と輸出量（2011/12年）

（単位：100万トン）

	穀物生産量 ①	輸出量 ②	②/① (％)
コ　メ	465.8	39.1	8.4
小　麦	697.2	153.8	22.1
トウモロコシ	883.3	103.8	11.8
大　豆	239.2	93.2	39.0
牛　肉	57.1	8.1	14.2
豚　肉	102.0	7.0	6.9
鶏肉（ブロイラー）	808	9.5	11.8

（資料）U.S.D.A "World Market and Trade".
（注）コメ、小麦、トウモロコシ、大豆の期間は2011年7月～2012年6月。

表12-2 世界の主要農産物の輸出と輸入（2011/12年）

（単位：1000トン、カッコ内％）

		輸　出			輸　入	
コメ	世界計	39,127	(100.0)	世界計	39,127	(100.0)
	①インド	10,250	(26.2)	①ナイジェリア	3,400	(8.7)
	②ベトナム	7,717	(19.7)	②中　国	2,900	(7.4)
	③タイ	6,945	(177)	③インドネシア	1,960	(5.0)
小麦	世界計	153,834	(100.0)	世界計	153,834	(100.0)
	①米　国	28,142	(18.3)	①エジプト	11,650	(7.6)
	②豪　州	23,031	(15.0)	②EU	7,368	(4.9)
	③ロシア	21,627	(14.1)	③ブラジル	7,052	(4.6)
トウモロコシ	世界計	103,753	(100.0)	世界計	103,753	(100.0)
	①米　国	38,428	(37.0)	①日　本	14,892	(14.4)
	②アルゼンチン	16,501	(15.9)	②メキシコ	11,172	(10.8)
	③ウクライナ	15,157	(14.6)	③韓　国	7,636	(7.4)
大豆	世界計	92,267	(100.0)	世界計	93,222	(100.0)
	①米　国	37,150	(40.3)	①中　国	59,231	(63.5)
	②ブラジル	36,315	(39.4)	②EU	11,957	(12.8)
	③アルゼンチン	7,368	(8.0)	③メキシコ	3,606	(3.9)

（資料）U.S.D.A "World Market and Trade".

2011/12年段階では、それぞれ40.3％、37.0％、18.3％まで低下してきている。米国農業の国際競争力は低下傾向にある。それにたいし、アルゼンチンやブラジルなど南米の農産物輸出が急増しシェアを拡大してきている。ブラジルがマットグロッソ台地開発による大豆生産を増やしており、それにともない大豆の輸出が急増させている。

第3に、生産量にたいする穀物輸出の割合が低く、輸出国が少数であるため、国際農産物市場価格の価格変動は大きい。図12-1は、2000年から2013年初頭の国際取引の中心地であるシカゴ商品取引所の価格変動を示している。この間だけを見ても最高価格と最低価格の差は、小麦4.8倍、トウモロコシ4.5倍、大豆3.8、倍になっている。さらに国際農産物価格は近年、上昇傾向にある。この原因は需給関係の逼迫もあるが、国際投機資金の国際商品相場への流入も大きな要因になっている。また、トウモロコシの場合は、近年米国がトウモロコシを原料とするバイオ・エタノール生産を急増させ輸出向けの割合を減らしていることもひとつの要因となっている。

他方、穀物輸入については、中国が大豆を大量輸入していることを除くと大きな輸入国は少ない。そのなかで、世界最大の穀物輸入国は日本である。トウモロコシでは最大の輸入国となっている。これは、日本の畜産の飼料用に使用されるトウモロコシの自給率が0％で、すべてを輸入に頼っているためである。

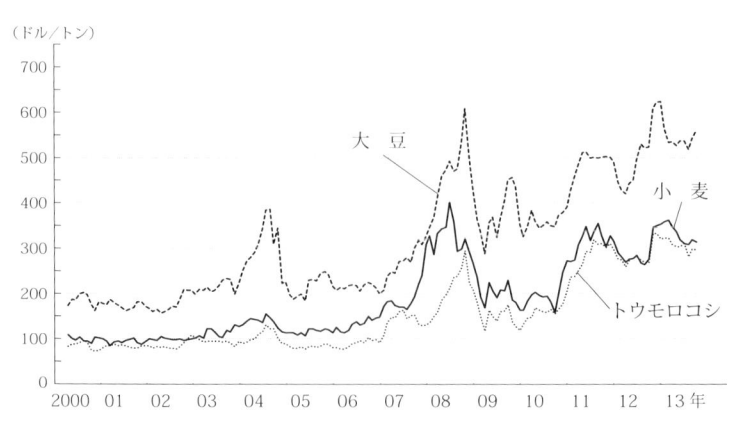

図12-1 国際農産物価格の推移

（資料）FAO "International commodity price"（U.S.Gulf）

また、表には入っていないが小麦、大豆とも輸入国の上位に入っている。

（２）米国の穀物流通と穀物商社

米国の穀物流通と輸出

　米国の穀物流通は、コーンベルトやグレート・プレインの穀物生産地にあるカントリー・エレベータから河川沿いにあるリバー・エレベータと集散地にあるターミナル・エレベータ（または河川施設）を経由して輸出港にある輸出用エレベータに送られ世界に輸出される。カントリー・エレベータは農民組合所有が多いが、リバー・エレベータやターミナル・エレベータ、輸出用エレベータはカーギル、ＡＤＭグレイン、ブンゲなどの巨大穀物商社によって支配されている。ターミナル・エレベータの中には、輸出用エレベータより大規模な1000万ブッシェルを超える巨大保管能力を持ったものがあり、穀物商社が穀物流通の支配をするうえで重要な穀物保管施設になっている。穀物商社は、エレベータの総保管能力が大きければそれだけ穀物取引に有利であり、高値の時に穀物を販売できるし、先物取引にも有利になる。

　米国の穀物の輸出用施設は、ミシシッピー河口などメキシコ湾岸に集中している。穀倉地帯からミシシッピー川を利用して河川用タグボートとバージなどの船舶を利用してミシシッピー河口まで運ばれる。河口にあるニューオーリンズなどには輸出用エレベータがあり、そこから欧州や日本などに輸出される。米国の穀物輸出の６割以上がこのルートを通じて輸出されている。日本の全農（農協）も1979年にニューオーリンズ近郊に当時としては最新鋭の輸出用エレベータを建設し、現在でもそこから日本向けに飼料穀物などを輸出している。

　他方、日本などアジア向け穀物輸出は西海岸からのものが多い。コーンベルトから鉄道でコロンビア川まで運ばれ、コロンビア川河口にある輸出用エレベータから輸出される。それらの中心になっているのは日本の総合商社である。総合商社の穀物取引部門は、丸紅が1970年代にコロンビア・グレイン社（オレゴン州ポートランド）を設立、また三井物産がユナイテッド・ハーベスト（オレゴン州ポートランド）、三菱商事がアグレックス（カリフォルニア州ロサンゼルス）

という現地子会社を西海岸に配置しており、ポートランドなどから日本に輸出している。丸紅系のコロンビア・グレインと三井物産系のユナイテッド・ハーベストはポートランドに輸出用施設をもっている。日本向け穀物輸出は全農と総合商社系の子会社が中心となっておりカーギルなどの役割は低くなっている。

米国の穀物商社と世界の穀物流通支配

現在、米国の3大穀物商社はカーギル、ＡＤＭ、ブンゲの3社である。これらの穀物商社は米国内の穀物流通だけでなく世界の穀物流通をも支配している。このうち、カーギル社 (Cargil) は世界最大の穀物商社である。同社の2012年現在、世界65か国に総従業員数14万2000人がおり、売上高は1339億ドルである。同社はユダヤ系同族企業であり、株式を上場しておらず、株式非上場企業としては売上高で世界最大の企業である。同社は1999年に当時、穀物輸出3位のコンチネンタル・グレインを買収し、現在では世界の穀物輸出の4割近くを担っていると推定される。カーギルは米国内の穀物総保管能力全米2位であり、輸出用施設をメキシコ湾岸だけでなく西海岸や東部にも穀物輸出施設を持っている。

カーギルはカナダにも進出しており、カナダ小麦ボードの中心的な輸出代理業者であり、カナダでも多数のカントリー・エレベータ、ターミナル・エレベータと港湾施設を持っている。また、南米のブラジルや中国にも進出している。南米のブラジルでは合弁会社のカーギル・アグリコラ社をつくり、大豆加工部門やオレンジ果汁などに進出している。また、台湾や韓国など東アジア地域にも進出し飼料工場、豚肉加工施設などをつくり飼料を中心に進出している。同社は2000年に中国に進出しトウモロコシ加工処理や油糧種子加工事業への投資を拡大している。

カーギルは穀物流通だけでなく川下部門にも進出している。1968年に牛肉加工大手企業のＭＢＰＸＬを買収し、その後にカーギル・エクセルに、さらにカーギル・ミートに名称を変更した。カーギル・ミートは現在、全米最大の牛肉処理加工会社であり、豚肉や鶏肉でも全米2位となっている。そのほかにもカーギルは油糧種子加工、大麦モルト、製塩、カカオ、コーヒー加工事業等川下部門に進出している。また2006年には中国にも進出しトウモロコシ加工、

油糧種子加工工場を持っている。日本にも 1985 年に鹿児島県・志布志に進出し配合飼料の現地生産に着手しブロイラー用飼料供給事業を始めた。これにたいして日本の総合商社系列飼料会社と全農が対抗したため結局うまくいかず 1997 年に九州から撤退を余儀なくされた。

ＡＤＭ社（アーチャー・ダニエルズ・ミッドランド）は、カーギルと並ぶ穀物商社である。同社は世界 75 カ国に 265 の加工施設を持っており、2012 年の売上高は 906 億ドルである。同社はカーギルが川上部門から川下部門に進出したのとは逆で、元は米国内での川下部門の大豆を中心とした油糧種子加工会社であったが、1980 年代に経営不振となっていたカントリー・エレベータなどを相次いで買収し、現在では穀物保管能力ではカーギルを抜き全米最大の穀物商社となった。同社はカーギル同様に川下部門の油糧種子加工やトウモロコシ加工でも大手となっている。また、同社は早くからバイオ・エタノール生産に着手しバイオ燃料生産でも大手となっている。

全米 3 位の穀物商社はブンゲ社（Bunge）である。同社はオランダで操業し、その後に南米に進出、米国では穀物保管能力 4 位、油糧種子加工 3 位である。世界の 40 カ国で 400 施設を持ち 35,000 人の従業員がいる。売上高は 2011 年 587 億円である。現在でも南米のブラジルで 8 つのサトウキビ加工工場を持ち、サトウキビを原料とした砂糖生産とバイオ・エタノール生産をおこなっている。2000 年には中国に進出し中国最大の大豆輸入業者となっている。

今後、米国の 3 大穀物商社に迫ると思われるのが日本の総合商社の丸紅である。2012 年 5 月に穀物保管能力全米 3 位のガビロン（Gavilon）社を買収し、米国での穀物保管能力はカーギルを抜き全米 2 位になった。今後、中国など食肉需要が急増するアジアへの飼料用トウモロコシ輸出に向け投資を拡大している。

（3）米国の牛肉生産と食肉加工資本

米国の食肉輸出の増大

表 12 - 1 でみたように、食肉は穀物に較べ輸出の割合は少ない。世界の肉牛の大生産地である米国では近年、国内消費が低迷しており輸出に力を入れている。

米国の牛肉輸出についてみてみると、牛肉需要に占める輸出の割合は国内消費に較べかなり小さい。2010年度の米国農務省統計では牛肉の国内生産量が1,205万トンに対し、その輸出量は104万トンにしかすぎない。生産量のうち輸出の占める割合は8.7％にしかすぎない。他方で、同年の米国の牛肉輸入量は104万トンで輸出に相当する量を輸入している。

　近年、肥満問題と関わって国内の牛肉需要は減少ぎみである。米国の1人当たり年間牛肉消費量は1985年に部分肉ベースで33.6kgであったが、2000年には29.2kg、2009年には26.5kgにまで減少している。このため、米国の食肉業界は国内需要にかわる牛肉輸出に熱心になっている。牛肉輸出は「米国農業統計」によれば、枝肉ベースで1990年には46万トンであったが2000年には114万トンと10年で2.5倍に増加した。しかし、2003年12月に米国でＢＳＥ問題が発生し、輸出は急減し、2005年には21万トンに急減した。その後、少しずつ増大し2009年には88万トンまで増加した。米国のＢＳＥ感染牛の発見による日本や韓国の輸入禁止とＮＡＦＴＡ（北米自由貿易協定）の影響を受けて、表12-3にあるように牛肉の輸出先は大きく変化した。日本や韓国への輸出量が大きく減少し、相対的にＮＡＦＴＡのカナダとメキシコへの輸出が大きく増加している。

米国の肉牛生産の集中

　米国の肉牛－牛肉生産の過程は、肉牛生産過程である①肉牛の繁殖、②育成、③肥育と、加工過程の④屠畜－解体（パッキング）、⑤製品加工（プロセッシング）に分けられる。肉牛は生後6～8カ月で母牛から離乳し、その後10

表12-3　米国の牛肉の輸出先の変化

（単位：1000トン、カッコ内％）

2003年			2012年		
牛肉輸出量合計	858.2	(100)	牛肉輸出量合計	812.2	(100)
①日　　本	298.0	(35)	①カ ナ ダ	166.0	(20)
②韓　　国	213.1	(25)	②日　　本	137.8	(17)
③メキシコ	192.3	(22)	③メキシコ	112.5	(14)
④カ ナ ダ	81.0	(9)	④韓　　国	112.0	(14)

（資料）U.S. Meat Export Federation 統計より。

~12カ月牧草で育てられる。1年ほど経つとフィードロットに移され4カ月~6カ月トウモロコシなどを飼料にして肥育され出荷される。

フィードロットは大規模経営が中心となっている。表12-4は、2007年の米国における経営規模別のフィードロット数とその肉牛の保有数、販売数を示している。フィードロットも飼育頭数1000頭未満フィードロット数で見ると全体の98％が農民的フィードロットであるが、販売頭数では16.0％にしかすぎない。他方、16,000頭以上の企業的フィードロットは数では262農場であるが、販売額では全体の60％弱を占めている。とくに5万頭以上の大規模経営は58農場で全体販売額の4分の1を占め、1農場平均に計算すると12万頭となっている。

表12-5は2009年の巨大フィードロット企業上位6社であるが、1位の

表12-4　経営規模別フィードロット数と保有牛頭数、販売頭数（2007年）

施設規模	農場数	保有頭数		販売頭数	
		（1千頭）	（％）	（1千頭）	（％）
1,000頭未満	85,000	2,735	(18.4)	4,285	(16.0)
1,000～3,999頭	1,373	1,273	(8.6)	2,175	(8.1)
4,000～15,999頭	525	2,512	(16.9)	4,509	(16.9)
16,000～23,999頭	78	1,151	(7.8)	2,166	(8.1)
24,000～31,999頭	55	1,188	(8.0)	2,329	(8.7)
32,000～49,999頭	71	2,390	(16.1)	4,376	(16.4)
50,000頭以上	58	3,578	(24.1)	6,906	(25.8)
合　　計	87,160	14,827	(100.0)	26,746	(100.0)

（資料）USDA, NASS "Cattle Final Estimates 2004-2008"

表12-5　米国のフィードロット企業上位6社（2009年）

	フィードロット数	収容能力頭数（頭）
1．JBS・リバーズ・ファイブ・キャトル・フィーディング　［コロラド］	13	838,000
2．カクタス・フィーダーズ　［テキサス］	10	520,000
3．カーギル・キャトル・フィーダーズ　［カンサス］	5	350,000
4．フリオナ・インダストリーズ　［テキサス］	4	275,000
5．J.R・シンプロット　［アイダホ］	2	230,000
6．AzTx・キャトル　［テキサス］	4	217,000

（資料）『数字で見る食肉産業2010』（食肉通信社）。

JBCリバーズ・ファイブ キャトル・フィーディングは食肉加工大手のJBCの系列、3位のカーギル・キャトル・フィーダーズはカーギル系列の子会社である。このように現在の米国の肉牛生産は大規模フィードロット－食肉加工会社との系列化が進んでいる。

米国の牛肉流通と食肉加工資本

近年の米国の牛肉産業は、加工過程を中心に寡占化が急速に進んでいる。また肉牛肥育でも巨大フィードロット化が進んでいる。米国でのと畜－解体頭数の多いトップ4社のと畜頭数のシェアは、1980年では28.4％であったが、2000年には69.6％、2010年には75.0％と7割を超えている。

表12-6は米国の食肉加工販売トップ8社の販売額を示している。1位のカーギル・ミート社は全米に8か所の処理工場を持ち、2009年の処理頭数856万頭、牛肉売上高110億ドルで、穀物商社カーギルの子会社で以前のエクセル社である。2位のタイソンフーズは、元は鶏肉加工や豚肉加工が中心であったが、2001年にそれまで牛肉加工のトップ企業であったIBP社を買収したことによって全米最大の食肉加工会社となった。同社は、現在でも豚肉処理、鶏肉処理で全米2位である。買収したIBP社の設立は1961年と比較的新しく、80年代半ばにはトップ企業にのしあがった。それは同社独特の流通方式を採用したためである。それまでの牛肉の流通はプラントで屠畜した枝肉を、卸売業者を通じてスーパーマーケットなどに売却し、そこで部分肉に分け

表12-6　2010年米国食肉加工販売上位8社の工場数、処理頭数、売上高

	処理能力 (1日当たり)	工場数 (ヵ所)	処理頭数 (1000頭) 09年	売上高 (100万ドル) 09年
1．カーギル・ミート	29,000	8	8,557	11,000
2．タイソンフーズ	28,700	7	7,249	10,937
3．JBC・USA	28,600	8	6,600	11,232
4．ナショナル・ビーフ	14,000	3	3,700	5,449
5．アメリカンフーズ	7,000	5	1,758	1,758
6．グレイターオマハ	2,900	1	785	1,100
7．ネブラスカ・ビーフ	2,600	1	650	800
8．XLフォスタービーフ	2,300	1	600	600

（資料）Cattle Buyers Weekly（米国食肉輸出連合会）　ホームページより。

小売肉用に加工して販売していた。ところがＩＢＰ社は枝肉を部分肉にするまで加工し、部分肉をダンボール箱に箱詰めして直接、スーパーに販売する方式を採用した。これによってスーパーマーケットは専門の肉職人（ブッチャー）の必要がなくなり部分肉を小売肉用に加工するだけでよくなった。枝肉を部分肉まで加工し、箱詰めして販売する肉をボックストミート（Boxed meat）と呼ばれ、今日ではＩＢＰ社以外の大手食肉加工業者もこの方式を採用している。

3位のJBC.USAは、近年米国で急速に販売額を伸ばしてきている食肉加工企業である。親会社はブラジルに本拠をもつJBC.S.Aであり、世界最大の牛肉処理加工会社である。2007年に全米3位のスイフト社を買収、2008年に牛肉加工処理で全米5位のスミスフィールド（全米最大のフィードロット企業）を買収、さらに2009年には全米最大の鶏肉処理加工会社のプリグリム・プライド（Pilgrim Pride）社を買収し鶏肉処理で最大手となった。

このように米国の牛肉産業は、フィードロットから牛肉処理加工部門で急速に寡占化が進行している。

第12章　参考文献

ブルースターニーン『カーギル』（大月書店、1997年）

中野一新編『アグリビジネス論』（有斐閣ブックス、1998年）

千葉典「グローバリゼーション下の世界農産物貿易構造」（中野一新・岡田知弘編『グローバリゼーションと世界の農業』大月書店、2007年所収）

大江徹男「NAFTA下におけるアメリカ農業の構造変化」（農業問題研究学会編『グローバル資本主義と農業』筑波書房、2008年所収）

石井勇人『農業超大国アメリカの戦略』（新潮社、2013年）

ＢＳＥ問題

　ＢＳＥ（Bovine Spongiform Encephalopathy 牛海綿状脳症）とは、牛の脳が海綿状になり死亡する病気で、人にも感染し、新型クロイツフェルト・ヤコブ病を引き起こす危険性をもっているといわれている。とくに牛の危険部位（脳、脊髄、眼、回腸、扁桃など）を食べると感染の恐れがある。ＢＳＥ感染牛は1986年にイギリスで最初に確認され、牛の餌の肉骨粉が感染源であると判明した。イギリス国内では、1988年から牛の飼料としての肉骨粉の使用が禁止された。ところがイギリス国内で使用が禁止されたため取扱い業者は輸出に回し使用が禁止されていなかったＥＵ諸国や日本などに輸出された。これが、ＢＳＥが世界に広まる原因となった。

　ＢＳＥが人に感染すると公式に認められたのは1996年からである。イギリスでは1995年ころから若い人の間で変異型クロイツフェルト・ヤコブ病が発生し、その異常プリオンたんぱく質がＢＳＥのそれと同じタイプであることがわかったためである。

　日本で初めてのＢＳＥ感染牛は2001年9月10日に千葉県で発見された。当時の日本のＢＳＥ対策は甘く、肉骨粉の使用禁止を法律でなく行政指導でおこなっていた。このため畜産農家に肉骨粉の使用禁止が周知徹底していなかった。初のＢＳＥ感染牛が発見されたため、「狂牛病」騒動が日本中に広がり、牛肉の消費は大幅に減少した。このため日本の畜産農家、食肉メーカー、精肉店、焼肉屋などは大変な打撃をこうむることとなった。また、肉の消費が大幅に減少した結果、外国産牛肉も売れなくなったため食肉加工メーカーは、外国産牛肉を国産と偽装し農水省からの補助金を受け取る「牛肉偽装事件」が多発した。

　米国でＢＳＥ感染牛が初めて発見されたのは2003年12月末であった。日本や韓国はただちに米国産牛肉の輸入禁止措置がとられた。これによって米国産牛に依存していた「吉野家」などの外食産業は大きな打撃を受けた。米国産牛肉の輸入が再開されたのは2年後の2005年12月で月齢20か月以下に限定して禁止が解除された。その後、米国政府はＴＰＰの日本参加交渉のなかで、2013年2月に日本政府は月齢20か月以下から月齢30か月以下に緩和した。

第13章　農産物貿易の自由化を考える

　農産物貿易の自由化をめぐる議論は、食料が自国の安全保障と密接に結びついているため長らくの間対立が続いている。農産物の輸出国、輸入国、食料が不足している途上国と、それぞれの立場で意見が大きく異なっており決着が困難である。この章では、1980年代後半から始まったウルグアイ・ラウンド交渉の経過とその合意の内容をみていく。その後、1999年にＷＴＯ農業交渉（ドーハ・ラウンド）が開始されるが、欧米先進国と中国などの新興国が激しく対立し現在でも決着がつかず、現在、交渉は中断している。このようななかで二国間の自由貿易交渉（ＦＴＡ）や地域間の自由貿易交渉がすすんできている。なかでも、日本が関わっている「環太平洋パートナーシップ協定」（ＴＰＰ）交渉は、日本農業の今後を左右しかねない重要な交渉である。この章では、ドーハ・ラウンドの交渉の内容、ＷＴＯ農業交渉の内容と対立点、ＴＰＰ交渉の内容について紹介する。

（１）ガット・ウルグアイ・ラウンド合意

ガット・ウルグアイ・ラウンド（ＵＲ）交渉

　ＵＲは、農産物貿易の自由化について討議するため1986年から開始され、1990年末までの予定で進められた。ガットとは、1947年「関税および貿易に関する一般協定（ＧＡＴＴ）」として調印され、その後、数回のガット交渉

［第13章のキーワード］　ガット・ウルグアイ・ラウンド農業合意／包括的関税化／関税化の特別措置／世界貿易機関を設立するマラケシュ協定／ドーハ・ラウンド／重要品目と一般品目／黄の政策・青の政策・緑の政策／ＦＴＡ（自由貿易協定）／ＷＴＯの無差別原則／ＴＰＰ（環太平洋パートナーシップ協定）／聖域なき関税撤廃／重要５品目

がおこなわれてきた。ＵＲ農業交渉は難航したため延長され決着がついたのは 1994 年である。米国のこの交渉の最大の狙いは最大の焦点はＥＣ（現ＥＵ）共同農業政策の変更を迫ることにあった。ＥＣ共通農業政策は、域内農業をＥＣの共通財政を使って、域外からの農産物輸入にたいして、課徴金をかけることで保護してきた。これによって、ＥＣ域内の穀物の自給力を次第に高めてきた。また、ＥＣ域内の穀物の過剰問題も発生し、この過剰農産物を、輸出補助金を使って輸出していた。ＥＣは、食料自給力をつけたばかりか、輸出国である米国の強力なライバルとなった。

　米国側からみればＥＣ共通農業政策のために、欧州市場を失ったばかりでなく、さらに国際穀物市場でもＥＣ農業（主にフランス）と激しい輸出競争戦となっていた。米国もＥＣに対抗するために輸出補助金を使って輸出拡大を図った。80年代の世界的な農産物の過剰下で、米国とＥＣは互いに輸出補助金を使ったダンピング競争を激化させていったが、財政危機のなか続けることが難しくなった。

　米国政府は、これを解消するためにＵＲで、ガット規定で農産物だけに適用していた「例外規定」をなくして、工業製品並みの自由化を提案した。しかし、農産物の輸入自由化は輸入国の農業に大きな打撃を与えるので日本やＥＵ各国は米国の提案に反対した。このためガット農業交渉は、1990 年末になって決着がつかず、このまま決裂かと思われたが 91 年 12 月になって、ようやく事務局から「ダンケル合意案」が提案され、これを基に各国で検討することになった。この案は「包括関税化案」と呼ばれ、これまで許されていた農産物輸入の数量的制限を全面的に撤廃し、農産物輸入は関税でのみ調整するという案であった。

表 13-1　WTO 農業協定

	国内農業支持 (基準年 1986～88 年)	市場アクセス (基準年 1986～88 年)	輸出競争 (基準年 1986～90 年)
金額	1.「緑（グリーンボックス）」に含まれる政策を除き、ＡＭＳ（助成合計量）の 20(13.3)％削減	1. 非関税措置の関税化 2. 関税への転換後の関税の 36(24)％引下げ 3. 関税引き下げの最低基準は 15(10)％	1. 輸出補助金支出額の 36(24)％削減
量		1. 3％から 5％に上昇するミニマム・アクセス	1. 輸出補助金つき輸出数量の 21(14)％削減

（資料）World Bank 資料より。（　）内は途上国への特別待遇。

日本政府はコメの輸入をいっさい認めない方針だったため、この案に反対した。

　米国とEUの対立は、1992年11月になって米国とECは域内の農業保護水準の引下げと補助金付輸出の削減で合意に達した。これは第7章で述べたCAP改革の見通しがたったこともひとつの要因であった。これによってガット農業交渉は大きく決着に向かって進んだ。反対している日本などたいして、1993年12月にドゥニー議長による「関税化の特別措置」を含む「調整案」が提出され、日本は、この調整案を受け入れることを決めた。そして、1994年4月に最終合意がおこなわれガット農業交渉は終了した。

ウルグアイ・ラウンド農業合意

　ウルグアイ・ラウンドの最終合意内容は次のようなものであった。（表13-1）

　関税の引下げなどの市場アクセスの改善については、①輸入数量制限を基本的には廃止し関税化で対応する。②関税を全体で36％引き下げる。③関税化品目の現行のアクセス機会および最小のアクセス機会を維持する。輸入実績がわずかな農産物については1年目、消費量の3％、6年目には5％なるような最小限のアクセス機会を設定する。④特別セーフガードの設置。関税化品目は一定の輸入数量の増大、輸入価格の低下があった場合、関税を引き上げることができる。⑤日本のコメについては関税の特別措置を適応するなどである。

　また、国内の農業補助金の削減など国内支持については貿易、生産に影響がある価格支持や生産補助金についての施策（「黄の政策」）についてはAMS（助成合計量）として削減する。生産調整にともなう直接支払い（「青の政策」）、貿易や生産に影響のない施策（「緑の政策」）については削減の対象外にする。

　輸出補助金の削減などの輸出規律については実施期間の6年間に輸出補助金の財政支出を36％、補助金付輸出数量は21％削減する、などである。

（2）WTO農業交渉

ドーハ・ラウンド交渉の開始

　UR合意は、WTO協定の締結となって妥結した。WTO協定は「世界貿易

機関を設立するマラケシュ協定」とその付属文書を含む協定であり、これよって自由貿易体制は新たな段階に入った。WTOは、物品の貿易の自由化だけでなく、サービス貿易、知的所有権、貿易関連投資措置などの新しい分野もその対象に広げた。

WTO体制下の新しい貿易自由化交渉の話し合いは1999年末から始められた。1999年12月にカナダのシアトルで閣僚会議を開き交渉を開始する予定であったが、世界のNGO（環境団体など）が「反グローバリズム」の反対集会が開催され、混乱したため会議は失敗に終わった。その後、2001年11月にカタールのドーハで閣僚会議が開催されWTO交渉が開始されることになった。ドーハの閣僚会議で開始されたためこの交渉を「ドーハ・ラウンド」（正式名称は「ドーハ開発アジェンダ」）と呼ばれている。予定では2005年1月までに合意を予定していたが延長された。この新ラウンドの焦点も農業問題が中心であった。

前回の交渉とWTO農業交渉との最大の違いは、WTOに中国が新たに加わったため途上国の発言力が飛躍的に高まったことである。交渉は次の5つのグループに分かれて交渉がおこなわれている。①米国、②ケアンズグループ（オーストラリア、カナダ、タイなど米国以外の穀物輸出国）、③EU、④G10グループ（日本、韓国、スイスなど穀物輸入国）、⑤G20グループ（中国、インド、ブラジルなどの途上国）の5グループである。前回の農業交渉は米国とE

表13-2　WTO農業交渉の主な経過

1999年12月	シアトルで新交渉開始予定が国際環境団体などの「反グローバリズム」の反対集会などで失敗
2001年11月	カタールのドーハ閣僚会議で新ラウンド開始（ドーハ・ラウンド）
2003年 8月	米国とEUが基本合意
9月	カンクン閣僚会議、途上国の反発で合意に失敗
2004年 8月	「農業の枠組み合意」の成立
2005年12月	香港閣僚宣言で「モダリティ合意」交渉開始
2007年 7月	議長テキスト提示
<以降、集中的議論>	
2008年 2月	議長テキスト改定案
7月	ジュネーブでの閣僚級会合、決裂
2011年12月	ドーハ・ラウンド合意困難で中断を宣言

（資料）農林水産省資料より。

第 13 章　農産物貿易の自由化を考える

Uの合意によって交渉が一挙に進んだ。今回も 2003 年 8 月に両者が合意をし、これに基づいて開かれたメキシコのカンクン閣僚会議が開催されたが途上国の反発によって米国・EU合意に基づく提案は否決された。

議長による「関税削減提案」

　WTO農業交渉もURと同様に関税引き下げなど市場アクセス問題が最大の焦点である。

　2004 年 7 月の「農業の枠組み合意」では「市場アクセス」について、①関税のき下げでは高関税品目ほど引き下げ幅を大幅にする。②「一般品目」の他に「重要品目」を設定し、「重要品目」は「一般品目」より低い関税削減と「関税割当」の拡大の組み合わせで市場アクセスの改善をはかることでほぼ同意している。

　この合意に基づいて具体的な提案が、2007 年 7 月の「議長テキスト」が提示され具体的な議論がおこなわれる。2008 年 7 月には議長案第 3 次改訂版が

表 13-3　WTO農業交渉での「市場アクセス」についての主な提案の内容

論　点		議長案第 3 次改訂版 （2008 年 7 月 10 日）	ラミー事務局長調停案 （2008 年 7 月 25 日）	議長案第 4 次改訂版 （2008 年 12 月 7 日）
一般品目		・最高階層の削減率 ・66～73％の削減	・最高階層の削減率 ・70％削減	・最高階層の削減率 ・70％削減
上限関税		・設定しない ・100％超の高関税品目が残る場合には関税割当の追加拡大が必要	・設定しない ・100％超の高関税品目が残る場合には関税割当の追加拡大が必要	・設定しない ・100％超の高関税品目が残る場合には関税割当の追加拡大が必要
重要品目	数	・全品目の原則 4～6％ ・条件・代償付で 2％追加	・全品目の原則 4％ ・条件・代償付で 2％追加	・全品目の原則 4％ ・条件・代償付で 2％追加
	低関税輸入枠の拡大幅	・関税削減率が最小の場合は国内消費量の 4～6％ ・関税削減率に応じ 0.5 ポイントか 1 ポイント減らす ・最小 3％	・関税削減率が最小の場合は国内消費量の 4％ ・他については言及なし	・関税削減率が最小の場合は国内消費量の 4％ ・関税削減率に応じて 0.5 ポイント減らす ・最小は 3％
特別品目（SP）		・SPの数 10～18％ ・うち削減率ゼロの数 6％まで又は 0％ ・平均削減率 10～14％	・SPの数 12％ ・うち削減率ゼロの数 5％まで ・平均削減率 11％	・SPの数 12％ ・うち削減率ゼロの数 5％まで ・平均削減率 11％

（資料）農水省「WTO農業交渉の主な論点」（2008 年 12 月）より作成。

提示され、8月にラミー事務局長調停案、さらに同年12月には議長案第4次改訂版が出された。

国内支持の削減案と輸出補助金の廃止

　国内の農業補助金の削減については、削減対象となる「歪曲的国内支持」と対象外の「緑の政策」に区分される。削減対象となる「貿易歪曲的支持全体（OTDS）」には次の3つがある。①「黄の政策」でもっとも貿易歪曲的な国内支持で市場価格支持や不足払い制度などである。②「デミニミス」は国内農業産出額の5％以下の農産物の助成で生産全体に大きな影響がない政策である。③「青の政策」とは直接支払のうち生産調整等の要件を満たすもので「黄」と「緑」の中間のものである。④「緑の政策」とは貿易歪曲性がないか最小限のもので試験研究、基盤整備、生産に直接関係ない収入等の支持などで補助金の削減対象外となっている。

　2008年12月の議長提案では、①「黄の政策」は40％〜70％削減する。階層別に額が大きな国ほど大きな削減をする。補助額が大きい日本、EUは70％の削減、米国は60％の削減をする。②「貿易歪曲的国内支持全体（OTDS）」は、〈「黄」＋「デミニミス」＋「青」〉全体で50％〜80％を削減する。具体的にEUは80％の削減、米国は70％の削減、日本は75％を削減する。なお、農産物の「輸出補助金」については2013年末までに撤廃すると提案した。

WTO農業交渉の決裂

　WTO農業交渉は現在、中断・凍結状態にある。この交渉が進まなくなった最大の理由は途上国と先進国の対立である。米国は、WTO交渉の締結予定前の「2002年農業法」で、「価格変動型支払」制度を導入した。これは支払いの基準が過去の生産実績に基づくものであるが、実質的には従来の「不足払い」制度（「黄の政策」）と同様の農業補助金である。しかし、米国は、これは現在の生産と切り離されているので「黄の政策」ではないとし、削減が柔軟に対応できる「デミニミス」であるとWTOに通告している。これに対応して、WTOも従来の「青の政策」の内容を「政策調整下の直接支払」に、新たに「現行の生産に関係しない直接支払」を新たに追加した。これは米国の「2002

年農業法」に対応した変更であった。

また、EUも「CAP改革」での農業補助金を「生産と切り離された収入支持」とし「緑の政策」と主張し削減の対象外と主張している。

これにたいして途上国のG20グループは、関税については、①階層内一律方式、②上限関税（100％）の設定、③重要品目のごく少数への限定などを提案している。また、先進国の国内農業補助の削減は不十分とし先進国と対立している。

（3）FTAとTPP交渉

FTAとは？

WTO交渉が行き詰まるなかで、2国間や地域間での「自由貿易交渉（FTA）」がすすんでいる。ジェトロの調査によれば、2013年9月現在、FTAは世界で252件が発効済み、署名済み・交渉妥結25件を合わせると277件

表13-4　国内支持分野における議論（議長提案の内容：主に先進国）

貿易歪曲的国内指示全体（OTDS） UR：特段の規律はない ドーハ：個々の区分の削減とは別に全体額を削減 　　　（米国は70％、日本は75％、EUは80％）		
黄の政策（AMS）	青の政策	緑の政策
最も貿易歪曲的な国内支持 「市場価格支持」 「不足払い」　等 UR：各国の86-88年の実績 　　を20％削減 ドーハ：UR以上の大幅削減 　　（米国60％、日本、EU70％） 　　品目別の上限設定	直接支払いのうち特定の条件を満たすもの UR：生産制限の下での直接 　　支払いは削減対象外 ドーハ： 　生産を義務付けない直接支払いを青の政策として追加（新青の政策） 　全体の上限を設定 　　（農業総生産額の2.5％） 　品目別の上限を設定	貿易歪曲性がないか最小限 「試験研究」 「基盤整備」 「生産に関連しない収入支持」 UR：対象外 ドーハ：対象外
デミニミス		
農業生産額の5％以下の国内助成（生産全体に大きな影響を与えない） UR：削減対象外 ドーハ：少なくとも50％の削減		

（資料）農水省資料より。

となっている。日本は、この分野では立ち遅れており、同時点で発行済みは12か国・1地域にとどまっている。日本の場合は、これらすべてはＦＴＡとしてではなく、ＥＰＡ（経済連携協定）として結んでいる。ＥＰＡはＦＴＡが物品の関税、サービスの自由化が中心なのにたいして、投資の促進、知的財産権、競争政策などを含む包括的な協定である。

　ＦＴＡはＷＴＯ協定24条でも認められている。ＷＴＯでは「最恵国待遇」の実施が原則である。「最恵国待遇」とはガット1条で「輸出入について、いずれかの国の産品に与える最も有利な待遇を他のすべての締約国の同種の産品に対し即時かつ無条件に与える」となっており、締約国間での関税などの差別は禁止されている。例えば、ＷＴＯ加盟国がＡ国との交渉で農産品αの関税率を5％削減した場合、この関税率はＡ国以外のすべての加盟国に適用されなければならない。輸入相手国によって異なる関税率や特定国を差別すればガット1条違反となる。

　ただし、ＷＴＯではガット24条でこの「最恵国待遇」の例外を認めている。ガット24条では、域内における関税とその他の貿易障壁が実質的にすべて廃止されることを条件に例外を認めている。この「実質的すべて」の解釈は不明確であるが特定部門を残し全貿易額の90％の関税の撤廃、即時撤廃が原則であるが10年以上の経過措置も可能とされている。

　この例外規定のひとつがＦＴＡである。ＦＴＡでは、貿易全体の関税撤廃率が90％を超えていれば関税撤廃や例外品目は協定ごとに柔軟に対応できる。そして、特定品目で意図的に競争相手を排除でき、自国の利益を確保する目的に利用できる。例えば、「米韓ＦＴＡ」が締結され韓国の自動車の米国向け輸出の関税がゼロとなったが、日本は日米ＦＴＡを結んでいないため米国向け自動車輸出に関税がかかっており日本の自動車輸出産業は韓国に較べ不利益を受けることになる。農産物でも米国は「ＮＡＦＴＡ（北米自由貿易協定）」でカナダ、メキシコの乳製品の輸出入は関税がゼロとなっておりメキシコ向け乳製品輸出を拡大しているが他方で米国は「米豪ＦＴＡ」も結んでおり、この協定では乳製品を例外品目に指定している。米国の乳製品はオーストラリアの乳製品と比較して国際競争力が低く割高なので関税をかけて米国の酪農を保護している。このようにＦＴＡはＷＴＯの「無差別原則」とは違って「差別性」をもってお

第13章　農産物貿易の自由化を考える

り、「ＦＴＡは世界経済のブロック化をすすめる」（浜 矩子）と言われている。

代表的なＦＴＡにＮＡＦＴＡ（北米自由貿易協定）がある。この協定は、1994年に米国、カナダ、メキシコの３国で締結され、その後関税が徐々に引き下げられ、2008年１月に完全関税が撤廃され貿易が自由化された。

この協定によって、米国はカナダ、メキシコ向け輸出の拡大に成功した。農産物輸出をみても表13-5にあるように、この間に、メキシコ、カナダ向け輸出を急拡大してきた。1990年段階では、米国の農産物輸出先は日本が20.3％、ＥＵが18.7％で１位と２位であったが、2005年にはカナダが15.9％で１位、メキシコが14.9％で３位となり、日本は４位、ＥＵは５位となっている。2000年以降、国際農産物価格が上昇した影響もあるが、米国の農産物輸出は2000年から13年にかけて日本向けが1.3倍、ＥＵ向けが2.1倍に較べ、メキシコ向けは2.8倍、カナダ向けは2.8倍に拡大している。

米国が、ＴＰＰ交渉を積極的にすすめている理由は、ＮＡＦＴＡによって輸出が拡大したことが大きい。この成功をより大きく環太平洋地域まで広げようとするものであり、オバマ政権の輸出拡大戦略の一環である。

ＴＰＰとは？

ＴＰＰ（環太平洋パートナーシップ協定）はＦＴＡのひとつである。ＴＰＰは2006年にシンガポール、ニュージーランド、チリ、ブルネイの４か国で発効済みの協定（Ｐ４協定）で、その後、2010年に米国、豪州、ペルー、ベトナム、の８か国で交渉がはじめられた。現在は、マレーシア、メキシコ、カナダ、

表13-5　米国の農産物輸出の国別輸出先

（単位：100万ドル、カッコ内％）

	1990年	2000年	2005年	2009年	2013年
日　　本	8,142（20.3）	9,292（18.1）	7,931（12.6）	11,117（11.3）	12,406（ 8.8）
韓　　国	2,650（ 6.6）	2,546（ 5.0）	2,233（ 3.5）	3,923（ 4.0）	5,223（ 3.7）
中　　国	818（ 2.0）	1,716（ 3.3）	5,233（ 8.3）	13,150（13.3）	23,477（16.7）
Ｅ　　Ｕ	7,474（18.7）	6,515（12.7）	7,052（11.2）	7,461（ 7.6）	13,992（ 9.9）
メキシコ	2,560（ 6.4）	6,410（12.5）	9,429（14.9）	12,946（13.1）	17,916（12.7）
カ ナ ダ	4,214（10.5）	7,643（14.9）	10,618（16.8）	15,701（15.9）	21,419（15.2）
輸出合計	40,028（100）	51,265（100）	63,182（100）	98,611（100）	140,936（100）

（資料）UDSA "Foreign Agricultural Trade of United States" より作成

そして日本も交渉に参加している。（表 13-6）

　日本のＴＰＰへの参加は、2010 年 10 月に菅首相が所信表明演説で、突然にＴＰＰ交渉への参加を検討すると表明し、11 年 11 月に野田首相（当時）がＡＰＥＣで「交渉参加に向けて関係国と協議に入る」と表明した。2013 年 3 月に安倍首相がオバマ米国大統領との首脳会談で「ＴＰＰは『聖域なき関税撤廃』が前提でないことが明確になった」と発表し、ＴＰＰへの参加を表明した。4 月に日米事前協議が決着し日本の参加も認められることになった。同年 7 月から、日本も参加するＴＰＰ交渉がすすめられている。

　ＴＰＰの特徴は一般のＦＴＡに較べ、「例外なき関税撤廃」が原則となっていることである。例外を認めたとしてもごく少数品目に限定している。このため、日本がこれまで結んできたＥＰＡ協定に較べ例外品目が認められない可能性が大きい。日本は交渉に入って、コメ、小麦、肉類（牛肉・豚肉）、乳製品、砂糖を「重要 5 品目」として関税の撤廃に反対している。

ＴＰＰと日本農業

　ＴＰＰ交渉は難航しているが、5 品目の関税が撤廃されれば日本農業への影

表 13-6　ＴＰＰ交渉の経過

2006 年	シンガポール、ニュージーランド、チリ、ブルネイの 4 か国でＰ 4 が発効
2010 年 3 月	米国、豪州、ペルー、ベトナムが加わり 8 か国で交渉開始
10 月	マレーシアが参加
10 月	菅首相、所信表明演説でＴＰＰへの参加を検討すると表明
2011 年 11 月	ＡＰＥＣで野田首相「交渉参加に向けた関係国との協議に入る」と表明
12 月	メキシコ、カナダが加わり 11 か国で協議
2013 年 3 月	安倍首相、オバマ米国大統領との首脳会談で「ＴＰＰは『聖域なき関税撤廃』が前提でないことが明確になった」とし発表
3 月	安倍首相、ＴＰＰ交渉への参加、正式表明
4 月	日米事前協議が決着、「日米合意」成立
4 月	日本のＴＰＰ交渉への参加が承認される
7 月	ＴＰＰ交渉に日本が正式参加
12 月	シンガポールで閣僚会合、年内妥結ならず
2014 年 2 月	シンガポール閣僚会合、「大筋合意」見送り

（資料）農林水産省資料より。

響は計り知れない。農林水産省の試算によれば、食料自給率は現在の40％から15％に低下すると発表した。実際に、そこまで低下するかはわからないが、日本のコメ・小麦生産、畜産経営、サトウキビ生産に壊滅的な打撃を与えることは確かである。また、これは生産農家に影響を与えるだけではすまない。北海道では、生乳生産に基づきバターやチーズなどの酪農品生産が盛んであり雇用を支えているが、それらの経営と雇用が脅かされることになりかねない。

　コメや小麦生産などの土地利用型農業の場合、経営規模の大きさが国際競争力に決定的な影響を及ぼす。日本が経営規模を拡大し、20ヘクタール規模となったとしても、米国の100ヘクタール、豪州の1000ヘクタール規模の経営と対等に競争することは困難である。もちろん、ＥＵのように強力な国内農業補助金で生産農家を支えることも考えられるが、内外の農産物価格差を補うには少なくとも3兆円ちかくかかり、日本の財政状況から考えて不可能である。関税による保護は土地利用型農業にとって不可欠である。

第13章　参考文献

村田武『ＷＴＯと世界農業』（筑波書房ブックレット、2003年）

服部信司「ＷＴＯ農業交渉とアメリカの対応」（服部信司『アメリカ2002年農業法』農林統計協会、2005年所収）

田代洋一「ＴＰＰ批判の政治経済学」（農文協編『ＴＰＰ反対の大義』農文協、2010年所収）

鈴木宣弘・木下順子「真の国益とは何か」（同上書所収）

真嶋良孝「食料危機・食料主権と『ビア・カンペシーナ』」（村田武編『食料主権のグランドデザイン』農文協、2011年所収）

食料主権論と「ビア・カンペシーナ（農民の道）」

食料主権論は、途上国を中心に先進国の多国籍アグリビジネスによる途上国農業への支配や農産物貿易の自由化に反対する運動の基本的理念を表している。

それは、途上国の小農民や小作民、土地なし農業労働者が、自ら農地を所有し、農業や食料に関する決定権の回復を目指し、反グローバル主義による環境保全型農業、伝統的で多様な農法や食文化を重視することを目指すものである。米国系の多国籍農薬企業モンサントらによる途上国への種子支配につながる遺伝子組み換え種子の普及などに反対している。

食料主権論が国際的なひとつの流れになったのは、1993年に創立された「ビア・カンペシーナ（農民への道）」という国際農民組織ができたことが大きい。96年の「世界食料サミット」では、農産物の自由貿易化路線にたいして「食料主権」という考え方を初めて提起し、いっそう大きな流れとなり、ガット・ウルグアイ・ラウンド交渉やWTO農業交渉でも大きな影響力を持つことになる。

「ビア・カンペシーナ」とは、スペイン語で「農民の道」を意味している。設立当初、本部事務局はベルギーにあったが、現在はインドネシアのジャカルタに本部を置いている。今後は、多国籍企業による資源や土地の収奪が激しくおこなわれているアフリカのジンバブエに事務局の移転することになっている。

「ビア・カンペシーナ」は現在、世界73か国、164組織、約2億5千万人の農民を組織している。その中心は、米国系多国籍アグリビジネスの影響力が大きい中南米、大地主制の影響が大きいインドで多くの農民を組織している。日本では、2005年に「農民運動全国連合会（略称：農民連）」が加入した。

総会は4年に1回開催され、最近では2013年6月に第6回総会がインドネシアのジャカルタで開催された。政治宣言「ジャカルタからのよびかけ」で、過去20年の運動をふり返り、「食料主権……を提示し、新自由主義に抵抗し、対案を構築する取り組みで小農民と家族農業を社会主体の中心に位置づけるのに成功した」と宣言している。

第14章　食品関連産業と食料流通を考える

　戦後の日本の食品加工業の発展は、その原料を米国に依存し大量生産＝大量消費のなかで発展し、近年は中国などに工場を建設し開発輸入をすすめてきた。また、戦後に急速に発展したスーパーマーケットは、当初、生鮮食品部門では苦戦したが、卸売市場改革などによってようやく一定のシェアを拡大することになる。1970年代以降に発展してきた外食産業は、海外からの安い食材と過酷な長時間労働と低賃金によって発展してきた。しかし、このような発展のあり方は今や限界にきている。この章では、戦後の食品関連産業の発展なかで食品加工業、食品小売業、外食産業の発展が食料流通をどう変えてきたかについてみてよう。

（1）食品加工業の発展と開発輸入

現代日本の食品加工産業の特徴

　食品関連産業には農業、農業関連産業、食品加工業、食品流通業、外食・中食産業など、さまざまな部門がある。ここでは、食料流通と直接的な関係がある総合商社、食品加工業、食品流通業、外食・中食産業がもたらす食料流通の変化について述べる。まず、食品加工業からみてみよう。

　現在の日本の大手食品会社は1970年頃には、その国内的地位を確固としたものとしていた。これらの食品会社は、先に述べたように原料を海外からの安い小麦や大豆に依存していたため総合商社系列のもとに発展してきたものが多い。

[第14章のキーワード]　　総合商社系列／開発輸入／冷凍野菜の輸入／調理冷凍食品の開発輸入／チェーンストア理論／食品スーパーの発展／地域生協の発展／共同購入方式／予約相対取引／「週値決め、前日発注」／コンビニのファースト・フード部門／ファミリーレストランとファーストフード

米国からの安い輸入小麦を原料として発展してきたものとしては、1次加工としての小麦製粉、2次加工としての製パン、製菓、即席めんなどがある。小麦製粉では日清製粉は三菱商事と、日本製粉は三井物産との系列化で発展し、この2社で70年代初頭には小麦粉生産のシェアの50～60％を占めるまでになっていた。

　また、1960年代には、この小麦粉を利用して大手製パン業や即席めん業が急速に発展してくる。1960年頃までには食パンは街の中小パン工業で生産されたものを学校給食などに供給していたが、60年代に入ると自動連続製パン機によるパン製造が急速に進んだ。このため、街の中小製パン工場は廃業を余儀なくされ、大手製パン業が発展してくる。この大手製パン企業は原料の小麦粉を大量に使用するため、大手製粉会社から調達したため、ここでも系列化がすすんだ。山崎製パンは日清製粉と、第一パンは日本製粉という系列ができ、このもとで発展した。また、この時期に急速に発展してきた即席めん加工業も原料の小麦粉を製粉会社に依存していたため系列化がすすんだ。

　植物油製造業でも、米国からの安い大豆を原料に生産されたため原料を輸入する総合商社系列で発展した。日清製油（現・日清オイリオ）が三菱商事と、豊年製油（現・J-オイルミルズ）が三井物産と、吉原製油が住友商事と、不二製油が伊藤忠商事などの系列化で発展してきた。

　そして、1970年代初頭には、日本の加工食品の各分野で寡占化がすすんだ。とくに学校給食で普及した飲用牛乳部門では、明治、森永、雪印の3社でシェアの60～70％、ビール生産部門では、キリン、サッポロ、アサヒの3社で95％以上を占めるに至っていた。ビール生産は政府の保護育成政策のもとで一定以上量の大量生産しない会社は認可されなかったため寡占化がいっそうすすんだ。

　1970年代に入ると、前述のように冷凍食品の普及がすすんでくる。冷凍加工資本は、当初は水産加工が中心であったが、次第にさまざまな冷凍加工食品を生産するようになった。また、外食・中食産業の発展のもと業務用の冷凍調理食品の生産を増加させてくる。

　冷凍加工資本は2000年以降になると、他の製造業同様に賃金の安い中国などに生産拠点を移し日本への開発輸入を増やしてくる。

第14章　食品関連産業と食料流通を考える

食品加工資本と開発輸入

　食品加工資本は、1980年代前半では原料を主として総合商社を通じて海外から調達していたが、80年代後半になると円高の影響もあり次第に総合商社を介さないで独自に海外に生産拠点を移していくことになる。そして、日本向け開発輸入を増大させることになる。

　日本向け開発輸入は以前からおこなわれていたが、当初は総合商社が中心であった。この商社による開発輸入の代表的なものにエビの養殖がある。日本は世界有数のエビの消費国であり、そのほとんどを海外から輸入していた。エビの輸入額は長らく輸入農水産物の最大の品目であり、総合商社は、インドネシア各地でマングローブ森林を伐採しエビの養殖場をつくり、そこでエビ養殖し日本へ輸出してきた。しかし、これは世界から熱帯林の破壊と批判されたため縮小を余儀なくされ、近年はベトナムに養殖拠点を移している。

　80年代後半になると急速な円高と途上国の経済発展がすすみ、食品加工資本が独自に生産施設を海外に建設し、そこから日本に逆輸入するという開発輸入がすすんでくる。食品の開発輸入には米国や豪州など先進国に生産拠点を移すものと、中国やタイなど途上国に進出し日本に輸出するものの２つに分けられる。前者の代表的な例は、食肉加工資本による豪州や米国への進出がある。「日本ハム」や「伊藤ハム」は、豪州で巨大フィードロット牧場を買収し、現地に加工処理施設を建設し日本向けに牛肉を輸出している。また、小売業大手のジャスコ（現・イオン）も1974年に豪州のタスマニア島に牧場を開設し日本に牛肉を輸出してきた。

　しかし、近年の食料品の開発輸入の中心地は中国と東南アジアである。これらの国は原料が安いだけでなく賃金も安いので現地で合弁会社などをつくり日本向けに輸出している。近年の輸送システムの改善や冷凍技術の発展により、中国や東南アジアで生産されても日本で生産されたものと遜色がない加工食品が輸入されるようになってきた。また、1990年代以降の日本の経済不況は消費者の食料品の低価格指向を強めたため、食品加工資本はコストダウンのため低賃金の中国やタイに進出していった。

　この代表的な例として輸入野菜がある。輸入野菜は総合商社や大手スーパー系の輸入商社による生鮮野菜の輸入も増加しているが、同時に冷凍野菜の輸入

も急増させてきた。輸入冷凍野菜は、米国からもじゃがいもやスイートコーンなどが輸入されているが、アジアからのものとしては、サトイモ、枝豆、ホウレンソウなどがある。これらの輸入野菜は生の野菜を冷凍せずに、サトイモの場合は皮がむかれており、枝豆やほうれん草も熱湯処理され冷凍にして輸入されている。冷凍野菜の輸入量は1980年には14.1万トンであったが、1990年には30.5万トン、2000年には74.4万トン、2010年には82.9万トンと増加してきた（第1章の表1-6）。日本に輸入される冷凍野菜は主に外食・中食産業で業務用に使用されている。冷凍野菜の開発輸入の中心になっているのは日本の冷凍食品会社である。

　また、日本の冷凍食品会社は冷凍野菜だけでなく、エビフライ、白身魚フライ、鶏の唐揚げ、ロールキャベツ、春巻きなど調理冷凍食品の開発輸入をおこなっており、その輸入量も急増している。調理冷凍食品の輸入量は2000年には12.8万トンであったが、2010年には22.8万トンと78.2％も増加している。日本冷凍食品協会の統計資料によれば、2012年の場合、数量ベースで中国からが58.5％、タイからが36.0％となっており両国だけで94.5％となっている。輸入調理冷凍食品のほとんどは外食・中食などに利用されている。品目別では、エビフライや鶏唐揚げなどフライ類が全体の79.1％と圧倒的に多くなっている。

（2）食品小売業の変化と食料流通

総合スーパーの発展

　今日の日本の食料流通に最大の影響力をもっているのは、小売業の総合スーパーと食品スーパーである。今日、日本の消費者のほとんどは最終的に総合スーパーや食品スーパーあるいは生協などの量販店から購入している。1960年代まで多く存在していた「お米屋」「八百屋」「精肉店」「鮮魚店」などの食品専門小売店は近年、激減してきた。

　総合スーパーの草分けはダイエーである。ダイエーが大阪・千林で「主婦の店ダイエー」1号店を出したのは戦後間もない1952年のことであった。1958年にはイトーヨーカ堂が創業した。1957年には灘生協（現・コープこう

べ）が芦屋に生協としては初めてセルフサービスの店舗をつくった。スーパーや生協のリーダーたちは、戦後すぐに米国に渡り、当時すでに普及していたセルフ方式のスーパーの店舗を見学し、それをいち早く日本に導入した。

60年代初頭には、林周二の『流通革命論』が出され、チェーンストア理論を掲げる渥美俊一氏らを中心とするペガサスクラブが発足した。このクラブには現在も大手スーパーや生協の多くが参加し、現在のようなスーパーの食品売場の形態が確立する。

しかし、70年代までの総合スーパーの主力は衣料品、家電、加工食品の販売が主力であった。これらの商品をメーカーから大量に仕入れ、それを低価格で消費者に販売する方式であった。しかし、品目によってはこの方式が適さないものもあった。なかでも生鮮食品は、そのほとんどを卸売市場から調達せざるをえなかったため大量仕入れ方式は向かなかった。当時の卸売市場はセリ取引であったので、大量仕入れは逆に生鮮食品価格を引き上げ、安く仕入れることは困難であった。このため、70年代までは消費者の生鮮食品の購入先は総合スーパーよりも商店街での生鮮食料品店や公設市場が中心であり、これらの小売業が商店街に多く残っていた。

食品スーパー、地域生協の発展

1970年代に入ると、スーパーが全盛期を迎える。1972年にはスーパーのダイエーが売上高で初めて百貨店の三越を抜き、小売業界トップになった。しかし、これは同時に地元商店街との対立を生み、このトラブルを避けるために「大店法（大規模小売店舗法）」によるスーパーの出店の規制が強化された。このような大規模店舗の強化のなかで新しい食品小売業も発展していった。

ひとつは食料品販売に特化した食品スーパーの発展である。総合スーパーのような全国チェーンではなく、地域でのチェーン展開をおこなっていった。総合スーパーに比べ売場面積が小さいこともあって進出が容易であった。

さらに、食品販売が中心の地域生協が発展してくるのも、この時期である。その要因として、70年代初頭の「狂乱物価」と食品公害裁判の影響が大きかった。森永ヒ素ミルク裁判、水俣病裁判、カネミ油症裁判など食品公害裁判の判決が出され、食品の安全性への消費者の関心が高まった。そして、大学紛

争で大学内での営業ができなくなった大学生協の職員たちは地域に出ていった。また、京都生協が開発した共同購入方式（組合員が班をつくり、班ごとに注文・配達・受取りをおこなう方式）によって、それまでの家庭係方式を転換することで効率があがり、地域生協は急速な発展を遂げることになる。

スーパーの生鮮食料品部門の強化と食料品小売店の衰退

　総合スーパーは、1970年代後半以降、それまで弱点であった生鮮食料品部門でも次第に力をつけてくる。農水省は食料品の大量流通に対応した大量生産方式を導入してくる。1966年の野菜指定産地制度によって、消費地向けの大量生産を促進した。1971年の卸売市場法の成立で大量流通に対応した中央卸売市場の改革がおこなわれた。この法律によって、卸売市場で大量に仕入れるスーパーなどにたいし、予約相対取引や時間外取引が容認されることになった。また、全農は1968年に首都圏で埼玉・戸田市に、1972年には大阪・摂津市に全農集配センターを開設するなど、大都市周辺のスーパーなど大口需要者に対応する体制を整えていった。

　しかし、70年代半ばまではなお、消費者は生鮮食料品の多くを地域の食料品専門店で購入していた。総務庁（現・総務省）の「全国消費実態調査報告」では1974年の段階では生鮮食料品の購入先（金額割合）として、生鮮野菜63.5％、生鮮肉59.4％、魚介類66.5％が食料品専門店からと回答しており、スーパーからの割合は、それぞれ27.8％、33.8％、26.6％にとどまっていた。

　1980年代に入ると、食品スーパーや地域生協の発展もあって、消費者は生鮮食料品の購入先も食料品専門店からスーパーや地域生協など量販店に移行してくる。同調査では、84年の段階では、生鮮野菜の56.5％、生鮮肉の61.4％、魚介類の54.3％がスーパーと生協からと回答し、地域の小売店から

表14-1　食料品専門店数の推移（1972～2007年）

	1972年	1982年	1991年	2002年	2007年
食 肉 店	39,366	41,371	24,723	17,215	13,682
鮮 魚 店	56,165	53,133	41,204	25,485	19,713
野菜果実店	65,293	58,785	46,700	29,820	23,950
米 穀 店	40,214	42,467	37,098	22,620	16,769

（資料）経済産業省「我が国の商業2009」より。

は、それぞれ38.5％、34.5％、38.9％に低下している。80年代半ばには生鮮食料品の購入先もスーパーや生協などの量販店が中心となってくる。

表14 - 1は、「商業統計」による食肉店、鮮魚店、野菜・果実店、米穀店数の推移を示している。1982年から2007年の間に食肉店数は66.9％、鮮魚店62.9％、野菜・果実店59.3％、米穀店60.5％と大幅に減少した。このような大幅な減少には量販店の影響も大きかったが、鮮魚店であれば、1996年に発生したO-157食中毒事件、米穀店であれば94年食糧法によるコメ販売の自由化の影響も大きかった。

「規制緩和」による競争戦の激化

このように、地域の食料専門店が減少したため、消費者は食料品の購入先として、いっそう総合スーパー、食品スーパー、地域生協などの量販店に依存せざるをえなくなってきている。また、卸売市場などでもスーパーの影響力が次第に大きくなっている。スーパーと卸売市場の卸売業者との取引でも「週値決め、前日発注」という形態が一般化し、取引価格がスーパーの広告ビラにあわせ1週間前に決められ、発注数量は前日となり、発注当日に値段が上がっていても取引価格を変更できない、あるいはスーパーの特売にあわせて値引きを強要されるなどの問題もおこっている。

90年代に入ると、不況がスーパー業界にも大きな影響を与え、業界間での低価格競争がいっそう激しくなった。また、スーパー業界からも「規制緩和」の声が強まり、「大店法」が改正され、スーパーの出店規制が大幅に緩和された。全国各地に大型ショッピングセンターがつくられ、競争戦はいっそう激化した。このため、卸売業者はスーパーなどからの要求で、これまで以上に値引きを強要されることになる。また、規制緩和のひとつとしてコメの販売自由化が叫ばれ、1994年に「食管法」が廃止され「食糧法」が成立した。これによってスーパーによるコメ販売は一挙にすすみ、スーパーのコメ販売量は大幅に増加した。コメ販売部門でもスーパーが中心となり、他方で、コメの専門小売店は廃業を余儀なくされる。

90年代に急速に店舗を拡大していった大手コンビニエンス・ストアも、食料品流通に大きな影響を与えてきている。大手スーパー系のコンビニは、1974

年にセブン・イレブン1号店が東京・江東区に開店し、1981年にはセブン・イレブンだけでも1300店を超え、2003年には1万店を超え、2010年には13,000店を超えるまでに発展している。他方、関西ではダイエー系のローソンが1975年に1号店が開店し、関西中心に店舗展開をおこない、2003年には全国で7800以上の店舗数までに拡大し、2010年には約1万店にまで拡大してきた。90年代にコンビニは急速に店舗数を増大させ、90年代初頭には全国で2万店ほどであった店舗数は、現在では4万店を超えるにいたっている。

コンビニの店舗数の増大と同時に、コンビニで販売されている食品の構成も大きく変化してきた。コンビニは当初は食料品として即席カップめんなどの加工食品が販売の主力であったが、90年代後半からは次第に弁当やおにぎりなどのファースト・フード部門が販売の主力となってきている。なお、コンビニの弁当など供給するのはベンダーとよばれる惣菜や弁当を製造する会社で、セブン・イレブンの場合、「わらべや日洋」や「フジフーズ」などの中食業者である。

(3) 外食・中食産業の発展と食料品流通

ファミリーレストラン、ファースト・フードの発展

近年の日本の食料品の流通を大きく変えてきた巨人として、外食・中食産業がある。第1章でふれたように、現在の日本の食生活に外食・中食は欠かせない存在となっている。まず、日本における外食・中食産業の発展について簡単にみておこう。

外食チェーン経営の業態には、大きく分けてファミリーレストランとファースト・フードに分けられる。ファミリーレストランの多くは郊外に立地しメニューも多様であるのにたいし、ファースト・フードは商店街に立地し、基本的には主力はハンバーガー、フライドチキン、牛丼などの単品メニューが中心である。

現在の大手のファミリーレストランの出発点は、70年代初頭に1号店を開店している。1970年に東京・府中市に1号店を開店したのはスカイラークである。さらに、1971年にはロイヤルホスト、1974年にデニーズの1号店が開店し、これでファミリーレストラン御三家がそろうこととなった。他方、

ファースト・フードでは 1970 年にケンタッキー・フライド・チキン、1971年に日本マクドナルド 1 号店が東京銀座に開店している。吉野家の創業は1899 年と旧いが現在のような牛丼のチェーン店の 1 号店は 1973 年に神奈川県小田原市に開店した。

また、中食の代表である持ち帰り弁当の「ほっかほっか亭」1 号店は 1976年に埼玉県草加市で 1 号店を開店した。その後も、持ち帰り弁当のチェーン化をすすめ急速に売り上げを伸ばした。

これらの外食・中食産業は、昔からある、うどん、そば、すし店とちがって最初から多店舗展開をめざしていた。そして、これらのチェーン経営では原則としてどの店でも同じ料理、同じ味、統一メニュー、同一価格、同一のサービスが提供されることが重要であった。そのために外食チェーン経営は、セントラルキッチンで調理加工されたものや冷凍調理食品が各店舗に配送され、店舗ではそれを加熱したり盛り付けたりして客に出す。各店舗には、特別の料理人はほとんどいないでマニュアルにそって処理する。店長とパート店員がおれば回ることになっている。

外食産業と食材調達

表 14-2 は、2011 年度の外食・中食企業の売上高上位 10 社である。業態

表14-2 外食産業の主要企業売上高ランキング (2011年)

社　　　名	業　　　態	売上高 (100万円)	店舗数
1. 日本マクドナルド	ファースト・フード	535,088	3,298
2. すかいらーく（ガスト、バーミヤン、夢庵、クラッチェガーデンス）	多業態	245,419	2,266
3. 日清医療食品	集団給食	176,800	4,639
4. ゼンショー（すき家）	ファースト・フード	162,053	1,783
5. プレナス（ほっともっと、やよい軒）	持ち帰り弁当	161,061	2,758
6. モンテローザ（白木屋、魚民、笑笑）	居酒屋	147,525	1,890
7. 日本ケンタッキー・フライド・チキン	ファースト・フード	139,982	1,529
8. ダスキン（ミスタードーナッツ）	ファースト・フード	114,723	1,377
9. エームサービス	集団給食	101,400	1,324
10. モスフードサービス（モスバーガー）	ファースト・フード	100,000	1,411

(資料) (財)食の安全・安心財団『外食産業資料集 2012 年度版』より。

としては、ファーストフード、ファミリーレストラン、居酒屋、持ち帰り弁当、集団給食などがある。この表には出ていないが、日本最大の中食産業はセブン・イレブンのファースト・フード部門（弁当、おにぎり、おでんなど）である。同社によれば、おにぎりだけで年間16億個売り上げがあると言っている。同社の2012年度売上高は約3.5兆円であるが、その約3割がファースト・フード部門である。

　外食・中食産業はコストダウンのためできるだけ安い食材を使用する。国産の食材は高いため、中国産などの安い食材を利用する。外食産業も店によって産地を明示するところもあるが少数である。野菜なども安い外国産の冷凍加工済みのものを使えばコストダウンにつながる。コンビニ弁当、持ち帰り弁当なども多様なおかずが入っているため産地表示の必要はない。今後、外食店や弁当の食材などについても小売業と同様に産地を明示していく必要があろう。

第14章　参考文献

岸康彦『食と農の戦後史』（日本経済新聞社、1996年）
大塚茂「冷凍食品の生産拠点のアジア展開」（大塚茂・松原豊彦編『現代の食とアグリビジネス』有斐閣選書、2004年所収）
橋爪浩史「規制緩和下の小売業再編と農産物市場」（滝澤昭義・細川允史『流通再編と食料・農産物市場』筑波書房、2000年）
木立真直「食品の流通機構」（日本農業市場学会編『食料・農産物の流通と市場Ⅱ』筑波書房、2008年所収）
美土路知行「中・外食産業と農産物市場」（滝澤昭義・細川允史『流通再編と食料・農産物市場』筑波書房、2000年）

食の安全性と食品企業のモラル

　近年、食の安全性をめぐる事件が相次いでいる。これらの事件を整理すると、①輸入食品の安全性をめぐる事件、②安全性を軽視した食品中毒事件、③食品関連企業による食品の偽装表示、④福島原発事故にともなう食品の放射能汚染などに分類される。

　輸入食品の安全性をめぐる事件は、2002年3月に発見された中国産冷凍ホウレンソウから基準値を超えるクロルピリホス（シロアリ駆除剤）が発見され中国からの輸入が自主規制された。近年では2007年末に中国産冷凍ギョウザを食べた千葉と兵庫で10人が中毒症状を訴え、冷凍ギョウザから殺虫剤メタミドホスが検出された。

　輸入食品だけでなく国内の食品加工会社の食品の安全管理の不十分さによって食中毒事件も起こっている。2000年6月には「雪印乳業」大阪工場で大量の食中毒が発生し、1万3千人ほどの被害者をだした。2011年4月にはユッケによる腸管出血性大腸菌による集団食中毒が発生、5人が死亡、24人が重傷となった。2013年末にはマルハニチロの子会社のアクリフーズ群馬工場の冷凍食品から高濃度の農薬マラチオンが検出され回収される事件がおこった。

　食品偽装問題では、2002年1月に「雪印食品」が輸入肉を国産と偽装して補助金を受け取っていたことが発覚、その後も「日本ハム」「ハンナン」も同じ手口で補助金を受け取っていたことが明らかになった。輸入食材を国産として販売する食品偽装はそれ以外にも、2002年3月「全農チキンフーズ」が輸入鶏肉を国産として販売していたことが発覚した。また、輸入ウナギを国産として、輸入タケノコを国産として販売するなどの事件はしばしば発覚している。さらに外食産業でも食材の偽装が発覚している。

　2011年3月11日以降は食品の安全性について新しい放射能汚染という問題をおこした。福島第1発電所から大量に放出された放射能は福島県だけでなく近隣の諸県にも及んでおりコメ、野菜、果物、魚介類などへの影響が心配されている。放射能汚染は低濃度であっても人体への影響が心配され安全基準は基本的にないと考えられチェックすることが重要である。

第15章　日本の食糧確保とコメ政策を考える

　コメは日本人にとって主食であり、食事＝「ごはん」と言われるように特別な商品であった。このため日本の農業政策の中心に据えられてきた。また、コメの流通も長らく「食糧管理法」で国家一元管理のもとに置かれ、特別の食品として扱われてきた。

　しかし、近年コメの消費が減少し、コメを特別な商品として扱うべきか議論が分かれることになってきている。この章では、戦後ながらく続いてきた「食管制度」のもとでのコメ流通の変化と、1994年に成立した「食糧法」のもとでのコメ流通の変化についてみていく。

（1）コメの生産と消費の動向

コメ消費の減少と「炊飯」の外部化

　戦前、コメは「1人1石」（160kg）と言われるほど日本人の摂取カロリーの圧倒的部分を占めていた。戦後も1960年代までは日本的食生活の中心にあり、1965年では日本人の摂取するカロリーの44.3％がコメによるものであった。しかし、60年代以降の食生活の変化とともにコメの消費量は大きく減少していった。農水省の「食料需給表」によれば、コメの1人当たり1年間の消費量は1960年に114.9kgであったのが1980年78.9kg、2000年64.6kg、2010年には59.5kgにまで低下した。2007年には日本人の摂取するカロリーのうちコメの占める割合は23.4％にまで低下した。しかし、コメの消費量が

[第15章のキーワード]　「1人1石」／「炊飯」の外部化／食管制度／国家一元管理／許可制／二重米価制／稲作機械化一貫体系／生産費所得補償方式／減反政策／ヤミコメ／自主流通米／食糧法の成立／登録制／「経営所得安定対策」／戸別所得補償

減少したとはいえ、現在でも日本人の食生活にとってコメは不可欠な食品であることに変わりはない。1993年に東北地方の冷夏でコメが大不作の時、多くの日本人がコメを求めてスーパーの前に長蛇の列を作ったように、コメは日本人に食事に欠かせない食品である。また、米国などに較べ日本の食生活のバランスが良いのは日本人がコメを食べているからである。

近年の日本のコメ消費のもうひとつの特徴は、これまでの日本ではコメは家庭で炊飯して食べるものであったが、近年はコメの家庭内での消費量は50％を割っている。表15-1に示されているように、1970年に家庭内消費の割合は67.6％であったが、2010年には45.2％にまで低下している。コメの家庭内での炊飯が減少し、コンビニ弁当やおにぎり、持ち帰り弁当、冷凍チャーハン、無菌パックの加工飯米などでのコメの消費が増大している。表15-2は加工米飯生産量の推移を示しているが、無菌包装米飯などの生産は増加傾向にある。外食・中食産業の発展によって、炊飯の外部化が進んできている。

表15-1 コメの家庭内消費、加工・外食等の消費別の消費量の推移

(単位：kg、カッコ内％)

	1970年	1990年	2000年	2010年
1人1年当たり純食料	95.1	70.0	64.6	59.5
家庭内消費	64.3	35.4	30.8	26.9
加工・外食等 (加工・外食の割合)	30.8 (32.4)	34.6 (49.4)	33.8 (52.3)	32.6 (54.8)

(資料) 米穀安定供給確保支援機構「米穀機構米ネット」より。

表15-2 加工米飯生産量の推移

(単位：万トン)

	1998年	2003年	2008年	2012年
レトルト米飯	1.5	1.9	1.9	2.5
無菌包装米飯	3.5	7.9	9.8	11.7
冷凍米飯	14.6	13.5	13.2	13.5
チルド米飯	0.5	0.7	0.4	0.4
缶詰米飯	0.2	0.2	0.1	0.1
乾燥米飯	0.4	0.6	0.4	0.7
合計	20.8	24.9	25.9	28.2

(資料) 米穀安定供給確保支援機構「米穀機構米ネット」より。

コメの生産の動向

　日本の農業政策は、1960年代後半のコメの自給を達成するまで、コメの増産が政策の中心に置かれてきた。戦前はコメが自給できなかったため植民地であった朝鮮や台湾から移入していた。戦後もしばらくはコメの輸入が続いたが、1950年代の食糧増産政策によって次第に自給率を高めていった。日本でのコメ生産のピークは1967年の1,426万トンで、それ以降は減少してきており、近年は900万トンを下回り、戦前の1927年水準以下にまで低下している（表15-3）。しかし、10アール当たり収量が増え続けたため、コメの消費量の減少とあいまって、いっそうコメの作付面積を削減せざるをえなくなった。日本のコメの作付面積のピークは1969年で317万ヘクタールであったが、その後の減反政策で、2012年には158万ヘクタールにまで減少し、40年ほどで水稲の作付面積は半減してきた。

　コメの反当り収量の増加に見られるように、近年コメの生産技術の向上、機械化の進展によって労働生産性の向上も著しく進んできた。1950年代後半には「保温折衷苗代」の開発と普及によって東北や北陸の寒冷地でのコメ生産が飛躍的に伸びた。また、品種改良も進み、1970年代以降、コシヒカリなどおいしいコメが生産されるようになった。また、コメ生産の機械化も著しいものがあった。稲作の機械化は1950年代後半の耕耘機の開発に始まり、1970年代前半には最も機械化が困難であった田植機も開発・普及し、稲作機械化一貫体系が確立された。耕起→代掻き→田植え→除草→稲刈り→脱穀→乾燥のそれぞれの部門が機械化された。これによって10アール当たりコメの総労働時間は、1960年には173時間かかっていたが1980年には64時間に短縮さ

表15-3　コメの作付け面積、収穫量、反収の推移

	作付面積（万ha）	収穫量（万トン）	10a当たり収量（kg）
1927年	301.3	908.3	301
1967年	314.9	1,425.7	453
1990年	205.5	1,046.3	509
2000年	176.3	947.2	537
2012年	157.9	851.9	540

（資料）農水省「作物統計」より。

れ、2011 年には全国平均で 26.1 時間にまで短縮されてきた。

（2）「食管制度」のもとでの米価政策とコメ流通

戦後の食管制度、米価政策、コメの減反

　戦後のコメの流通は 1994 年まで続いた「食糧管理法」（以下「食管法」）下での流通と、その後の「食糧法」下での流通に大きく分かれる。まず、戦後の「食管法」のもとでのコメ流通から見ておこう。

　「食管法」は、戦時中の 1942 年に成立した。戦時体制を確立するために主要穀物（米麦）の流通が国家の一元管理のもとに置かれた。政府が穀物の全量買い入れ、配給業務と保管業務は国営の「食糧営団」がおこなうことになった。戦後も「コメは日本人にとって特別な作物」として戦時中のこの法律が存続された。「食管法」は 1950 年代前半までは強権的性格が強かった。しかし、後半になると食糧難が徐々に解消されコメの流通も「食糧配給公団」から民間業者に委託されることになる。ただし、これは委託であったのでコメの卸・小売業者は都道府県知事の許可制であり、政府が業者数を決定し、その枠での登録ということになった。また、コメの卸売業者への売却価格も品目ごとに政府が決定し、卸売業者のマージンは一定に決められた。戦後しばらくの間はコメの卸・小売業者は手数料商人としての性格を強く持つものであった。

　コメの価格についても長らく政府が決定してきた。1952 年の「食管法」の一部改正で、コメ価格について生産者米価と消費者米価の「二重米価制」が採用された。生産者米価はコメの再生産の確保、消費者米価は家計の安定を図るため所得の伸びの範囲内に抑えるという建前で決定されることになった。毎年、夏前に政府が米価審議会を開催し、そこで決定された。生産者米価は農水族や農協の圧力によって引き上げられることもあったので「政治米価」とも言われた。

　1960 年には生産者米価の決定方式が「生産費所得補償方式」に変更され、コメの生産費のうちの労働費を都市の労働者の賃金との比較で決定されることになった。この方式の採用によって、高度成長期の都市の労働者の賃金の急上昇（物価も急上昇したが）に対応して生産者米価は急上昇することになった。

生産者米価は 1961 年から 68 年にかけて年平均で 9.6％も上昇した。このため、コメ生産による収入は他の作物と比較して有利に補償されることになった。このこともあって、従来コメをあまり生産していなかった北海道や青森でもコメ生産が拡大された。さらに化学肥料や農薬の普及で単位当たり収量（反収）も伸びたため 1967 年には史上最高の 1400 万トンを超える方策を記録した。そして、この年に有史以来、初めてコメの自給を達成した。しかし、これは同時にコメの「過剰」問題の出発点でもあり、1969 年から減反政策が実施されることになった。

　減反政策は当初、地域や農家の自主性を認めず強制的に実施されたため農民の反発も大きかった。また、「汗して働かなくてもお金がもらえる」ということでコメ作りに熱心だった農家の精神的ショックは大きく、生産意欲が減退することにもなった。1978 年からは減反目標の未達成な地域にたいしてペナルティ方式が採用され、未達成な地域は翌年に積み増しというやり方で集落単位での共同規制が強化された。減反政策は単年度主義で実施され、コメに代わる転作作物の保護もほとんどなく、日本農業についての総合的・長期的な計画性に欠けていた。

自主流通米の普及と「食管制度」の形骸化

　1960 年代後半には、生産者米価が上昇する一方で消費者米価が抑えられたため「食管赤字」問題が議論されることになる。生産者米価が消費者米価を上回る、いわゆる「逆ザヤ」が発生し、これを財政資金で穴埋めする方式の転換が求められた。そこで登場してきたのが「自主流通米制度」である。自主流通米制度は、これまで「食管制度」の原則である農家保有米を除く全量のコメを政府が買い入れるという原則を破り、農協に集荷されたコメの一部を政府に売り渡さないで直接、コメの卸売業者に売却するものであった。そして、これを実施するために政府のコメの買い入れ数量を制限した。また、1972 年には「標準価格米制度」が実施され、コメの物価統制令の適用の廃止、コメの小売店の店頭に標準価格米（政府米）の常設義務を決め標準価格米の価格が指導価格としての役割を果たせようとした。自主流通米制度の導入でコメ流通の自由化はすすんだが、コメの流通計画は政府が決定、コメ流通業者の農水大臣や都

道府県知事の許可制、自主流通米の銘柄指定（ササニシキ、コシヒカリなど）など、なお政府がコメの流通全体を管理しようとしていた。

　自主流通米制度の導入によって、コメの流通は政府米と自主流通米の２つのルートで販売されるようになるが、政府米はおいしくないとして次第に不人気になり、自主流通米の流通比率が増大してくる。表15-4に示されているように自主流通米の比率は1975年には26％であったが、1990年には64％を占めることになる。

　1990年代初頭頃になると、政府が決めている「計画流通米」（政府米と自主流通米）以外のコメの流通量が次第に増加してくる。いわゆるヤミ米の流通である。コメ生産者が都市の消費者と直接に取引する「産直」などによって、これが増大してくる。そして、ヤミ米はコメ全体の流通の30％近くを占めることになり、各地でトラブルを起こすことになる。ヤミ米の流通は「食管法」違反であるが、生産者や流通業者の中には公然と「食管法」を批判する者もでてきた。

　また、財界や政府も規制緩和の対象としてコメの流通の問題を取り上げるようになり、農水省も「食管法」の形骸化をいっそうすすめることになる。1988年の「米流通改善大綱」では、コメの卸売業者の許可要件を変更し、年間販売精米４千万トン以上とし、小規模な卸売業者を排除すると同時に、従来の営業範囲が同一都道府県内に限られていたのをブロック内の隣接都道府県に拡大した。また、卸売業者が大型需要者である外食産業などへの直接の販売も認められ、外食・中食のコメの仕入れをめぐってコメ大手小売業者との競合が激化した。

表15-4　計画流通米に占める自主流通米の割合の推移

（単位：万トン、％）

	政府米	自主流通米	予約限度超過米	合計	自主流通米の比率（％）
1970年	631	35	0	666	5
1975年	518	174	0	692	25
1980年	432	210	14	656	32
1985年	347	288	31	666	43
1990年	189	413		602	64

（資料）『農業白書附属統計表平成２年度』、86ページ。

コメの小売業者も登録外の卸売業者からの仕入れが可能となると同時に、営業範囲が隣接市町村から都道府県一円に拡大され、小売業者間の競争も激化した。

（3）コメの部分自由化と食糧法の成立

食糧法の成立とコメ流通の変化

1994年12月に「主要食糧の需給及び価格の安定に関する法律」（食糧法）が成立し、戦後長く続いてきた「食管法」は廃止されることになる。これは、経団連の「農業・食品産業の規制緩和」に見られるように当時の規制緩和の大合唱の反映と同時に、他方で94年にウルグアイ・ラウンド（UR）が協定調印されたことの影響もあった。以前のガット規定ではコメは「国家貿易品目」であり、減反政策を実施していたため農産物貿易の「例外規定」に当てはまっていたため「食管法」が、コメの自由化を阻止する役割を果たしていた。しかし、URで、これが変更されたため国際的にみても「食管法」を維持する必要がなくなったためである。

新しくできた「食糧法」では、コメの集荷業者、卸売業者、小売業者が、それまでは農水省や都道府県知事の許可制であったのが登録制に変更された（表15-5）。資格要件を満たしておれば、どんな業者でも参入が可能になった。そして、

表15-5 コメの小売業に関しての新旧比較

	食管法（最終）	食糧法
業態規制	都道府県知事の許可制	都道府県知事の登録制
業者・店舗の別	店舗ごとに許可	販売所を一括して登録
店舗許可（登録）の区域	市町村、配達は都道府県の区域	登録を受けた都道府県において、変更登録を受ければ販売所の新設は自由。また配達については区域を限定しない。
買受先	買受登録に係る、又は買受ける旨の届出を出している卸売業者	登録卸売業者、登録小売業者、登録出荷取扱業者
新規参入の取り扱い	人口基準による新規参入、定数制の実施	登録要件を充足すればよい

（資料）食糧庁監修『食糧関係主要法規集』（1995年）。

資格要件も大幅に緩和され卸・小売業者は経験がなくて登録できるようになった。

コメの集荷業者である農協は、それまでは農家からの委託集荷しか出来なかったが買取集荷が認められ、農協は川下への直接の販売が拡大されることになった。卸売業者も、登録要件としての年間販売見込み数量4千精米トン以上という要件は残ったが、営業範囲はそれまでの地域ブロックから全国に拡大された。小売業も、それまでは店舗ごとに許可を必要としたが、これが必要なくなりスーパーの本部が登録すれば全国で販売できるようになった。

また、それまでは自由米（ヤミ米）は違法であったが、これを「計画外流通米」として認められた。自由米は食糧事務所に届ければ価格や取引方法について何らの制約もなくなった。コメの価格形成についても、1990年に自主流通米価格形成機構が形成され、コメの入札取引がおこなわれていたが、食糧法は「自主流通米価格形成センター」として正式に位置づけられることになった。

食糧法下でのコメの卸・小売業の再編

食糧法によってコメ流通への参入が大幅に緩和された結果、コメの卸・小売業が激増し、コメ流通は大きく変化した。とくに小売業は大きく変化することとなった。コメの小売業にはスーパーだけでなくディスカウントストア、ホームセンター、酒販店など、それまでコメの販売と無関係であった業者もいっせいに参入し、また、スーパーや生協も本部一括登録が可能となったので販売店数は激増した。表15-6に示されているように、1994年にコメの小売店舗数は90,752店であったが、96年には175,609店に増加し、98年には188,387店にまで増加し、4年間で2倍以上に増加した。消費者のコメの消費が減少する中でコメ販売の激しい競争戦を繰り広げられた。その結果、この争いに敗れた小規模な米穀専門店が次々と営業を止め、店舗数は1999年から減少に転じ、2003年には145,253店にま

表15-6　コメの卸売業者数と小売店舗数

（各年6月時点）

	卸売業者数	小売店舗数
1992年	278	92,499
1994年	277	90,752
1996年	339	175,609
1998年	359	188,387
2000年	391	158,420
2002年	377	139,410
2003年	361	145,253

（資料）農水省「販売業の登録状況について」各年度版より。

で減少した。この争いで勝利したのはスーパーであった。

コメの卸売業者は、販売数量要件が（年間精米販売見込み4千トン）必要であったので小売業ほどは増えなかったが、1994年6月277業者から2000年6月には391業者に増加した。しかし、その後は減少し2003年6月には364業者となっている。卸売業者の場合は新規参入による競争の激化もあったが、営業範囲の全国化による卸業者間の競争が激しく、中堅の卸売業者は苦しい立場に立たされることとなった。

この流通再編の結果、消費者のコメの購入先としてスーパーが増加し、米穀専門店からの購入は激減した。農水省の「食糧モニター調査」「食料品消費モニター調査」によれば、表15-7に示されているように1996年のコメの購入先として、スーパーが1位で24％、米穀専門店23％、生協15％、親兄弟から無償でもらっている15％、農家直販14％であったが、2007年にはスーパーからが37％と大きく増加し、次いで農家直販が17％、親兄弟から14％、生協11％で、米穀専門店からは7％にまで低下している。

（4）コメ政策改革と食糧法の改定

コメの生産調整の変更

コメ政策は、2003年12月の「米政策改革大綱」によって、大きく転換さ

表15-7　コメの購入先の変化

（単位：％）

	1996年	2000年	2004年	2007年
スーパーマーケット	24	28	33	37
農家直売	14	20	21	17
生協	15	12	14	11
米穀販売店	23	12	6	7
農協	7	5	4	3
親兄弟から無償で	15	18	14	14
その他	2	5	8	11
合計	100	100	100	100

（資料）「食糧モニター調査」「食料品消費モニター調査」より。

れることになった。これまでコメの生産調整については、政府が減反面積目標を定め、これを都道府県、市町村を通じて配分してきたが、これを2008年からは農業者・農業団体が中心となって需給調整をおこなうシステムに変更するとした。そして、2004年から07年まで4年間を移行期間として生産調整の配分は引き続き行政と農業団体の両ルートでおこなうが、配分はこれまでの生産調整面積から生産数量に転換した。ただし、農家だけには生産数量とともに作付面積も配分し、確認は面積でおこなうとした。豊作による過剰米対策としては「集荷円滑化対策」を創設し、主食用と区分して安価に出荷した過剰米にたいして短期融資を実施するなどの支援をおこなうとした。

　農業の助成方式も全国一律の方式から転換し、地域自らの発想、戦略で作成した計画に基づく取り組みに応えられる助成方式に転換するとした。「産地づくり対策」の助成金は国が一定の基準によって交付額を算定、一括して都道府県に助成をおこない、都道府県から地域に助成金を交付する方式に変更した。このために、地域ごとに設置される「地域水田農業推進協議会」(市町村、農協、農業委員会、大規模農業者、消費者団体等が参加)で「水田農業ビジョン」を策定することになった。

　2007年4月にはＷＴＯ農業交渉に対応するために「品目横断的経営安定対策」(08年「水田畑作経営所得安定対策」に名称変更)がだされ、これまでの品目別施策でなく担い手の経営に施策を集中化・重点化が行われることになった。これまでのばら撒き的な農業補助金をプロの農業経営者に集中させる方向を明確にした。施策の対象者は、認定農業者では北海道10ha、都府県4ha、集落営農では20ha以上など大規模農家に限定された。(ただし、農業生産の地域的事情を踏まえ、それ以下の認定農業者でも施策の対象となる「市町村特認制度」も設けられた。)これによって2010年までには、これらの大規模農家に生産の6割を集中させることを目指した。

　「経営所得安定対策」は、「外国との生産条件の格差から生じる不利を補正するための直接支払い」(「ゲタ」)と「収入減少による影響を緩和するための対策」(「ナラシ」)の2つが施策の中心であったが、コメの場合、前者は輸入がほとんどなかったため対象外となり、後者だけが施策の対象となった。この対策は、当年産の販売収入が標準収入を下回った場合、減収額の9割補填する

制度であった。ただし、対策加入者はあらかじめ一定額の積立金を拠出する必要があった。

「戸別所得補償」の導入とコメ政策

2009年に自公政権から民主党へ政権交代がおこり、2010年から「戸別所得補償」制度が導入された。前政権の「経営所得安定対策」と異なり、全農家が支給の対象となり、米政策としてはコメ所得補償金として10アール当たり一律1万5千円が支払われた。この交付金は、（標準的な生産費－標準的な販売価格 = 13,700円／60 kg － 12,000円／60 kg）を基準として計算されたが、混乱を避けるため一律10アール当たり1万5000円となった。

主食用以外の加工用米に10アール当たり2万円、米粉米、飼料用米にも10アール当たり8万円が支給されることになった。

所得補償交付金以外にも米価が下落した際に「米価変動補填交付金」が、支払われる。支払額は過去5年の中庸3年の全国平均の「標準的な販売価格」との差額が支払われる。しかし、基準となる「標準的な販売価格」が近年、下落傾向にあり、この政策では、コメの下落に対する価格支持機能の発揮は期待できない。

2018年にコメ減反の廃止

安倍政権は2013年11月に農政改革を発表した。その内容は、①5年後の2018年をめどにコメの減反を廃止する、②10アール当たり年間1万5千円の「直接支払交付金」を2014年産米から半分以下に減らし、18年度には廃止する、③コメの販売価格が基準を下回る場合に配る補助金も14年度から廃止する、④主食米から飼料用米への転作を促す制度を14年度から開始し、従来10アール当たり8万円の補助額を10万5000円まで引き上げるなどであった。

この政策によって小規模の稲作農家の経営をいっそう困難になり、脱農化をすすめ大規模農家に農地を集中することとなろう。飼料用米への補助金を増やすこと自体は悪くはないが、日本の畜産農家の現状を考えると飼料用米への需要が今後拡大するかどうか疑問である。

（5）コメ流通の自由化とコメ流通の現状

改定食糧法によるコメ流通の自由化

2003年6月に「食糧法」の改定がおこなわれた。この改定で、これまでの計画流通制度が廃止され、「計画流通米」と「計画外流通米」の区別がなくなり、すべてが「民間流通米」となった。備蓄米としての「政府米」は残された。このため、政府は「米穀の需給及び価格の安定に関する基本計画」を策定する必要がなくなり、年に3回米穀の客観的需給状況を提供するだけでよいことになった。また、登録業者制度もなくなり、届出制に変更され、自主流通米価格形成センターは、米穀価格形成センターに名称が変更された。

これらの改革によって、これまで主食としてコメを特別扱いしてきたが、今後はコメも一般商品として扱い、コメに関する政府の責任は最小限にとどめ、基本的には市場に任せるという方向がいっそう明確になった。

図15-1 コメの流通経路

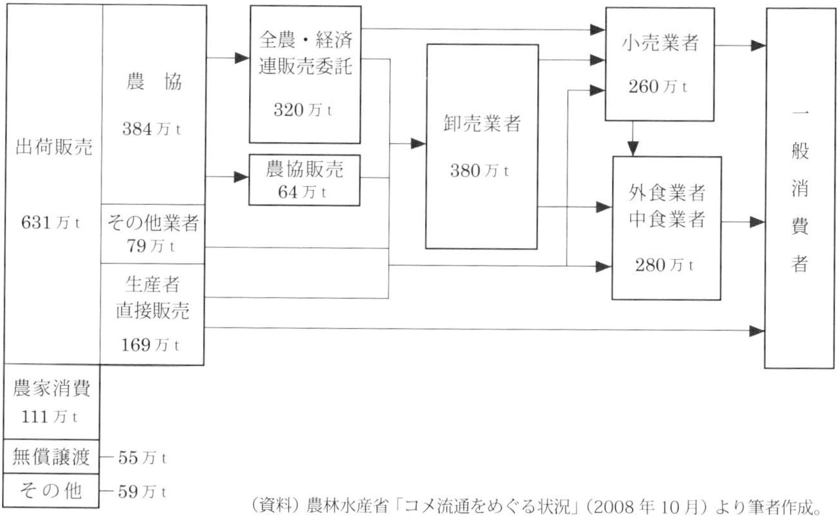

（資料）農林水産省「コメ流通をめぐる状況」（2008年10月）より筆者作成。

現在のコメ流通の現状は図15-1のようになっている。この図は2006年度産のものであるが、この年のコメの生産量は855万トンであるが、うち出荷・販売されたのは74％の631万トンで、残りは農家の自家消費と親族等への無償譲渡などである。出荷販売先は農協が386万トンで全体の61％、生産者の直販が169万トンで27％を占めている。農協に集荷されたコメのうち83％が全農・経済連等への委託販売、残り17％が農協の直販となっている。

　農協は集荷したコメの大半をコメの卸売業者に販売し、卸売会社はスーパーなどの小売業者に55％の210万トン、外食・外食業者に42％の160万トンを販売する。消費者が最終的にコメをどのように消費するかは、表1にあるように55％が加工・外食用、45％が家庭内消費される。コメの購入先は表6にあるようにスーパーや生協など量販店から48％、農家直販17％、親兄弟からの無償が14％などとなっている。

第15章　参考文献

祖田修『コメを考える』（岩波新書、1989年）

冬木勝仁『グローバリゼーション下のコメ・ビジネス』（日本経済評論社、2003年）

岩崎邦彦「米の流通システム」（藤島廣二・安部新一・宮部和幸・岩崎邦彦『新版 食料・農産物流通論』筑波書房、2012年所収）

田代洋一『反ＴＰＰの農業再建論』（筑波書房、2011年）

生源寺眞一『日本農業の真実』（ちくま新書、2011年）

世界のコメ

　コメは、世界の人口の半分以上が主食としている食べ物である。コメの栄養価は高く、精白米100g当たり炭水化物77.1g、水分15.5g、タンパク質6.1g、脂質0.9g、その他0.4gとなっており、炭水化物が主な栄養分であるが、タンパク質など他の栄養素もかなり含んでいる。

　また、水稲は小麦やトウモロコシなどの畑作物と違って連作が可能であり、人口扶養能力が高い作物である。コメは、アジアの気候に適しているため主としてアジアを中心に栽培されているが、米国、南米、アフリカなどでも栽培されている。FAO統計で12年の世界のコメ生産量（モミ換算）は7億3819万トンで国別では中国が27.7％で1位、ついでインド21.4％と両国で49.1％を占めている。日本は10位で1.4％、米国は13位で1.2％である。

　米国のコメは、18世紀末ごろからヨーロッパ輸出向けに南部のプランテーション経営で開始され歴史は古いが、米国の農産物販売額の比較でみると、コメの販売額はトウモロコシの4％、大豆の7％、小麦の18％程度にしかすぎない。生産地域も、南部のアーカンソー州、ルイジアナ州、ミズリー州、西部のカリフォルニア州などの一部で生産されるだけである。しかも米国のコメは、長粒種が全体の4分の3を占めており、日本で食べられている短粒種はカリフォルニア州などの一部で生産されているだけである。そして、米国のコメ生産の特徴は輸出向けの割合が高く、生産量の半数近くが輸出向けである。

　アフリカのコメは、栄養不足を解消するための「希望のコメ」として期待されている。アフリカの新しいコメは「ネリカ米」(New Rice for Africa) と呼ばれている。このコメは、アフリカに昔からあった乾燥や病気に強いコメとアジアの収穫量の多いコメをかけあわせてできたもので、単位面積当たり収穫量は在来種の1.5〜3倍、雑草にも強く、在来種より早く育ち、高タンパク質であることが特徴である。現在は、西アフリカを中心に栽培されている。問題は、アフリカのコメは水稲ではなく陸稲が中心で畑作なので、連作が困難なことである。日本のコメに関する技術は世界的に高いので、いっそうの技術協力が必要である。

第 16 章　卸売市場はどうなっているか？

　本章では、農畜産物流通における卸売市場制度の機能と役割について考えることにしたい。第1に、卸売市場とは何かを考える。第2に、卸売市場制度はどのようにして成立したのかを考察する。第3に、卸売市場制度改革の第1弾として、1971年卸売市場法制定の意義と役割についてみてみる。第4に、卸売市場制度改革の第2弾として、1999年卸売市場法改定の意義について考える。第5に、卸売市場制度改革の第3弾として、2004年卸売市場法の改定について考察することにする。

（1）卸売市場制度の意義と役割

中央卸売市場の開設
　日本における生鮮農産物の大半は卸売市場流通となっている。1923年の中央卸売市場法制定以来、大都市消費地の中央卸売市場は生鮮農産物の集配機関として、重要な役割を果たしてきている。卸売市場制度とは、零細で多数の生産者と消費者を合理的に結びつけるための流通システムである。

（2）卸売市場制度改革の背景

大量流通路線の展開と卸売市場制度改革
　高度経済成長期において青果物流通は大量生産・大量流通の流通構造を形成

[**第16章のキーワード**]　　中央卸売市場／地方卸売市場／中央卸売市場法／卸売市場法／1999年卸売市場法／2004年卸売市場法／生鮮農産物供給機能／大量流通路線／開放経済／効率的・安定的経営体／現物主義、セリ原則／公正な価格形成

してきた。その背景とてしは、大都市圏への人口集中による、膨大な食料需要の集積と都市近郊農業の衰退がある。スプロール的な都市開発のため、都市への生鮮農産物供給機能を担ってきた都市近郊農業の農地は都市的土地利用（工場、住宅、道路、学校等）に転換され、生鮮農産物供給機能を大きく低下させてきた。そして、1960年代後半には野菜価格の高騰に象徴される物価問題が大きな社会問題化し、この解決は喫緊の課題となり、この対処方策として、大量生産・大量消費を円滑に進展させるための大量流通路線が政策的に推進された。この大量流通路線への対応が卸売市場制度改革の課題となった。

輸入農産物の増加と卸売市場制度改革

1960年以降の日本経済の開放経済体制にともなって、農産物の輸入増大と自由化は進展してきた。輸入農産物への対応が卸売市場にも求められている。ここにも、卸売市場制度改革の要因がある。

（3）卸売市場制度改革の展開（1）――1971年卸売市場法の制定

中央卸売市場法から卸売市場法へ

中央卸売市場の想定している、零細で多数の生産者と消費者との流通システムとしての卸売市場の流通環境が、高度経済成長期に大きく変化した。生産段階においては遠隔大産地が形成され、規格化や品質の統一化が図られ、また、消費段階においては巨大スーパーのシェアは増大し、卸売市場における量販店の影響力は大きくなってきた。こうした大量流通路線の進展によって、これまでの卸売市場体系である、中央卸売市場と地方卸売市場の併存的な流通体系を存続させるのではなく、全国的広域流通体系の下で、卸売市場流通体系の再編成を進めるために、1971年に中央卸売市場法を廃止して、卸売市場法が制定され、卸売市場制度改革が進められた。

卸売市場制度改革のねらい

第1は、中央卸売市場、地方卸売市場を通ずる流通の組織化にある。高度経

済成長期における流通環境の変化に即応して、中央卸売市場と地方卸売市場がそれぞれの機能と特性を生かして、適正に配置することにある。その際に、全国的な生鮮食料品流通網の形成をめざして、卸売市場整備の長期計画の策定と、市場行政の整備拡充の必要性が強調されている。全国的な広域流通体系の下に、中央卸売市場と地方卸売市場を統一的法制によって律することを意図しているのである。

　第2は、中央卸売市場機能の活性化のための市場取引原則の拡大である。従来は委託販売・セリ取引原則であったが、流通環境の変化に即応した新たな市場取引の付加が提言されている。また、市場流通における物的流通技術の革新と情報化の促進を図り、効率的な物流体系の整備と高度情報処理技術を活用した、市場取引をめぐる情報ネットワークの構築がめざされている。

　第3は、地方卸売市場に関する統一的な法制の整備である。流通環境の変化に合わせて、地方卸売市場を地域の流通拠点と位置づけて整備するために、地方卸売市場の開設、運営取引原則に関する基本原則の法制化が図られた。

（4）卸売市場制度改革の展開（2）——1999年卸売市場法の改定

流通環境の変化

　流通環境の変化の第1として、日本農業の縮小・後退を指摘できる。1960年以降の農産物輸入自由化の進展は、日本農業を再編してきた。そして、1970年以降は農産物の全般的過剰状況となっている。1980年代後半以降の急激な円高の進行によって、日本農業は縮小再生産過程へと転回を始め、1990年以降は日本農業の絶対的縮小段階に突入している。生鮮農産物においても、輸入物との競争は激化しており、国際価格競争に直面して、産地の生き残り戦略が模索されており、生産価格のコストダウンを図ると同時に、高付加価値化を追求するという、マーケティング戦略が採られている。農業政策の国際化によって、WTO体制下での国際競争力のある農業経営体の構築が政策課題となっている。しかしながら、これが容易でないことは、農林水産省の推進する「効率的・安定的経営体」が目標どおりに進展していないことでも明かである。

第 2 には、農産物輸入自由化の進展によって、日本の食料自給率が大きく低下してきたことである。食料自給率問題は重要な論点の 1 つであり、1999 年制定の「食料・農業・農村基本法」においても大きな争点となった。供給熱量総合自給率についてみれば、1965 年度は 73％であったが、その後の農産物輸入自由化の進展により、1975 年度には 54％まで低下し、その後は漸減傾向を示し、1985 年度では 53％であったが、その後の急速な円高の進行と農産物輸入自由化圧力の高まりによって、1995 年度には 43％までに低下し、1998 年度以降 2004 年度まで連続して 40％で停滞している。ここで、従来は自給が基本であった野菜についてみれば、その自給率は 1985 年度において 95％であったが、1985 年以降の急激な円高の進行によって、野菜輸入は急増し、生鮮野菜を含めた野菜輸入の構造化が進行している。その結果として、野菜の自給率は 2002 年度で 83％まで低下している。野菜輸入の増大によって、卸売市場経由率は低下傾向にあり、1985 年度の卸売市場経由率は 88.9％であったが、2000 年度には 79.2％へと 9.7 ポイントの低下となっている。輸入生鮮農産物の大半は卸売市場以外の流通経路を通じて消費者に届けられており、卸売市場流通のあり方に大きな変更を迫る要因の 1 つとなっている。

1999 年卸売市場法改定の特徴

1980 年代半ば以降の日本経済のグローバル化の進行によって、農産物輸入自由化体制は進展し、増大する輸入農産物の大半は卸売市場以外の流通経路を通じて流通している。小売構造の再編によって、生鮮農産物においてもスーパーのシェアは増大しており、卸売市場取引のあり方そのものについて根底的な見直しが必要であるとの見方が強まってきた。そして、1999 年に卸売市場法は改定され、市場取引委員会の設置、市場取引原則の改定（相対取引の承認、買付集荷・商物分離の緩和）等が規定された。

1999 年卸売市場法改定の特徴として、つぎの 4 点が指摘できる。

第 1 は、卸売市場関係事業者の経営体質の強化を促進することである。卸売市場の安定的存続にとっては、卸売市場経営の悪化は大きな問題であるため、卸売市場経営の健全化が重視され、卸売業者や仲卸業者の合併・統合大型化の促進を図ることが指示されている。

第2は、中央卸売市場における市場取引に関する規定の大幅な変更である。市場運営の原則として、従来の「公正・公平・公開の原則」から、「公正・効率・公開の原則」へと変えられ、卸売市場流通における効率性の追求が求められるようになった。これは、市場経営の悪化という状況に対応して、卸売市場の公共性重視のなかに効率性を導入するものであり、とりわけ経済的効率性を強調するものである。その一貫として、セリ取引原則は見直され、相対取引が取引原則に加えられ、市場取引の規制緩和が促進され、多様な市場取引形態が容認されている。1923年の中央卸売市場法制定以来の「現物主義、セリ原則」の放棄がなされたといえる。

　第3は、中央卸売市場の再編を促進することである。卸売会社間の格差是正のために、卸売会社の連携、統合・合併の促進を図り、卸売市場を再編成し、健全な卸売市場立地を進めるとしている。

　第4は、地方卸売市場に関しては、統合大型化の推進を図る。具体的には、流通圏が広域で、地域流通の拠点と目される地方卸売市場は、公設や第3セクターとしての整備を目標とする。地方卸売市場にあっても、地域流通拠点としての役割を担う地方卸売市場を、政策対象として整備するということであり、そのための統合・合併の推進を図ることをめざしている。

　1999年卸売市場法改定は1971年制定以来の28年ぶりのことであり、流通環境の変化に対応した改変であり、これまでの卸売市場制度のあり方を大きく変える第一歩である。それは、効率性重視の卸売市場運営への変更であり、従来の公共性重視の卸売市場運営に変更を迫るものといえる。

（5）卸売市場制度改革の展開（3）——2004年卸売市場法の改定

「食品流通の効率化等に関する研究会」報告書（2003年4月）

　農林水産省は2000年以来、卸売市場法の本格的な改定作業に着手し、「卸売市場競争力強化総合検討委員会」や「食品流通の効率化等に関する研究会」を設置して、検討を進めてきた。

　2002年6月には「食品流通の効率化等に関する研究会」を設置し、2003

年4月に「食品流通の効率化等に関する研究会」報告書（以下、「報告書」と称する）を発表した。その内容について、検討しておこう。

「報告書」は4つの章で構成されており、「Ⅰ　はじめに」、「Ⅱ　食品流通の現状と効率化等の基本的な考え方」、「Ⅲ　卸売市場流通システムの評価と効率化の考え方」、「Ⅳ　おわりに」からなっている。

「Ⅰ　はじめに」では、本研究会の課題が提起されており、食品流通における「構造改革」の必要性について述べている。今後の卸売市場政策の基本的方向を指している。

「Ⅱ　食品流通の現状と効率化等の基本的な考え方」では、まず、「1　食品流通を巡る状況の変化」を述べている。そこでは、消費者、産地、外食・中食等、食品卸売業、食品小売業の動向を述べて、最後に、卸売市場流通の現状を指摘している。「2　食品流通の効率化等の基本的な考え方」では、①消費者の利益を第一に考えたシステムの構築、②民間の自由な競争環境による食品流通の効率化を促進するための規制緩和の推進を、基本としている。「3　食品流通の効率化等の方向」では、「商取引及び物流の改善」、「加工・調製への対応」、「担い手の活性化」、「食の安全・安心への対応」について述べている。

「Ⅲ　卸売市場流通システムの評価と効率化の考え方」では、「1　卸売市場流通システムの評価」を述べ、「2　卸売市場流通の効率化等の考え方」、「3　卸売市場流通の効率化等の方向」を示している。

「Ⅳ　おわりに」では、食品流通の構造改革を実現するために、「各種制度の見直し等を可及的速やかに進めるとともに、時期を限ってその進捗状況を評価することが求められる」と、述べている。

「報告書」では、食品流通における「構造改革」を進めるために、卸売市場の規制緩和を促進し、民間事業者の経営体質を強化して、グローバル化に対応した、卸売市場制度への転換が意図されている。

「卸売市場制度改正等に関する検討事項（メモ）」（2003年9月1日）

　農林水産省は2003年4月に発表された「食品流通の効率化等に関する研究会」報告書を受けて、2003年9月1日に「卸売市場制度改正等に関する検討事項（メモ）」（以下、「検討事項（メモ）」と称する）を発表した。そこには、

「この報告書を踏まえ、今般、卸売市場制度の今後のあり方等について、広く関係者に議論をいただく検討の素材」であると、述べられている。「検討事項(メモ)」について、その内容を検討しておこう。

「検討事項(メモ)」は3つの章から構成されており、その構成は、「Ⅰ　改正の趣旨」、「Ⅱ　改正等を検討している主な事項」、「Ⅲ　改革に向けたスケジュール」からなっている。

「Ⅰ　改正の趣旨」では、「①商物分離取引の拡大や市場の再編等による低コスト流通の実現、②品質管理の徹底等、食の安全・安心の確保、③規制緩和による、ニーズに対応した商品提供機能の強化等を内容とする卸売市場制度改革を進め、生産サイド・消費サイド両面の期待に応えられる『安全・安心』で『効率的』な流通システムへの転換を図ることとする」と、指摘されている。

「Ⅱ　改正等を検討している主な事項」では、「1．食の安全・安心の確保への対応」、「2．卸売市場の効率的な整備・運営」、「3．商物一致規制の緩和」、「4．卸売業者、仲卸業者の取引規制の緩和」、「5．卸売業者、仲卸業者の経営体質の強化」、「6．卸売手数料の弾力化等」、「7．取引情報公表の充実」、「8．業務規程認可手続きの簡素化」について述べられている。

「Ⅲ　改革に向けたスケジュール」では、「具体的には、改正後の卸売市場法に即した業務規程の改正作業を平成16年度中に完了し、平成17年度からは新たなルールの下で卸売市場を運営する方向で検討する」としている。

前述の「報告書」を踏まえ、その具体的方策を提言しており、効率的な流通システムへの改変を目標として、卸売市場の効率的な整備・運営を図るために、市場取引において、①商物一致規制の緩和、②卸売業者、仲卸業者の取引規制の緩和を図り、市場関係事業者の経営体質を強化するとしている。また、卸売手数料の弾力化等は大きな変更点といえよう。今回の改定事項は、1999年卸売市場法改定において積み残した課題を実現しようとするものである。

2004年卸売市場法改定の特徴と問題点

2004年6月に卸売市場法は改定された。その改定理由としては、①生鮮食料品等をめぐる流通環境の変化、②卸売市場の再編の必要性、③卸売市場における業務規制の緩和、④卸売市場における物品の品質管理の徹底が挙げられる。

その内容について、農林水産省の「卸売市場法改正のポイント」で、みてみよう。

主要な改正項目は10項目あり、大きくは3つに区分されており、「1．国の開設者に対する指示、指導権限の強化」（2項目）、「2．業者に対する国・開設者の指示、指導権限の緩和と強化」（3項目）、「3．取引ルールの自由化と規制緩和」（5項目）である。

「1．国の開設者に対する指示、指導権限の強化」では、①卸売市場における品質管理の徹底、②卸売市場の再編の促進、の2項目が指摘されている。①は、消費者の食品の安全・安心への関心の高まりへの対応であり、現代的な課題である。②は、広域流通体系主体の再編であり、中央卸売市場の地方卸売市場への転換をも含めて、効率的な卸売市場の配置を進めることにある。

「2．業者に対する国・開設者の指示、指導権限の緩和と強化」では、③業務内容の多角化、④取引情報公表の充実、⑤仲卸業者に対する財務基準の明確化、の3項目について指摘している。

「3．取引ルールの自由化と規制緩和」では、⑥買付集荷の自由化、⑦商物一致規制の緩和、⑧卸売手数料の弾力化（自由化）、⑨卸売業者の第三者販売、仲卸業者の直荷引き規制の緩和、⑩完納奨励金及び出荷奨励金に関する、5項目について指摘している。

2004年卸売市場法改定の問題点としては、つぎのとおりである。

第1に、卸売市場の再編方向が広域流通体系をより強化するものとして構想されていることである。グローバル化の進展下での全国的広域流通体系を主軸として、より一層の卸売市場再編を指向しており、現代の日本農業の苦境状況にあって、この卸売市場制度改革が地域農業の活性化に寄与するかは不明の点が多い。

第2は、卸売業者と仲卸業者との機能・役割分担が不分明になることである。両者の業務の相互乗り入れが進められ、卸売市場本来の市場機能の1つである、卸売業者と仲卸業者とによる「公正な価格形成機能」は大きく後退し、そうした機能の必要性はなくなり、卸売市場そのもの性格が大きく変わることになる。

第3は、卸売市場関係事業者の経営体質の強化のために、効率性重視の卸売市場運営が強まり、このことによって、卸売市場本来の公共性は損なわれない

のかということが指摘できる。経済効率を重視することによって、生産者と地域住民のための公共性は確保できるのであろうか。

　第4は、市場取引に関する国の規制緩和の一層の促進である。買付集荷を原則取引の1つに加える点や、卸売手数料の自由化、完納奨励金・出荷奨励金の廃止等の措置によって、従来の「現物主義、セリ原則」は完全に放棄され、1999年卸売市場法改定をより一歩進めるものといえる。こうした卸売市場制度改革は、生産者や消費者の食生活にどのような影響をもたらすであろうか。

　第5は、卸売市場のあり方に関わることであるが、今回の卸売市場法改定によって、卸売市場の地域性と公共性は高まるのかという問題である。もし、この点について、逆行現象が生ずるのであれば、公的資金を投入して、卸売市場を整備する意味そのものが根本的に問われる必要がある。

第16章　参考文献

山本博信『新・生鮮食品流通政策――卸売市場流通政策の解明と活性化方策』(農林統計協会、2005年)

藤島廣二編著『市場流通2025年ビジョン――国民生活の向上と農水産業の発展のために』(筑波書房、2011年)

藤島廣二他『食料・農産物流通論』(筑波書房、2012年)

美土路知之・玉真之介・泉谷眞実編著『食料・農業市場研究の到達点と展望』(筑波書房、2013年)

堀口健治編著『再生可能資源と役立つ市場取引』(御茶の水書房、2014年)

卸売市場取引

中央卸売市場は、食生活に不可欠の水産物・青果物・食肉・花卉の生鮮食品等を、卸売市場法に則って販売しており、開設区域内の生鮮食料品等の円滑な流通を支える役割を担っている。

中央卸売市場の役割としては、①集荷、②公正な価格形成、③分荷、④確実な取引決済、⑤流通費の削減、⑥流通情報の提供、⑦衛生の保持等がある。

生鮮農産物はセリ（競り、糶）または「相対（あいたい）」によって、卸売市場で価格形成される。売り手の卸売会社（荷受機関）と買い手（仲卸業者、売買参加者）との間で、価格形成がなされる。卸売市場制度は、零細多数の生産者と消費者とを結びつけるための流通システムとして考案された。しかしながら、流通環境の変化、市場外流通の増加にともなって、卸売市場においても「委託集荷」ではなく「買付集荷」が増えており、委託集荷比率は低下してきている。そのため、価格形成も、セリではなく相対によって販売されるようになってきている。

卸売市場取引には、円滑な生鮮食料品等の流通ということを考慮して、次のような取引原則がある。

出荷者（生産者、出荷団体、商社等）と販売者（卸売業者）との間の原則としては、①受託拒否の禁止（正当な理由なく、出荷者の販売委託を拒否できない）、②差別的取扱いの禁止（卸売業者は、取引量の大小等によって出荷者を不当に差別することを禁止されている）、③健康を損なうおそれのある物品の卸売の禁止、④買付集荷（生産が安定している等の物品については、卸売業者の責任で買取集荷ができる）、⑤卸売業者の報酬（卸売業者は、条例等で決められた料率の販売手数料以外の報酬を受け取ることをできない）、⑥迅速な代金決済（卸売業者は販売代金を翌日までに出荷者に送金しなければならない）等がある。

販売者（卸売業者）と買受人（仲卸業者、売買参加者）との間の原則としては、①卸売の相方の制限（卸売業者は原則として仲卸業者、売買参加者以外の人に卸売できない）、②差別的取扱いの禁止（卸売業者は、取引量の大小等によって買受人を不当に差別することを禁止されている）、③卸売開始時刻以前の卸売の禁止、④迅速な代金決済（買い受けた物品の引き取りと同時に代金を支払わなければならない）等がある。

第17章　市場外流通はどうなっているか？

1990年以降、農畜産物流通の多元化傾向は強まっており、農畜産物流通構造は大きく変容してきている。市場外流通は拡大しており、とりわけ、農産物直売所は消費者に歓迎されている。こうした動向について、本章では考察することにしたい。第1に、農産物流通の現状をみてみる。第2に、市場流通と市場外流通の状況について述べる。最後に、第3として、農産物直売所の実態を考察することにしたい。

（1）農産物流通の現状

農業・食料関連産業の動向

図17-1は、農業・食料関連産業の総生産の推移を示している。農業・食料関連産業は、1970年度は11.5兆円であったが、その後、急速に拡大を続け、1995年度には56.7兆円でピークに達し、その後はデフレ経済に影響されて、漸減傾向となっており、2009年度で42.9兆円となっている。こうした動向のなかで、伸長が著しいのは、関連製造業（食品工業、資材供給産業）と関連流通業である。関連製造業は、1970年度の3.4兆円から2009年度には12.5兆円と約3.7倍に伸びている。同様に、関連流通業は、1970年度の2.9兆円から2009年度には15.5兆円と約5.2倍に伸びている。

食品卸売業の動向

表17-1は、食品卸売業の動向を示している。1994年以降、漸減傾向にあ

> ［第17章のキーワード］　農業・食料関連産業／食品卸売業／食品小売業／総合スーパー／食品スーパー／コンビニエンスストア（コンビニ）／卸売市場経由率／農産物直売所／農業経営体／地場産

り、事業所数ならびに販売額も減少となっている。とりわけ、農畜産物・水産物卸売業における減少が激しい。

食品小売業の動向

図17-2は、食品小売業における商品販売額の動向を示している。

食品小売業の商品販売額は、1994年46.4兆円、その後、微増で推移して、1999年47.6兆円でピークとなり、その後は漸減となり、2007年では44.1兆円となっている。

しかしながら、業態別にみれば相違しており、総合スーパーは漸減傾向となっており、1994年9.3兆円から2007年には7.4兆円へと1.9兆円の減少

図17-1　日本の農業・食料関連産業の総生産の推移

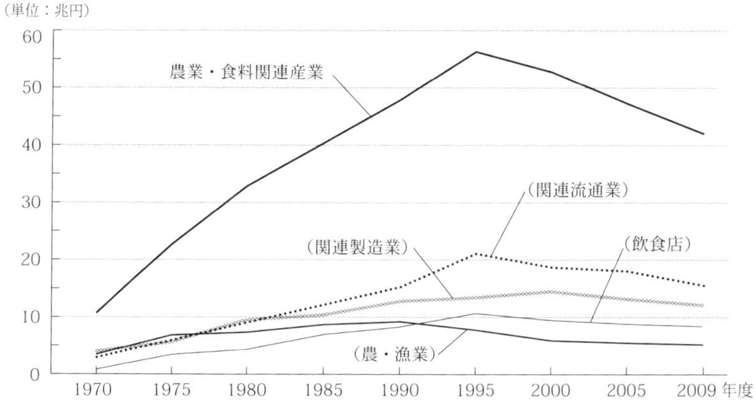

(資料)農林水産省「農業・食料関連産業の経済計算」、内閣府「国民経済計算」。農林水産省編『2012年版 食料・農業・農村白書 参考統計表』(農林統計協会、2012年) 112ページより作成。

表17-1　日本の食品卸売業の動向

		1994年	1997年	1999年	2002年	2004年	2007年
農畜産物・水産物卸売業事業所数	(カ所)	53,687	47,585	50,723	45,295	45,054	38,214
食料・飲料卸売業事業所数	(カ所)	42,357	39,952	43,653	38,300	39,485	37,844
農畜産物・水産物卸売業商品販売額	(兆円)	57.0	51.4	50.3	44.0	43.8	40.7
食料・飲料卸売業商品販売額	(兆円)	47.4	46.4	49.5	40.3	42.6	35.0

(資料) 経済産業省「商業統計調査」。農林水産省編『2011年版 食料・農業・農村白書　参考統計表』(農林統計協会、2011年) 58ページより引用。

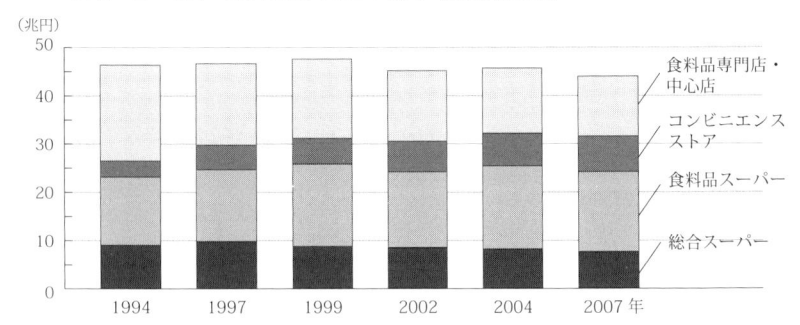

図17-2 日本の食料品小売業の動向（商品販売額）

（資料）経済産業「商業統計表」。農林水産省編『2011年版 食料・農業・農村白書 参考統計表』（農林統計協会、2011年）59ページより作成。
（注）食料品専門店は取扱商品販売額のうち食料品が90％以上の店舗、食料品スーパーは70％以上の店舗、食料品中心店は50％以上の店舗。

となっている。食料品スーパーは漸増傾向となっており、1994年の13.2兆円から2007年には17.1兆円へと3.9兆円の増加となっている。コンビニエンスストアは急速に成長しており、1994年の4.0兆円から2007年には7.0兆円へと3.0兆円の増加であり、1.7倍の急速拡大となっている。食料品専門店・中心店は、漸減傾向となっており、1994年の19.9兆円から2007年には12.6兆円へと7.3兆円の減少となっている。こうした動向は、事業所数でみても同様の傾向は確認できる。

（2）市場流通と市場外流通の動向

図17-3は、卸売市場経由率＊の推移を示している。

卸売市場経由率は、漸減傾向にある。1980年以降のグローバル化の進展にともなって、輸入農産物は増加しており、こうした動向に卸売市場が対応できていないこともあって、卸売市場経由率は低下している。また、農産物流通の

＊ 卸売市場経由率とは、国内で流通した加工品を含む国産及び輸入の青果、水産物等のうち、卸売市場を経由したものの数量割合の推計値を指している。

第 17 章　市場外流通はどうなっているか？

多元化傾向は卸売市場経由率の低下に拍車をかけており、消費者ニーズへの対応は流通業者の重要な課題の1つとなっている。

　卸売市場経由率について、部門ごとにみてみることにしたい。

　青果物は、1980年代までは比較的に高い卸売市場経由率を保ってきたが、1989年には82.7％であったが、その後、低下傾向となり、2011年には60.0％までに下がっている。しかしながら、野菜と果実では、その傾向に差違がみられる。野菜の場合には、漸減傾向とはなっているものの1990年代までは80％台を維持してきたが、2000年代に入り、70％台に低下しており、2011年では70.2％となっている。これにたいして、果実は国際商品であり、品目によっては第二次世界大戦以前から輸入されてきた経緯がある。それに加えて、1980年代のグローバル化によって、市場外流通はより一層に進展し、1989年の78.0％から急速な低下傾向を辿り、2005年には48.3％と50％を割り、2011年には42.9％となっている。

　水産物は、1989年には74.6％であったが、その後は漸減傾向となり、2000年代に入り、市場外流通の傾向は加速されており、2011年では55.7％

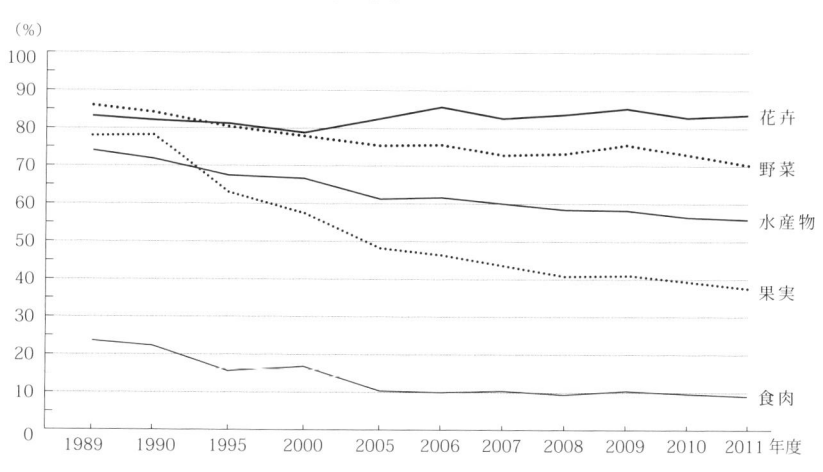

図17-3　日本の卸売市場経由率の推移

（資料）農林水産省調べ。
　（注）卸売市場経由率は、国内で流通した加工品を含む国産及び輸入の青果、水産物等のうち、卸売市場を経由したものの数量割合（花卉については金額割合）の推計値。

となっている。花卉については、比較的高い卸売市場経由率を維持している。1989年83.0％、その後、上下変動を示しながら、2011年には84.4％と高い値を維持している。食肉に関しては、歴史的に卸売市場経由率は低かったが、それがより一層低下することとなっている。1989年には23.5％であったが、その後、10％台に下がり、2005年以降は約10％となっており、2011年には9.4％までに低下している。

このように日本においては、農産物流通における市場流通は大きな位置を占めているが、農産物流通構造の変化によって、卸売市場の役割も変容させられている。同時に、市場外流通の実態についても注目しておくことが大事であろう。

次節では、市場外流通のうち、急速に拡大している農産物直売所*について述べることにしたい。

（3）農産物直売所の実態

農産物直売所の概況

表17-2は、2012年度における農産物直売所の営業時期別事業体の状況を示している。農産物直売所といっても、通年営業ばかりではなく、23,560事業体数のうち、通年営業は11,370事業体（総事業体数に占める割合は48.3％）、季節的営業は12,180事業体（同51.7％）であり、過半は季節的営業の事業体である。1事業体当たりの年間営業日数は200日となっている。年間販売金額1億円以上の事業体は1,890事業体を数える。その大半は農協等（地方公共団体・第3セクター、農業協同組合、生産者グループ等）の事業体である。

表17-3は、2012年度における農産物直売所の年間購入規模別事業体の状況を示している。総事業体の33.0％は年間購入者数1,000人未満であり、

---

*　「農業生産関連事業」とは、農林水産省の「6次産業化総合調査」で使用されている用語であり、次のとおり、定義されている。
　「農業経営体及び農協等による農産物の加工及び農産物直売所、農業経営体による観光農園、農家民宿、農家レストラン及び海外への輸出の各事業をいう。ただし、原材料の全てを他から購入して事業を営む場合は該当しない。」

第 17 章 市場外流通はどうなっているか？

5,000 人未満で 63.0％ を占めている。平均年間営業日数で割れば、1 日の購入者数は 25 人以下が大半ということになり、零細な事業体が多いといえる。しかしながら、これを経営主体別にみれば、「農業経営体」では相対的に零細性は強く、「農協等」においては年間購入者を多く集めている経営体もみられる。

表 17－4 は、2012 年度における農産物直売所の従事者数の状況を示してい

表 17－2 農業生産関連事業・農産物直売所の営業時期別事業体の状況（2012 年度）

	事業体数	営業時期別事業体数				1 事業体当り営業日数（日）
		通年営業	常設施設利用	年間販売金額 1 億円以上	季節的営業	
総　数	23,560	11,370	11,110	1,890	12,180	200
農業経営体	13,010	4,390	4,180	130	8,620	162
農家（個人）	11,090	3,230	3,070	20	7,850	150
農家（法人）	490	310	300	30	190	237
会社等	1,430	850	810	90	580	227
農協等	10,540	6,990	6,930	1,760	3,560	247
地方公共団体・第 3 セクター	640	580	580	180	60	317
農業協同組合	1,950	1,760	1,750	750	190	313
生産者グループ等	5,170	2,330	2,310	270	2,840	190
その他	2,790	2,320	2,290	560	470	291

（資料）農林水産省大臣官房統計部『2014 年度 6 次産業化総合調査の結果』2014 年 4 月 1 日公表。

表 17－3 農業生産関連事業・農産物直売所の年間購入者規模別事業体数割合（2012 年度）

	年間購入者規模別事業体数割合（％）							
	1000 人未満	1000～5000 人	5000～1 万人	1～5 万人	5～10 万人	10～20 万人	20～50 万人	50 万人以上
総　数	33.0	30.0	10.2	12.3	5.7	4.9	3.3	0.7
農業経営体	47.1	36.1	10.3	4.5	1.3	0.5	0.2	0.1
農家（個人）	50.6	36.7	9.9	2.3	0.4	0.1	－	－
農家（法人）	27.2	30.3	15.0	18.1	5.3	2.8	1.0	0.2
会社等	27.3	32.8	11.7	16.5	6.6	3.3	1.3	0.4
農協等	15.6	22.5	10.0	21.9	11.1	10.3	7.2	1.4
地方公共団体・第 3 セクター	5.8	7.8	7.8	27.5	21.1	13.3	14.2	2.5
農業協同組合	3.7	10.3	5.4	28.0	17.2	16.9	15.5	3.0
生産者グループ等	21.9	33.1	12.1	19.6	5.6	5.8	1.5	0.4
その他	14.5	15.0	9.7	20.6	14.8	13.2	10.2	2.0

（資料）農林水産省大臣官房統計部『2014 年度 6 次産業化総合調査の結果』2014 年 4 月 1 日公表。

る。農産物直売所の総従事者数は214,900人である。その内訳としては、役員・家族117,400人（総従事者数に占める割合は54.6％）、雇用者97,600人（同45.4％）となっている。雇用者のうち、常雇いと臨時雇いが半々となっている。いずれにしも、農産物直売所の営業によって、家族労働の就業だけではなく、97,600人の雇用を生み出していることは農村地域経済の活性化にとって重要なことといえる。

表17-4 農業生産関連事業・農産物直売所の従業者数（2012年度）

（単位：100人）

	総　数	役員・家族	雇　用　者		
			計	常雇い	臨時雇い
総　数	2,149	1,174	976	482	493
農業経営体	745	330	415	118	298
農家（個人）	551	257	294	59	235
農家（法人）	49	15	34	12	22
会社等	145	57	88	47	41
農協等	1,404	844	560	365	196
地方公共団体・第3セクター	73	25	48	35	13
農業協同組合	235	72	163	127	37
生産者グループ等	785	614	171	76	95
その他	311	133	178	127	51

（資料）農林水産省大臣官房統計部『2014年度 6次産業化総合調査の結果』2014年4月1日公表。

表17-5 農業生産関連事業・農産物直売所の販売金額規模別事業体数割合（2012年度）

	販売総額（百万円）	1事業体当たり販売金額（万円）	販売金額規模別事業体数割合（％）						
			100万円未満	100〜500万円	500〜1000万円	1000〜5000万円	5000〜1億円	1〜3億円	3億円以上
総　数	844,818	3,587	15.6	32.4	15.6	21.5	6.7	5.6	2.6
農業経営体	117,572	904	21.4	39.9	20.3	15.4	1.9	0.9	0.2
農家（個人）	57,309	517	23.0	42.1	21.0	13.1	0.6	0.2	―
農家（法人）	11,904	2,419	8.8	26.7	22.4	26.9	9.4	4.7	1.2
会社等	48,359	3,375	13.2	27.5	13.9	29.6	8.9	5.0	1.8
農協等	727,247	6,897	8.5	23.1	9.7	29.1	12.7	11.4	5.5
地方公共団体・第3セクター	65,597	10,250	5.3	8.8	8.1	25.8	23.2	18.9	9.9
農業協同組合	295,329	15,145	1.4	7.9	3.8	27.7	20.4	24.4	14.5
生産者グループ等	125,478	2,428	12.6	35.1	13.0	26.8	7.0	4.6	0.8
その他	240,843	8,642	6.6	14.8	8.1	35.1	15.4	13.1	7.0

（資料）農林水産省大臣官房統計部『2014年度 6次産業化総合調査の結果』2014年4月1日公表。

第17章 市場外流通はどうなっているか？

農産物直売所の経営実態

表17-5は、2012年度における農産物直売所の年間販売金額別事業体数の状況を示している。農産物直売所の総年間販売金額は8,448億円であり、1事業所当たり年間販売金額は3,587万円となっている。農産物直売所の事業体数の48.0％は年間販売金額500万円未満であり、年間販売金額1,000万円未満で63.6％となっており、零細事業体が大半である。そうしたなかで、3億円以上の年間販売金額を確保している事業体も存在する。近年は、農産物直売所の階層間格差は開いており、また、経営環境は厳しさを増している。

表17-6は、2012年度における農産物直売所の品目別年間販売金額の状況を示している。農産物直売所の総年間販売金額は8,448億円である。これを品目別にみれば、コメ544億円（総年間販売金額に占める割合は6.4％）、野菜類2,742億円（同32.4％）、果実類1,332億円（同15.8％）、きのこ類・山菜233億円（同2.8％）、畜産物381億円（同4.5％）、その他生鮮食品200億円（同2.3％）、農産加工品1,095億円（同12.9％）、花卉・花木769億円（同9.1％）、その他1,152億円（同13.6％）となっており、生鮮食品で6割以上を占めている。

表17-7は、2012年度における農産物直売所の産地別年間販売金額の状況を示している。農産物直売所の総年間販売金額7,296億円のうち、自家生産物は770億円（総年間販売金額に占める割合は10.5％）、自家生産以外5,339億

表17-6 農業生産関連事業・農産物直売所の品目別販売金額（2012年度）

	品目別販売金額（100万円）								
	生鮮食品						農産加工品	花卉花木	その他
	コメ	野菜	果実	きのこ山菜	畜産物	その他			
総　数	54,439	274,172	133,159	23,306	38,051	20,009	109,530	76,927	115,227
農業経営体	6,636	22,103	42,415	2,803	10,029	776	18,565	6,744	7,501
農家（個人）	3,391	11,719	32,299	2,045	1,045	179	3,010	3,182	438
農家（法人）	713	2,268	2,605	100	2,947	82	1,448	711	1,029
会社等	2,532	8,116	7,510	657	6,037	515	14,107	2,850	6,034
農協等	47,803	252,069	90,744	20,503	28,022	19,233	90,965	70,182	107,725
地方公共団体・第3セクター	3,612	19,533	7,478	2,808	1,390	2,194	10,676	4,325	13,583
農業協同組合	23,214	104,308	39,286	6,525	13,287	7,700	33,562	35,011	32,435
生産者グループ等	7,788	53,381	13,679	3,881	3,229	4,058	15,776	12,209	11,479
その他	13,190	74,848	30,301	7,290	10,115	5,282	30,951	18,637	50,229

（資料）農林水産省大臣官房統計部『2014年度 6次産業化総合調査の結果』2014年4月1日公表。

表 17-7　農業生産関連事業・農産物直売所の産地別販売金額（2012年度）

	産地別販売金額 (100万円)						
	総額	地場産			自都道府県産	国内産	輸入
		自家生産物	自家生産物以外	地場産割合 (%)			
総数	729,592	76,974	533,859	83.7	61,288	55,323	2,147
農業経営体	110,070	76,974	24,495	92.2	4,448	3,694	459
農家（個人）	56,871	44,383	10,752	96.9	849	730	156
農家（法人）	10,875	7,317	2,396	89.3	594	499	69
会社等	42,325	25,274	11,346	86.5	3,005	2,465	234
農協等	619,521		509,364	82.2	56,840	51,629	1,688
地方公共団体・第3セクター	52,015		44,356	85.3	3,547	3,948	164
農業協同組合	262,893		209,615	79.7	24,832	27,706	740
生産者グループ等	113,999		102,567	90.0	7,377	3,986	69
その他	190,614		152,826	80.2	21,085	15,988	715

（資料）農林水産省大臣官房統計部『2014年度 6次産業化総合調査の結果』2014年4月1日公表。
（注）産地別販売金額は、生鮮食品、農産加工品、花卉・花木の販売金額の合計である。

円（同73.1%）、自都道府県産613億円（同8.4%）、国内産553億円（同7.5%）、輸入21億円（同0.3%）となっている。農産物直売所においては、地場産の割合は8割を超えており、集客力の大きな要因を構成している。

以上にみたように、農産物直売所のなかには多種多様なものがあり、急速に普及したため、今後は競争の激化が予想されるところである。同業者間の競争はもちろん、異業種との競争をも視野に入れて、その存続のための経営・事業活動が模索されるであろう。

第17章　参考文献

都市農山漁村交流活性化機構編『農産物直売所発展のてびき』（農山漁村文化協会、2005年）

二木季男『地産地消時代の新・農産物流通チャネル』（家の光協会、2006年）

藤本吉伸『農産物直売所――出品者の実践と心得100』（家の光協会、2009年）

櫻井清一編著『直売型農業・農産物流通の国際比較』（農林統計協会、2011年）

長谷川浩『食べものとエネルギーの自産自消――3.11後の持続可能な生き方』（コモンズ、2012年）

ファーマーズ・マーケット

ファーマーズ・マーケット（Farmer's Market）は、もともとは農家の直売所の意味であり、1戸の農家または複数戸の農家が集まって、農産物の直売をすることである。

日本においては1980年頃から、地方では散発的に小規模な直売所がみられた。それは、これまでの市場出荷中心から外れて、消費者に直売するシステムとして位置づけられる。当時は、経済的評価はあまり高くなかったので、全国的には問題とされなかった。しかしながら、直売所で販売される農産物は新鮮で安いことが、消費者の心をつかむところとなり、1990年に入り全国的に注目されるようになって、急速に普及・発展してきた。

当初は、農家が自家用に栽培した農産物を消費者に直売することによって、現金収入を得ることができ、とりわけ、農家の女性たちは自己の収入確保が可能となり、新しい農業・農家生活を切り開くところとなる。農産物の販売から、農産物加工、農家レストランなど、女性のアイデアによって、新しい農家ビジネスが展開することとなる。

消費者にとっては、新鮮で安心・安全な農産物が、流通経費を節減して、安価に入手できるということで好評となっている。生産者がわかり、農産物の安心・安全を担保するに好都合である。小規模な直売所では、農家の人と消費者との対面によるふれあい・交流もあり、農産物に対する信頼を増している。ところが、現在では、農産物直売所も規模拡大し、販売者は生産者・農家ではなくなってきており、農産物直売所における生産者・農家との直接の交流は少なくなってきている。農産物商品を介した、消費者と生産者との交流が主流となっている。それでも、生産者が特定できることや、地場産に力を入れている農産物直売所では、地元の消費者だけではなく、地産地消をセールスポイントとして、広範囲から消費者を集めている。

ファーマーズ・マーケットは、ヨーロッパやアメリカでも展開しており、ファーマーズ・マーケットを活用して、さまざまなイベントを企画し、市民の憩いの場として機能しているところもあり、農村地域の活性化に役立つと同時に、消費者の食生活の改善にも資している。

第18章　青果物流通はどうなっているか？

　本章においては、日本の青果物の流通構造について、流通経路に着目して、特徴と課題を考察することにしたい。第1に、青果物流通の特徴をみてみる。第2に、青果物流通がどのように展開してきたのかを考察する。第3に、青果物輸入の現状について述べる。最後に、第4として、青果物流通をめぐる課題について考えることにしたい。

（1）青果物流通の特徴と問題

現代の食生活と農産物流通

　現代の食生活においては、大半の食料物資やサービスを入手するには、市場でお金を払って購入している。自給自足経済の下では生産と消費は一体化していたが、社会的分業が成立し、生産と消費は時間的・空間的に分離し、食料物資の交換・流通は消費生活にとって必要不可欠となってきた。現代の生産と消費は、時間的・空間的にも大きく分離されおり、「食と農の距離拡大」といわれる状況となっている。

青果物の流通――生産者から消費者まで

　青果物は、選別・規格・集荷・輸送・貯蔵・価格形成・分荷等の流通過程を経て、生産者から消費者に届いている。青果物はその商品特性に応じて、多様な流通形態となっており、青果物の商品特性としては大きくは加工品と生鮮物

> ［第18章のキーワード］　「食と農の距離拡大」／市場流通／市場外流通／生産者直売所（ファーマーズ・マーケット）／商的流通機能／物的流通機能／価格形成機能／委託手数料／中央卸売市場／地方卸売市場／大量流通路線／G5・プラザ合意／開放経済体制／原産地表示／「JAS法」（「改正JAS法」）／「容器包装リサイクル法」

に大別できる。

　第1の加工品は比較的貯蔵性があるので、その商品特性を生かして、生産者から卸（問屋等）を経由して、小売業者、消費者へと、流通する。歴史的には問屋経由が主体であったが、現代では食品加工メーカーと小売業者（量販店等）との直接取引や、消費者への直販取引もみられ、加工品流通も多様化してきている。

　第2の生鮮物では、卸売市場流通が主流となっている。卸売市場を経由する流通形態を「市場流通」と呼んでおり、これ以外の流通形態を「市場外流通」と称している。

青果物の流通経路

　図18-1は、農産物の流通経路を簡略に示したものである。

　①の流通経路は、生産者が消費者に直接販売する形態であり、歴史的には古くからみられた形態である。生産者による振り売り、青空市場（朝市、夕市、日曜市等）、生産者直売所（ファマーズ・マーケット）等であり、現代でも農産物の多様な販売形態の一形態を構成しており、農産物直売所は消費者から注目されている。

　②の流通経路は、生産者から問屋を経由して、小売業者、消費者へと、流通する形態である。前述の加工品等は、主としてこの形態で取り引きされてきた。

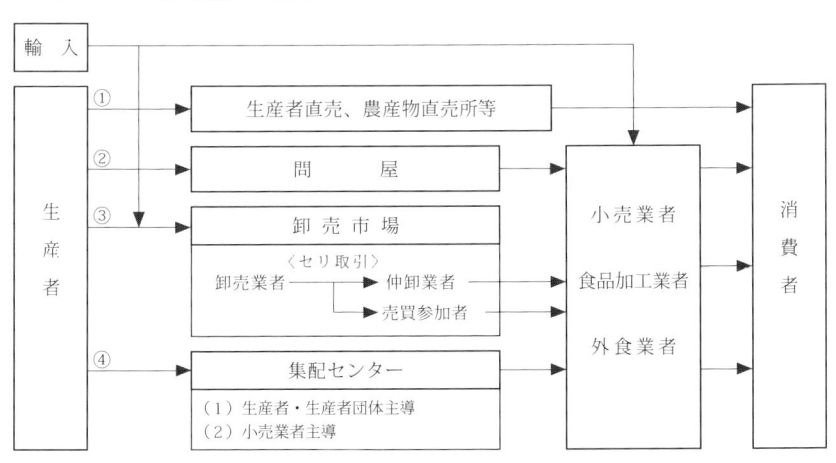

図18-1　生鮮食品の流通経路

また、青果物に関しても、卸売市場が形成されるまでは、問屋流通が大きな役割を果たしていた。

③の流通経路は、生産者から卸売市場を経由して、小売業者、消費者へと、流通する形態である。卸売市場流通の目的は、問屋流通の弊害を是正し、農産物流通の近代化を図ることにあった。そのために、零細多数の生産者と零細多数の消費者を合理的に結びつけるための流通システムとして構築されたものである。

④の流通経路は、生産者から集配センターを経由して、小売業者、消費者へと、流通する形態である。集配センターの性格によって、2種類に区分されることとなる。第1としては、生産者や生産者団体等によって設置された集配センター（全農集配センター等）である。市場流通における価格形成機能にたいして、生産者サイドからの主体的な関与を目的として設立された。第2としては、小売業者（量販店等）によって設置された集配センターである。小売業者の大規模化にともなって、安定的な大量流通を促進することを目的として設立された。

卸売市場の流通諸機能

卸売市場の流通機能には、商的流通機能、物的流通機能、情報流通機能等の諸機能がある。

商的流通機能としては、農産物の価格形成機能が大きな役割である。卸売市場出荷の農産物の大半は委託出荷されており、卸売市場において価格形成がなされる。卸売市場における価格形成機能は、卸売市場の重要な役割である。この機能以外には、代金決済機能、信用機能等がある。

物的流通機能としては、集荷機能（品揃え機能等）、分荷機能があり、農産物を安定的に流通させるための基本的な機能である。それ以外には、輸送機能、保管機能等がある。

卸売市場流通の特徴と問題点

卸売市場の卸売業者は委託販売を基本としており、委託手数料によってその経営を維持している。この委託手数料は中央卸売市場と地方卸売市場とでは相違するが、これまでは中央卸売市場の場合には全国一律に規定されており、卸

売価格にたいして野菜8.5％、果実7.0％となっている。そこで、卸売業者の経営安定のためには、集荷量増大か、販売単価上昇かの2つの方法が採られてきた。第1の集荷量増大のためには、卸売市場制度では開設区域が規定されているため、開設区域内の需要拡大を図ると同時に、開設区域外への販売を拡大するしか方法がない。高度経済成長期のような需要拡大の時期には、開設区域内の需要拡大も順調であったが、食生活の高度化の進展、そして、現代の長期消費不況においては、卸売市場経営の悪化が深刻な問題となっている。また、第2の販売単価の上昇に関しても、現代の飽食の時代においては、新規の需要開拓は容易ではなく、それに加えて、農産物輸入自由化の進展のため、農産物価格の停滞・低下は深刻な問題である。卸売市場経営の悪化による、卸売業者等の廃業は現実問題となってきている。

（2）青果物流通の展開過程

青果物流通の特質

　日本における生鮮農産物の大半は卸売市場流通を特徴としており、1923年の中央卸売市場法制定以来、中央卸売市場は青果物の大都市消費地における重要な集配機関として機能してきている。

　卸売市場は、①中央卸売市場、②地方卸売市場、③中央卸売市場及び地方卸売市場以外の卸売市場（規模未満卸売市場）に分類される。中央卸売市場とは、生鮮農産物の中核的な卸売市場であり、農林水産大臣の認可を得て開設される卸売市場である。地方卸売市場とは、中央卸売市場以外の卸売市場で、一定の卸売場面積（青果物卸売市場にあっては、330㎡以上）を有する卸売市場であり、その開設に都道府県知事の許可を必要とする。

　中央卸売市場の関係業者としては、卸売業者、仲卸業者、売買参加者、一般買出人等である。卸売業者は、生産者・生産者組織等から原則的に委託集荷した青果物を、セリ売又は入札の方法により、仲卸業者や売買参加者に販売する。仲卸業者は、中央卸売市場内に店舗を構え、卸売業者から仕入れた青果物を、仕分・調整して、買出人に販売することを業務としている。売買参加者は、開

設者の許可を得て、卸売業者の卸売業務に直接参加して青果物を購入することができる、小売業者（量販店等）、大口需要者である。一般買出人は、売買参加者以外の買出人であり、青果物を仲卸業者から仕入れる。

地方卸売市場においては、地域流通の拠点としての役割を担っており、中央卸売市場の補完機能が求められている。地方卸売市場では、仲卸制度を設けていない市場が大半であり、卸売業者は青果物を、一般買出人にたいして卸売している事例が多い。

大量流通路線の形成と問題点

第二次世界大戦後の高度経済成長期における青果物流通構造は、大量流通路線と称される流通構造に再編されてきた。その背景としては、次のことが指摘できる。第1は、高度経済成長期に大都市圏への人口集中が進行し、とりわけ、東京・名古屋・大阪の3大都市圏への人口集中にともなって、膨大な食料需要が集積し、1960年代後半には青果物価格の高騰にみられる物価問題が社会問題となったことである。そこで、生鮮農産物の安定的な大量供給体制の整備は喫緊の政策課題となった。第2は、大都市圏への人口集中によって、都市近郊農業が破壊・衰退してきたことである。都市圧の増大によって、都市近郊農業における農業労働力は非農業労働力となり、農地は都市的土地利用に転換され、都市近郊農業の有する生鮮農産物の供給機能は著しく低下した。これらの事態に対処するために、青果物流通構造は大量生産・大量消費のための大量流通路線へと再編されたのである。

青果物の大量流通による野菜生産の変化

大量流通路線の推進によって、野菜生産は大型産地の形成と専作化が進められた。その結果として連作障害が発生し、それを回避するための方法として、大量の薬剤散布、化学肥料や土壌改良剤の投入によって、地力低下を引き起こしている。野菜生産の変化の特徴は、次のとおりである。

第1に、施設化の進展である。「2010年農業センサス」によれば、販売目的の施設野菜栽培経営体数は13万4,068経営体となっている。施設野菜作付面積規模別にみれば、0.3ha未満は96,009経営体（総経営体に占める割合は

71.6％)、0.3～1.0ha は 33,234 経営体（同 24.8％)、1.0～2.0ha は 3,591 経営体（同 2.7％)、2.0ha 以上は 1,234 経営体（同 0.9％）となる。これを栽培面積シェアで示せば、0.3ha 未満は 29.8％、0.3～1.0ha は 44.0％、1.0～2.0ha は 13.2％、2.0ha 以上は 12.9％となっており、施設栽培農家においても規模の大型化がみられる。

　第2に、遠隔大産地の形成である。高度経済成長期における都市膨張によって、都市近郊産地は縮小・後退し、他方では、輸送技術の発達によって、遠隔大産地は政策的に形成・推進された。その結果として、都市近郊産地の衰退は促進されたのである。

　第3に、専作化の進展により、地力低下が生じている。農業の近代化・工業化の促進により、農業生産の大型化・専作化が進展し、連作障害が発生することとなっており、このために産地崩壊する事態も発生している。

　第4に、農業労働力の高齢化により、野菜生産の担い手は減少している。労働力の高齢化により、重量野菜（ダイコン、キャベツ等）の作付けは減少傾向となっており、労働集約的作目の生産量は減少傾向を示しており、これを補うために、輸入野菜が増大している。

（3）青果物輸入の急増と問題

青果物輸入はなぜ増えているのか

　1960 年以降の日本の開放経済体制への移行にともなって、農産物輸入の増大と自由化は急速に進展してきた。農産物輸入数量は増大し、国内農業に大きな影響を与えてきたが、1985 年のＧ５・プラザ合意以降には、円高の影響を受けて、農産物輸入は構造的転換を進めてきている。1985 年以降の輸入増加品目は野菜・果実等の青果物であり、その輸入数量は急増している。従来の青果物輸入では、端境期における国内価格の高騰を計算に入れて、輸入されていたが、1985 年以降は円高効果を活用した売買差益の獲得を主要な動機として、輸入がなされている。こうした背景には、国内野菜産地の生産力構造の脆弱化（農業就業者の高齢化、農業後継者不足等）があり、国際的な産地移動の進行がみら

れる。こうしたなかで、卸売市場の役割は相対的に低下している（表18-1参照）。

近年の野菜輸入数量の推移について、みてみよう（図18-2）。

2012年の野菜輸入数量は、対前年比5.1％の増加で286万トンとなっており、類別に示せば、生鮮野菜95万トン（野菜輸入金額合計に占める割合33.2％）、冷凍野菜97万トン（同34.0％）、塩蔵等野菜11万トン（同3.8％）、トマト加工品27万トン（同9.4％）、その他調製野菜45万トン（同15.7％）、その他11万トン（同3.9％）であり、生鮮野菜と冷凍野菜で67.2％を占めている。1994年から

表18-1　日本の卸売数量・卸売価額・卸売価格の推移

	野菜			果実		
	卸売数量 (1000トン)	卸売価額 (億円)	卸売価格 (円/kg)	卸売数量 (1000トン)	卸売価額 (億円)	卸売価格 (円/kg)
1985年	13,571	21,637	159	7,117	17,735	249
1990年	13,707	28,242	206	6,957	18,836	271
1995年	13,573	27,201	200	6,401	17,934	280
2000年	13,092	23,329	178	5,871	14,589	248
2005年	11,954	21,626	181	5,002	12,253	245
2010年	10,581	22,625	214	3,964	10,744	271
2012年	10,724	21,182	198	3,825	10,514	275

（資料）農林水産省大臣官房統計部『青果物卸売市場調査報告』。

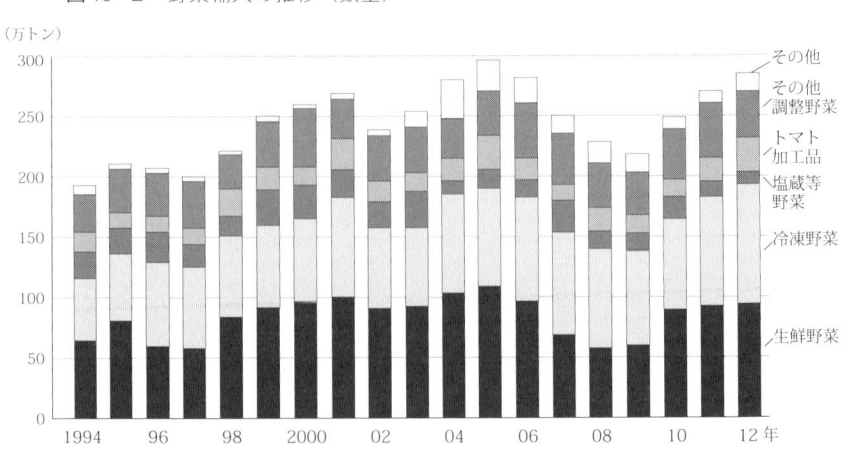

図18-2　野菜輸入の推移（数量）

（資料）独立行政法人農畜産業振興機構編『野菜輸入の動向』農林統計協会。

第 18 章　青果物流通はどうなっているか？

2012 年までの輸入数量の増減に関して、類別に示せば、生鮮野菜は 1.40 倍の増加、冷凍野菜は 1.83 倍の増加、塩蔵等野菜は 0.49 倍の減少、トマト加工品は 2.00 倍の増加、その他調製野菜は 1.77 倍の増加となっている。1990 年以降の輸入急増は顕著な現象となっている。

　生鮮野菜の主要品目としては、たまねぎ、かぼちゃ、ブロッコリー、ごぼう、にんじん及びかぶ等であり、これらの品目で輸入数量の大半を占めている。その他の輸入数量の多い品目としては、しょうが、ねぎ、キャベツ等あぶらな属、さといも、にんにく等である。

　近年の野菜輸入金額の推移について、みてみよう（図 18-3）。

　2012 年の野菜輸入金額合計は、対前年比 8.0％の増加で 3,879 億円となっており、類別に示せば、生鮮野菜 971 億円（野菜輸入金額合計に占める割合 25.0％）、冷凍野菜 1,366 億円（同 35.2％）、塩蔵等野菜 102 億円（同 2.6％）、トマト加工品 254 億円（同 6.5％）、その他調製野菜 820 億円（同 21.1％）、その他 366 億円（同 9.4％）であり、生鮮野菜と冷凍野菜で 60.2％を占めている。生鮮野菜の主要品目としては、まつたけ、ブロッコリー、たまねぎ、ジャンボピーマン、アスパラガス等であり、これらの品目で輸入金額の過半近くを占めている。その他の輸入金額の多い品目としては、かぼちゃ、ごぼう、しいたけ、

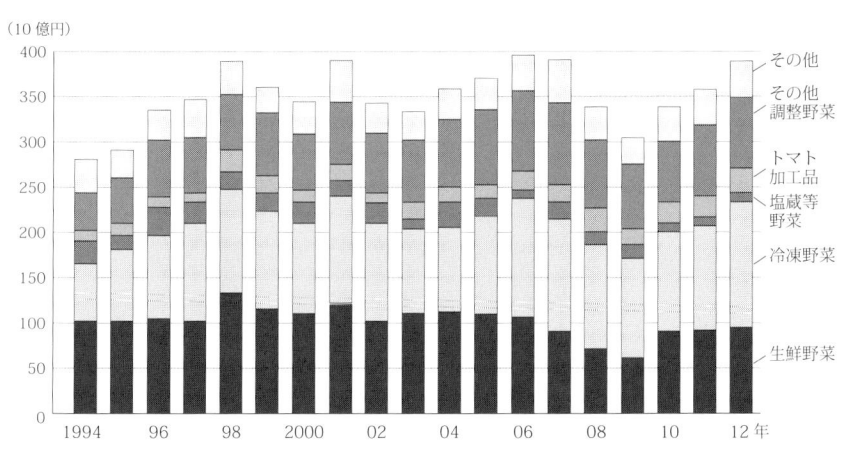

図 18-3　野菜輸入の推移（金額）

（資料）独立行政法人農畜産業振興機構編『野菜輸入の動向』農林統計協会。

ねぎ、しょうが等である。

輸入青果物の流通経路

輸入野菜は主要税関である、東京（本関）、横浜（本関）、神戸（本関）、大阪

表18-2　輸入生鮮野菜の仕入量および仕入先別仕入量割合（2006年）

	仕入量（千トン）	仕入先別仕入量割合（％）							
		自社直接輸入	食品卸売業					食品製造業	食品小売業
			卸売市場		商社	その他卸売業			
			卸売業者	仲卸業者					
食品製造業計	249	2.0	80.5	1.1	1.5	75.6	2.3	17.4	0.0
食品卸売業計	877	7.6	90.7	22.2	7.1	51.8	9.6	1.7	0.0
食品小売業計	347	8.0	91.5	26.2	30.7	31.6	3.0	0.2	0.3
百貨店・総合スーパー	81	25.3	74.4	4.3	11.7	57.7	0.7	0.3	―
各種食料品小売業	165	4.3	95.2	28.6	31.4	32.7	2.6	0.3	0.3
野菜小売業	52	0.5	98.8	45.3	46.1	0.5	6.9	0.0	0.7
果実小売業	3	―	98.7	70.3	28.4	―	―	―	1.3
コンビニエンスストア	1	―	94.1	28.7	57.7	―	7.6	―	5.9
その他の飲食料品小売業	46	0.3	99.4	32.6	44.2	18.7	4.0	0.1	0.1
外食産業計	44	0.8	48.8	11.5	18.8	5.8	12.7	13.4	36.9
一般食堂	17	0.8	47.6	5.9	11.4	11.9	18.4	23.5	28.1
日本料理店	3	0.1	70.1	0.5	44.7	7.8	17.1	0.1	29.8
西洋料理店	6	1.1	53.5	25.6	21.8	5.6	0.5	27.7	17.8
中華料理店・東洋料理店	13	―	49.2	18.3	15.9	0.1	14.9	2.5	48.4
その他の一般飲食店	5	2.8	34.7	1.4	31.5	0.2	1.5	―	62.5

表18-3　輸入一次加工原料野菜の仕入量および仕入先別仕入量割合（2006年）

	仕入量（千トン）	仕入先別仕入量割合（％）						
		自社直接輸入	食品卸売業				食品製造業	食品小売業
			卸売市場	商社	その他卸売業			
食品製造業計	549	2.1	94.8	0.3	91.8	2.7	3.0	0.1
外食産業計	70	63.4	25.1	3.6	3.2	18.3	3.6	8.0
一般食堂	14	8.9	72.2	3.5	4.0	64.7	8.6	10.4
日本料理店	2	―	44.8	6.1	―	38.7	29.4	25.8
西洋料理店	7	2.7	61.0	23.8	20.3	16.9	6.6	29.7
中華料理店・東洋料理店	1	―	80.9	14.5	29.9	36.5	14.0	5.1
その他の一般飲食店	47	91.3	4.5	0.5	0.3	3.6	0.6	3.6

（資料）表18-2、表18-3とも、農林水産省統計部『2006年食品流通構造調査（青果物調査）報告』。

（本関）、名古屋（本関）を通過して輸入されている。

　輸入生鮮野菜の流通について、みてみよう（表18-2）。

　表18-2は、2006年の輸入生鮮野菜の仕入先別仕入量割合を示している。これによれば、食品製造業では商社からの仕入（75.6％）が主体となっている。食品卸売業では、商社（51.8％）と卸売業（29.3％）からの仕入が多くなっている。

　食品小売業では業態によって相違しており、百貨店・総合スーパーでは商社（57.7％）、自社直接輸入（25.3％）、仲卸業者（11.7％）から仕入れており、各種食料品小売業では卸売市場（60.0％）と商社（32.7％）から仕入れており、野菜小売業では卸売業者（45.3％）と仲卸業者（46.1％）から仕入れており、果実小売業では卸売業者（70.3％）と仲卸業者（28.4％）から仕入れており、コンビニエンスストアでは卸売市場（86.4％）から仕入れている。

　外食産業では、食品小売業（36.9％）からの仕入れが多くなっている。業態によって、仕入先に相違がある。

　輸入一次加工原料野菜の流通について、みてみよう（表18-3）。

　表18-3は、2006年の輸入一次加工原料野菜の仕入先別仕入量割合を示している。これによれば、食品製造業では商社（91.8％）からの仕入が大半となっている。外食産業では自社直接輸入（63.4％）からの仕入れが多くなっているが、業態によっては多様な仕入先となっている。

（4）青果物流通の課題

国内野菜生産の減少と輸入野菜の増加

　国内野菜生産量は1991年度の1,527万トンから、2000年度には1,372万トンへと155万トンの減少となっている。これにたいして、輸入量は172万トンから300万トンへと128万トンの増加となっている。この間の国内消費仕向は1,699万トンから1,672万トンへと27万トンの微減傾向にあることを考えると、国内生産量の減少を補う形で輸入量が増大している。

　野菜輸入の増大によって、卸売市場経由率は低下傾向にあり、卸売市場経

由率は 1985 年度には 88.9％であったが、2011 年度では 70.2％へと 18.7 ポイントの低下となっている。こうした傾向は果実においてより顕著であり、1985 年度の 81.4％から、2011 年度には 42.9％へと 38.5 ポイントの急激な低下となっている。輸入生鮮農産物の大半は卸売市場流通以外のルートを通じて消費者に届けられており、卸売市場流通のあり方に大きな影響を与えている。

市場外流通の増大と卸売市場流通

国内生鮮野菜の流通について、みてみよう（表 18-4）。

2006 年における国内産生鮮野菜の仕入量は、食品製造業 305 万トン、食品卸売業 2,118 万トン、食品小売業 720 万トン、外食産業 128 万トンである。仕入先

表 18-4　国内生鮮野菜の仕入量および仕入先別仕入量割合（2006 年）

	仕入量（千トン）	仕入先別仕入量割合（％）						
		生産者・集出荷団体等	食品卸売業				食品製造業	食品小売業	自社栽培
				卸売市場		商社およびその他の卸売業			
				卸売業者	仲卸業者				
食品製造業計	3,047	65.1	18.4	5.1	6.3	7.0	15.9	0.4	0.1
食品卸売業計	21,175	48.1	51.7	37.0	7.7	7.0	0.2	0.0	—
卸売市場内卸売業者	11,586	73.4	26.6	10.7	5.2	10.6	—	—	—
卸売市場内仲卸業者	5,378	6.5	93.5	95.8	5.6	2.1	—	—	—
その他の卸売業者	4,211	31.6	67.4	46.9	17.0	3.4	0.9	0.2	—
食品小売業計	7,204	11.6	85.8	37.7	44.3	3.8	0.7	1.9	0.1
百貨店・総合スーパー	688	5.1	94.4	19.8	72.1	2.5	0.5	—	—
各種食料品小売業	4,000	9.9	87.4	40.5	42.8	4.2	0.7	2.0	—
野菜小売業	1,152	17.1	81.8	45.4	33.2	3.3	0.3	0.2	0.5
果実小売業	147	32.9	60.3	42.3	17.9	0.1	0.1	6.7	—
コンビニエンスストア	34	2.4	95.8	17.7	74.4	3.6	0.0	1.8	—
その他の飲食料品小売業	1,183	13.4	81.9	30.9	46.8	4.3	1.0	3.7	—
外食産業計	1,283	9.7	44.3	10.3	20.5	13.5	2.5	43.4	0.1
一般食堂	385	12.7	43.7	5.9	25.6	12.1	1.5	42.1	—
日本料理店	219	11.3	40.9	10.5	24.1	6.3	0.3	47.5	—
西洋料理店	120	15.9	34.8	6.7	24.0	4.1	4.9	43.8	0.6
中華料理店・東洋料理店	276	2.9	53.4	10.0	12.9	30.5	4.6	39.0	0.1
その他の一般飲食店	282	8.3	42.9	17.9	16.5	8.5	2.3	46.3	0.2

（資料）農林水産省統計部『2006 年食品流通構造調査（青果物調査）報告』。

別仕入量割合をみれば、食品製造業では生産者・集出荷団体等からの仕入れが65.1％と最大であり、食品小売業では卸売市場からの仕入れが82.0％、外食産業では食品小売業からの仕入れが43.4％と最大となっている。

このように生鮮農産物における流通は多元化しており、市場外流通は増加傾向にある。消費者の安全・健康志向の高まり、それに加えて近年の長期消費不況の影響もあり、消費者はより良い物をより安く購入する傾向を強めており、多様な産直形態が展開する状況となっている。

食と農との距離拡大が問題となっている下では、食の安全性に対する消費者の不安は高まっており、安全な農産物確保の方策が求められている。卸売市場においても、地域の消費者と生産者の相互に役立つための卸売市場流通改革を進めて、卸売市場の公共性と同時に地域性を明確にすることが必要となっている。

農産物の表示問題

1990年以降の生鮮野菜の輸入増加にともなって、輸入野菜を国産野菜と偽って高値で販売する偽装販売があり、消費者などの原産地表示要求は高まり、1996年6月9日から輸入農産物5品目（ブロッコリ、サトイモ、ニンニク、根ショウガ、生シイタケ）の原産国表示が開始された。1998年2月には、新たにゴボウ、アスパラガス、サヤエンドウ、タマネギの4品目が追加され、さらに、2000年6月に「農林物資の規格化及び品質表示の適正化に関する法律の一部を改正する法律」（改正ＪＡＳ法）が施行され、同年7月1日から全品目の原産地（国）表示が実施されている。

有機農産物に関して農林水産省は、1992年10月に「有機農産物等に係る青果物等特別表示ガイドライン」を制定し、農産物表示の統一化を推進することとなり、1996年12月にはそれを押し進めて「有機農産物及び特別栽培農産物に係る表示ガイドライン」を制定した。ただし、これは農産物表示を統一するための指導ガイドラインであり、法的拘束力はなかった。そこで、2000年6月制定の改正ＪＡＳ法に則って、2001年4月1日から「特別栽培農産物に係る表示ガイドライン」が実施され、登録認定機関（第三者認証機関）による「有機農産物」表示が義務づけられた。

農産物流通と環境対策

近年の環境問題への高まりを反映して、1995年には「容器包装リサイクル法」（「容器包装に係る分別収集及び再商品化の促進等に関する法律」）が、また、2001年には「食品リサイクル法」（「食品循環資源の再生利用等の促進に関する法律」）が制定された。こうしたことを受けて、流通関係機関は食品廃棄物問題に取り組んでいる。外食産業や小売業者では、食品残渣の飼料化や肥料化に取り組んでいる。各地の自治体や地域においては、家庭から排出される生ゴミを堆肥化し、地元農家へ供給する活動が本格化している。卸売市場においては、生鮮農産物等の残渣の再資源化に取り組む事例が生まれている。

農産物流通においても資源循環型の視点は必要であり、環境にやさしい農産物流通システムの構築は現代的課題の1つとなっている。

第18章 参考文献

山本博信『新・生鮮食料品流通政策――卸売市場流通政策の解明と活性化方策』（農林統計協会、2005年）

菊池昌弥『冷凍野菜の開発輸入とマーケティング戦略』（農林統計協会、2008年）

時子山ひろみ・荏開津典生『フードシステムの経済学』（医歯薬出版、2013年）

岩間信之編著『フードデザート問題――無縁社会が生む「食の砂漠」』（農林統計協会、2013年）

斎藤修・佐藤和憲編集担当『フードチェーンと地域再生』（農林統計協会、2014年）

卸売市場の整備

卸売市場の役割・機能を十全に発揮させるために、卸売市場法が制定されており、卸売市場の整備を計画的に促進することが規定されている。

卸売市場法（第4条）に基づいて、卸売市場整備基本方針が策定される。

これは、卸売市場の整備・運営の基本方針であり、農林水産大臣がおおむね5年ごとに策定する。

主要な内容としては、卸売市場の配置の目標、施設に関する事項、取引に関する事項、業者の経営近代化の目標等であり、現在は「第9次卸売市場整備基本方針」が、2015年度を目標年度として2010年10月に策定されている。

卸売市場整備基本方針に即して、中央卸売市場の整備に関する計画として、農林水産大臣がおおむね5年ごとに中央卸売市場整備計画を策定する。現在は「第9次中央卸売市場整備計画」が2015年度を目標年度として2011年3月に策定されている。

卸売市場整備基本方針ならびに中央卸売市場整備計画に即して、都道府県の中央卸売市場および地方卸売市場の整備・運営の方針、整備に関する計画として、都道府県卸売市場整備計画をおおむね5年ごとに都道府県が策定する。

なお、地方卸売市場の開設は都道府県知事の許可事項であり、開設主体に限定はない（地方公共団体、株式会社、農協、漁協等）。

「第9次卸売市場整備基本方針」では、卸売市場をめぐる環境変化に対応して、以下の事項を踏まえて、卸売市場の整備、運営をおこなうとしている。

①コールドチェーンシステムの確立をはじめとした生産者及び実需者のニーズへの的確な対応。
②公正かつ効率的な取引の確保。
③食の安全や環境問題等の社会的要請への適切な対応。
④卸売市場間の機能・役割分担の明確化による効率的な流通の確保。
⑤卸売業者及び仲卸業者の経営体質の強化。
⑥経営戦略的な視点を持った市場運営の確保。

第 19 章　畜産物流通の現状と課題

　この章では、日本の畜産物の流通がどうなっているについてみる。第 1 章でみたように、1970 年代以降、欧米化型食生活の普及によって食肉や乳製品の消費は飛躍的に拡大してきた。これに対応して日本の畜産業も発展してきたが、日本の畜産業は飼料を外国に全面的に依存する形で発展してきたため、つねに経営の不安定さに悩まされてきた。また、食肉の自由化による外国からの食肉輸入にも大きな影響を受けてきた。ここでは、食肉では牛肉を中心に国産牛肉と輸入牛肉の流通について、また、後半部分では牛乳、乳製品の流通についてみてみよう。

（1）日本の食肉・乳製品の消費の増大

欧米型食生活の普及と食肉消費の増大

　日本の食肉消費は、戦前にも牛鍋屋やすき焼き屋があったが宗教上の理由から消費量は少なかった。戦後も、高度経済成長まで肉類の消費量は少なく、ソーセージも当初は魚肉が使用されていた。日本の食肉消費が増大してくるのは 1960 年代の高度成長期以降のことである。高度成長による所得の上昇で欧米型食生活が普及し、食肉の消費を拡大してくる。

　表 19-1 は、食肉の 1 人当たり年間純食料供給を示しているが、1960 年段階では、くじら肉の消費がまだ牛肉や豚肉の消費量を上回っていた。しかし、1960 年代以降、食肉の消費は急激に拡大し、1960 年に 5.2kg であった

[第 19 章のキーワード]　　豚肉の自由化／「加工型畜産」／牛肉の自由化／口蹄疫／ＢＳＥ問題／鳥インフルエンザ／食肉問屋／食肉センターの建設／食肉加工資本／枝肉・部分肉／「畜産振興事業団」／牛乳の過剰／はっ酵乳／ナチュラルチーズ・プロセスチーズ

のが 1980 年には 22.5 kg と、この 20 年間で食肉の消費量は 4.3 倍に増加した。80 年頃までの食肉の消費拡大は主として豚肉と鶏肉が中心であった。とくに、1971 年の豚肉の輸入自由化によって豚肉の消費が急速に拡大した。80 年代以降は、牛肉の消費が拡大している。1980 年から 2000 年に、豚肉と鶏肉の消費はそれぞれ 10.4％、32.5％の伸びにとどまったのにたいして、牛肉はこの間に 117.1％と大幅な伸びを示している。これは、80 年代後半から日米経済摩擦の激化によって米国からの農産物輸入自由化圧力が強まり、牛肉の輸入枠が拡大され、さらに 1991 年には牛肉自由化によって、安い米国産、豪州産牛肉が大量に輸入され、その結果、牛肉価格が下落し牛肉需要が急速に拡大したためである。

　近年、肉類の消費が伸びた要因として外食・中食産業の発展があげられる。表 19-2 は、食肉の家庭内消費と加工仕向けと業務用・外食などの食肉の消費構成の割合を示している。牛肉の消費では、近年、業務用・外食用の消費の割合が急速に拡大している。1980 年段階では家庭内消費の割合が 62％であったのが、2010 年には 34％に低下している。代わって、業務用・外食のなどの割合は 24％から 61％と大きく増加している。これは、近年の牛丼チェーンやハンバンーガーチェーンなど外食

表 19-1　食肉の1人当たり純食料供給

(単位：年間・kg)

	1960 年	1980 年	2000 年	2010 年
牛　　肉	1.1	3.5	7.6	5.9
豚　　肉	1.1	9.6	10.6	11.7
鶏　　肉	0.8	7.7	10.2	11.3
く じ ら	1.6	0.4	0.0	0.0
その他肉	0.4	1.2	0.3	0.2
合　　計	5.2	22.5	28.8	29.1

(資料)「食料需給表」より。

表 19-2　食肉消費の構成

(単位：％)

		1980 年	2000 年	2010 年
牛肉	家計消費	62	37	34
	加工仕向け	14	9	5
	その他（業務用・外食等）	24	54	61
豚肉	家計消費	52	41	46
	加工仕向け	26	28	25
	その他（業務用・外食等）	23	31	29
鶏肉	家計消費	46	31	38
	加工仕向け	4	9	7
	その他（業務用・外食等）	50	60	55

(資料)農畜産振興機構「Alic 統計一覧」より。

産業の発展によるものである。豚肉消費の特徴については、1980年段階ですでに加工仕向けの割合が比較的高くなっていることである。これは、1971年の豚肉の自由化によって海外から安い輸入牛肉を調達し、それを使って大手ハムメーカーがハム・ソーセージなど豚肉加工業を発展させたためである。現在でも、豚肉の消費で加工仕向けの割合は25％と他の肉に較べ高くなっている。2011年で豚肉加工食品の割合を見てみると、57.6％がソーセージ類でうちウィンナーが42.1％と最大となっている。次いで、ベーコン16.5％、ロースハム16.1％などの割合となっている。

鶏肉消費については、1980年段階から焼き鳥など外食の割合が高く、2010年でも55％となっている。

牛乳・乳製品の消費の拡大

日本における牛乳・乳製品の消費の拡大は、戦後に始められた「学校給食」の影響が大きいが、当初の学校給食は脱脂粉乳が使われており、現在からみるとおいしくなく、健康面から考えても問題があった。

表19-3は、1960年以降の牛乳・乳製品の消費の拡大を示している。牛乳・乳製品全体では1960年22.2kgであったが、80年には63.5kgと、この間に2.9倍に増加し、その後も2000年までは増加し94.2kgまで増加した。しかし、それ以降は減少し2010年には86.4kgとなっている。とくに牛乳の消費については、90年代半ば以降、減少傾向にある。これは、少子化の影響によるものと考えられる。他方、乳製品の消費は牛乳に較べ2000年以降ほとんど横ばい状態にある。全体として近年はバターよりチーズの消費が大きくなっている。

表19-3 牛乳・乳製品の1人当たり純食料供給

(単位：年間・kg)

	1960年	1980年	2000年	2010年
牛乳・乳製品	22.2	65.3	94.2	86.4
飲用向け	10.7	33.9	39.0	31.8
乳製品向け	10.5	31.0	55.0	54.5
脱脂粉乳	0.4	1.2	1.5	1.3
チーズ	0.1	0.7	1.9	1.9
バター	0.1	0.6	0.7	0.7

(資料) 農林水産省「食料需給表」より。

（2）食肉輸入の増大と日本の畜産

日本の畜産政策と輸入自由化

　日本の畜産政策が本格化したのは1961年に成立した「農業基本法」以降のことである。同法のもとで「選択的拡大」品目として、果樹とともに畜産の振興策が打ち出され、各種農業補助金が投入されることになった。日本の畜産政策はスタートからもっとも重要である国内での飼料生産の増産について明確な方針を持たないで、米国からの飼料輸入に全面的に依存した形で始められた。その後も、これは改善されず、濃厚飼料の中心となる飼料用トウモロコシの自給率は現在でも0％である。このように日本の畜産の特徴は飼料を全面的に海外に依存する「加工型畜産」という特徴をもっている。このため日本の畜産農家は何らかの国際事情で飼料の国際価格が上昇すると、大きな影響を受け「経営危機」を繰り返してきた。

　1980年代に入って日米経済摩擦が激化し、農産物の輸入自由化が米国から求められるようになり、米国政府はとくに牛肉とオレンジの輸入自由化を強く求めてきた。1984年には牛肉、オレンジ、オレンジ果汁輸入をめぐって日米交渉がもたれ、87年までの4年間の輸入枠拡大で決着した。その後も米国からの圧力は続き、1988年に牛肉、オレンジ、オレンジ果汁の自由化が決定された。この決定に基づいて91年から牛肉、オレンジ、92年からオレンジ果汁の輸入自由化が実施された。

食肉輸入の増大と自給率の低下

　牛肉の自由化によって牛肉輸入が増大した。また、90年代の円高の影響もあって豚肉や鶏肉の輸入量も急増した。

　表19-4は、1980年から2010年までの食肉の輸入量、国内生産量、自給率を示している。牛肉輸入量は、1980年から90年の間に3.2倍に増加した後も90年から2000年まで92.2％増加した。他方、自給率は1980年72％から2000年には34％にまで低下した。しかし、2003年に米国のBSE感染牛が発見され、米国からの牛肉の輸入が禁止されたため輸入量は大幅に減少し

た。2年後に米国産牛肉の輸入は再開されたが影響は残っており、2000年から10年にかけて牛肉の輸入量は30.7％減少した。

逆に豚肉は、1997年に台湾で口蹄疫の発生によって一時的に減少したが、90年代から輸入は増加し続けている。2000年代に入るとBSE問題で牛肉の輸入に代替し豚肉輸入が増大した。

鶏肉については、1990年から2000年にかけて輸入量は2.3倍と急増したが、2003～04年に東南アジアや中国で鳥インフルエンザが大流行したため2000年代に入って輸入量は減少している。近年では、生の鶏肉輸入に代わって、タイなど現地で加工された鶏肉調整品（唐揚げ、焼き鳥など）での輸入が増加しており、現在では金額で鶏肉調整品の輸入額が、生の鶏肉輸入額を上回っている。ＢＳＥと鳥インフルエンザの影響で牛肉と鶏肉の輸入量は減少し、豚肉の輸入は増大した。

日本の食肉自給率は1990年から2010年にかけて大きく低下し、この間に牛肉は51％から42％に、豚肉74％から53％に、鶏肉は82％から68％に低下した。

日本の食肉の輸入の特徴は、少数の特定の国から輸入に依存している点である。2011年度の食肉の輸入先をみると、牛肉では豪州63.7％、米国25.9％

表19-4　食肉の需給動向（枝肉ベース）

（単位：1000トン、％）

		1980年	1990年	2000年	2010年
牛肉	需要量	597	1,095	1,554	1,218
	生産量	431	555	521	512
	輸入量	172	549	1,055	731
	自給率（％）	72	51	34	42
豚肉	需要量	1,646	2,066	2,188	2,416
	生産量	1,430	1,536	1,256	1,277
	輸入量	207	488	952	1,143
	自給率（％）	87	74	57	53
鶏肉	需要量	1,194	1,678	1,865	2,087
	生産量	1,120	1,380	1,195	1,417
	輸入量	80	297	686	674
	自給率（％）	94	82	64	68

（資料）農林水産省「食料需給表」より。

と2か国で89.6％を占めている。豚肉では米国40.7％、カナダ22.0％、デンマーク16.5％と3か国で79.2％を占めている。鶏肉ではブラジル1国から90.0％輸入している。また鶏肉調整品ではタイ51.1％、中国47.8％と2か国で98.9％を占めている。

　このように、食肉輸入を少数国に依存していると、2003年のような米国でのＢＳＥ感染牛の発見や鳥インフルエンザなど輸出国で問題が発生し輸入禁止になると、輸入肉に依存している外食産業などに大きな影響を与えることになる。

牛肉の輸入自由化と国内生産

　海外からの安い食肉の輸入によって、日本の畜産経営は苦境に陥っている。日本の牛肉生産のピークは1994年の60.5万トン（枝肉ベース）で、それ以降減少傾向にあり、2010年には51.2万トンとなっておりピークからみると15.4％減少している。また、豚肉生産のピークは1989年の159.7万トン、鶏肉生産のピークは87年の143.7万トンであり、その後は減少傾向にあり、2010年には、それぞれ127.7万トン、141.7万トンとなっている。

　国内の牛肉生産については、1991年の牛肉輸入自由化以降、自由化による牛肉需要の拡大によって和牛など国産牛肉の需要も一時的に拡大したため、国産牛肉の生産もしばらくの間は増加した。そのこともあって、和牛などの肉用

表19-5　乳用牛、肉用牛、肉豚の飼養戸数、飼用頭数、1戸当たり頭数

		1980年	1990年	2000年	2010年
乳用牛	飼養戸数　（千戸）	106.0	59.8	32.2	23.1
	飼養頭数めす（千頭）	2,104	2,068	1,725	1,500
	一戸当たり頭数	19.8	34.6	53.6	64.9
肉用牛	飼養戸数　（千戸）	352.8	221.1	110.1	77.3
	飼養頭数　（千頭）	2,281	2,805	2,806	2,923
	うち肉用牛	1,478	1,732	1,679	1,889
	乳用牛	803	1,073	1,126	1,033
	一戸当たり頭数	6.5	12.7	25.5	37.8
肉豚	飼養戸数　（千戸）	126.7	36.0	10.8	6.9
	飼養頭数　（千頭）	10,065	11,335	9,788	9,899
	一戸当たり頭数	79.4	314.9	906.3	1,437

（資料）農林水産省「畜産統計」より。

牛の飼育頭数も1994年までは増加したが、それ以降は長期不況の影響と安い輸入牛肉の増大もあって減少傾向に転じている。

表19-5は、近年の乳用牛、肉用牛、肉豚の飼養農家戸数、飼用頭数、1戸当たり頭数を示している。乳用牛については、近年の牛乳の過剰による乳価の下落の影響を受け、飼養頭数は1985年の211.1万頭をピークに減少を続けており、2010年には150.0万頭にまで減少した。しかし、飼養農家数は、それ以上減少し、1980年に10.6万戸であったのが2010年には2.3万戸にまで減少している。農家数の減少によって、1戸当たり頭数は19.8頭から64.9頭に増加した。

肉用牛の飼育頭数は、先に述べたように1994年まで増加するが、その後は減少に転ずる。他方、飼養農家戸数は一貫して減少しており、1980年に35.3万戸であったのが、2010年には7.7万戸にまで減少している。このため1戸当たり平均頭数は増加を続けている。

肉用牛には、和牛のように最初から肉専用種に飼育される肉牛と、乳牛のうち雄で生まれたため肥育し食肉用に利用される乳牛、牛乳の出が悪くなり解体され食肉にされる廃乳牛がある。表19-6は、成牛の種別生産量を示しているが、牛肉生産量（枝肉ベース）のうち乳牛の割合は依然として高い。2008年度でも枝肉生産の58.7％が乳牛である。なかでも、乳用肥育雄牛の割合は高い。これら乳用肥育牛は酪農経営にとって不可欠な存在である。

輸入自由化によってもっとも影響を受けたのは外国産牛にもっとも品質的に近いのは乳用肥育牛である。和牛と外国産牛は品質的に明確に区別ができるが、外国産牛と乳用牛との区別は消費者には難しい。このため安い輸入牛肉と直接

表19-6　成牛の枝肉の種別生産量

(単位：1000トン)

	成牛計	和牛	乳牛	乳用雌牛	乳用肥育雄牛	その他の牛
1980年	415.8	134.0	281.8	138.1	143.7	―
1990年	548.4	189.5	345.8	155.2	190.6	13.0
2000年	529.8	236.2	288.2	125.1	163.0	5.5
2008年	518.7	204.0	304.4	120.5	183.8	10.3

（資料）農林水産省「食肉流通統計」より作成。

的な競合関係になったのは乳用牛肉で、国産の乳用種牛肉価格が急落し、酪農経営に大きな打撃となった。

（3）国産牛肉の流通

国内産食肉の流通形態

　現在の牛肉の流通は大半が部分肉で流通している。農水省のモデルでは、牛の生体は平均690kgあるが、これをと畜場で解体され、頭、足、皮、内臓、血液などが除去され枝肉にされる。この枝肉からさらに骨や余剰脂肪を除去して部分肉にされる。部分肉の段階では平均311kgにまで減少する。そして、最終的にスーパーや精肉店で精肉にされて消費者に販売される。

　1960年以前の肉牛の流通形態は、産地家畜商から消費地食肉問屋中心の生体取引が中心であった。そして、消費地にあると畜場で解体され、枝肉で流通していた。食肉の古い流通形態を改善するために、1958年に大阪に全国で初めて食肉中央卸売市場が開設された。その後、全国各地に卸売市場を開設し、すべての卸売市場にと畜場を併設し、生体荷受を基本とした。しかし、卸売市場は規模が小さく、古くから食肉流通に大きな影響力を持っていた食肉問屋の影響力を排除できなかった。このため、野菜などと違って食肉流通は当初から市場経由率が低かった。

　1960年代に入ると、全国各地に産地の食肉センターが建設された。これには自治体が所有し、農協が集荷担当と利用、食肉問屋がと畜解体技術を提供し、小売商組合が枝肉の購入、食肉加工資本が枝肉・部分肉の販売を担当し、設立された。当初、食肉センターは急増した豚肉の消費に対応するものが主で、豚肉の枝肉出荷を促進させる目的で建設された。食肉センターでは、「枝肉・セリ取引」が義務付けられた。この産地食肉センターの建設を契機に、食肉加工資本の生肉の加工、流通への参入が始まった。食肉加工資本は消費地での精肉店を組織化し、「プリマ会」「日本ハム会」「伊藤ハム会」などがつくられた。また、豚肉の生産増加に対応して、大型の産地工場が建設し、プリマハム（当時、竹岸畜産）が鹿児島に、日本ハム（当時、徳島ハム）が茨城に大型産地工場

を建設し、豚肉を部分肉にして出荷した。食肉加工資本は本来の加工ハムの生産には輸入豚を原料にしてプレスハムを生産し、国産豚は生肉で出荷した。

1970年代に入ると、食肉加工資本の売り上げの中心はハムより生肉の売り上げが中心となった。1974年の食肉加工資本各社の総売上高に占める生肉の割合は、日本ハム55.4％、プリマハム55.9％、伊藤ハム49.9％と半分近くを占めた。その後も、食肉加工資本の生肉販売の割合は高く維持され、2011年でも日本ハム53.5％、プリマハム39.3％、伊藤ハム51.5％となっている。

現在の国内牛肉の流通ルート

現在の国内産食肉の流通ルートは図19-1のようになっている。食肉の流通は、肉畜生産者から生体で農協、家畜市場、家畜商など集出荷団体に販売され、と畜場に送られる。と畜場は、市場併設と畜場、産地にある食肉センター、その他の一般と畜場がある。一般と畜場は、食肉問屋や食肉専門店が運営している。同図にあるように、2008年では市場併設が27か所、食肉センター73か所、一般と畜場が99か所と一般と畜場がもっとも多いがと畜頭数では食肉センターが全体の46.9％と半数近くを占めている。近年のと畜場形態別のと畜頭数の割合の推移をみると、市場併設型と一般のと畜場の割合が低下し食肉

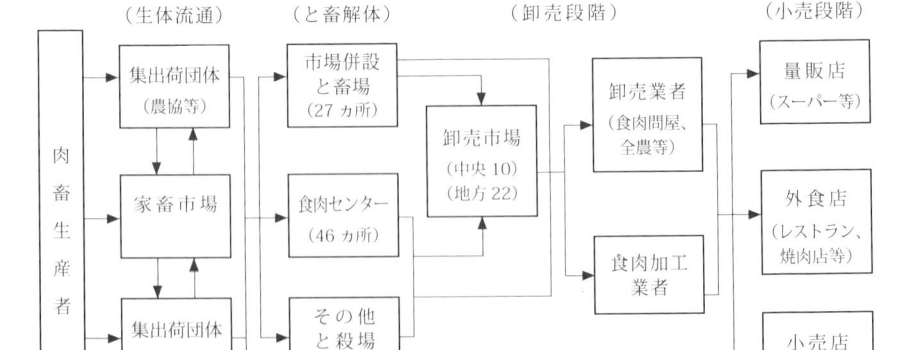

図19-1　国産食肉の流通経路

(資料) 社団法人日本食肉市場卸売協会および『2010日本食肉年鑑』(食肉通信社)より。

センターの割合が高くなっている。これは近年、食肉センターの貯蔵保管施設、部分肉加工処理施設の高速化により現地でと畜解体され、部分肉にして卸売業者や小売業者に販売する方が、流通コストが安くなるためと考えられる。

表 19-7 は、2005 年の国産食肉の主な流通経路別仕入れ先と仕入れ量を示している。これによれば、食品小売業の仕入先は「その他卸売業」からの割合が高く、豚肉の場合 50.5％、牛肉の場合 48.8％ともっとも多く、次いで食品製造業からが多くなっており、卸売市場からの仕入れは少ない。また、外食産業でも牛肉の場合は「その他卸売業」からが 40.0％と多くなっている。

食肉の卸売を担っているのは、食肉問屋や全農などの食肉卸売業者と、日本ハム、伊藤ハムなどの食肉加工資本である。国産の食肉はスーパーなど量販店や、外食産業の多くは食肉加工資本や食肉問屋から仕入れていることがわかる。

（4）輸入牛肉の流通

自由化以前の輸入牛肉の流通

現在の輸入牛肉・豚肉の取扱量では食肉加工資本や輸入商社が大きなシェアを占めている。これには歴史的経過がある。先にも述べたように食肉加工資本はハム生産のため原料の豚肉を古くから総合商社を通じて輸入していた。豚肉

表 19-7　国産食肉の主な流通経路別仕入れ量（部分肉換算）2005 年

		仕入量（千トン）	計（％）	農協経済連等	食品卸売業			食品製造業	食品小売業	自社飼育
						卸売市場	その他卸売業			
豚肉	食品製造業	745	100.0	61.2	22.5	7.2	15.6	11.7	0.4	4.2
	食品卸売業	1,206	100.0	39.0	40.3	4.4	35.9	20.4	0.2	―
	食品小売業	656	100.0	14.9	60.5	10.0	50.5	19.8	4.7	0.0
	外食産業	182	100.0	2.7	33.8	7.3	26.5	9.0	54.5	―
牛肉	食品製造業	158	100.0	50.2	29.5	12.5	17.0	16.3	0.0	3.9
	食品卸売業	599	100.0	44.5	44.3	18.2	26.1	10.9	0.2	0.1
	食品小売業	295	100.0	13.1	64.2	15.4	48.8	16.8	4.6	1.3
	外食産業	107	100.0	5.2	62.3	13.3	49.0	8.1	24.1	0.3

（資料）農林水産省「食品流通構造調査（畜産物流通調査）報告・調査結果の概要」（2005 年）より。

は1971年に自由化され輸入量が増大した。

　牛肉については、1991年に自由化される以前は、1966年以降「畜産振興事業団」（現、農畜産業振興機構）によって輸入牛肉は一元管理されていた。農林省（農水省）が年間の牛肉の輸入総量を決め、通産省（経産省）が輸出国に輸入量を割り当て輸入されていた。畜産振興事業団が輸入した牛肉を国内の食肉団体に売り渡すという方法がとられていた。輸入牛肉は、一般枠と特別枠があり、一般枠は事業団取扱い分（8～9割）と民間貿易分（1～2割）に分けられた。民間貿易分が残ったのは、事業団が一元管理する以前から食肉を輸入していた日本ハム・ソーセージ工業協同組合と日本缶詰協同組合分である。特別枠は外国人が宿泊するホテル用や学校給食用として安く売り渡された。

　事業団が国内の食肉団体に売り渡す方法としては、市場セリ、指名競争入札、売買同時入札方式、定価売りの4つの方法がとられていた。市場セリによる方法とは、全国の食肉卸売市場でセリ取引する方法である。食肉は市場経由率が低いため量的には多くなかった。もっとも多かったのは、指名競争入札による方法である。食肉事業の全国の団体である全国食肉事業協同組合、全国同和食肉事業協同組合、全農などの指定団体が参加する競争入札で売り渡される。この入札は、事業団が最低価格を示し、それ以上でなければ事業団は輸入牛肉を売らなかった。その差益が事業団に入る仕組みになっていた。

　この4つの中で指名競争入札による売渡しがもっとも多かったが、ここには問題も多かった。例えば、外食産業が加入していた「全国フードサービス協会」は後発で実績がなかったので、競争入札で手に入れる量が発足以来少なかった。他方、事業団に一元化される以前から輸入食肉を扱っていた食肉加工資本は、民間貿易分と同時に指名競争入札でも実績があったため入札枠も大きかった。指名競争入札で落札した牛肉は自分のところで使用する必要がなかったので、輸入肉が不足しているフードサービス協会に高く売りつけて利益を得ていた。このように、売り渡し量が過去の実績に応じて決められたため食肉加工資本や大手食肉問屋が有利で、実績はないが輸入食肉をもっとも使うようになった外食産業などは不利益な扱いがおこなわれていた。

　畜産振興事業団はまた牛肉の価格安定機能も担っていた。牛肉価格は、国産牛の場合、国際的な飼料価格の乱高下に左右され、飼料価格が高いときに安

輸入牛肉が入ってくると肉牛肥育農家は大変な打撃を受ける。このため、農水省は牛肉の価格安定制度を設けた。牛肉を和牛と乳用種雄の2つに分け、それぞれに安定上位価格と安定基準価格を設定し、牛肉の卸売価格が値下がりし基準価格を下回ると事業団が市場から牛肉を買い上げ保管し、供給量を減らし下落を食い止めた。逆に、上位価格を上回ると在庫の食肉を市場に放出し供給量を増やし高騰をくい止めた。

自由化以降の輸入牛肉の流通

1991年の牛肉の輸入自由化によって畜産振興事業団の一元管理はなくなり、牛肉の輸入は関税を払えば自由に輸入することができるようになった。しかし、自由化以前に輸入肉の実績を持ち、国内の販売網を持っていた食肉加工資本は自由化以降も輸入牛肉の卸売機能が強化された。表19-8は、2005年の輸入肉の主な流通経路別仕入れ量を示している。これによれば、食品製造業は輸入商社からが多く、豚肉42.0%、牛肉41.9%となっている。食品卸売業は自社直接輸入が多く、それぞれ35.9%、55.6%となっている。また、食品小売業や外食産業は「その他卸売業」からが最大で、食品小売業は、それぞれ57.6%、62.2%、外食産業も、それぞれ45.4%、61.3%となっている。国産肉の流通と同様に小売業や外食産業は食肉問屋や食肉加工資本などの「その他卸売業」からが多くなっていることがわかる。

表19-8　輸入肉の主な流通経路別仕入れ量（部分肉換算）2005年

		仕入量 (千トン)	計 (%)	自社直接輸入	食品卸売業			食品製造業	食品小売業
						輸入商社	その他卸売業		
豚肉	食品製造業	582	100.0	8.6	63.2	42.0	21.2	27.0	1.3
	食品卸売業	1,212	100.0	35.9	62.0	34.1	27.9	2.1	0.0
	食品小売業	116	100.0	8.0	75.7	18.1	57.6	13.8	2.4
	外食産業	90	100.0	3.0	49.7	4.3	45.4	23.8	23.4
牛肉	食品製造業	186	100.0	6.9	59.1	41.9	17.2	32.6	1.4
	食品卸売業	724	100.0	55.6	41.0	20.9	20.2	3.4	0.0
	食品小売業	102	100.0	8.0	71.1	8.9	62.2	18.9	2.0
	外食産業	91	100.0	1.8	65.8	4.5	61.3	13.3	19.0

（資料）農林水産省「食品流通構造調査（畜産物流通調査）報告・調査結果の概要」（2005年）より。

食品卸売業が、自社直接輸入が多くなっているのは「開発輸入」によるものである。輸入牛肉の輸入先は米国と豪州が圧倒的であったため、両国に生産拠点を置き輸入を拡大していった。豪州産肉は基本的に一頭買いであるので現地に直営牧場買収や牛肉加工処理施設を建設・買収し日本への開発輸入体制を強化した。日本ハムは1987年にクイーンズランド州にあるワイアラ牧場を買収し13万頭を飼育できるフィードロット経営に乗り出した。さらに買収で3か所の牛肉処理会社を持ち、そこで加工して日本に輸出している。また、伊藤ハムも1991年に5万頭のフィードロット経営にのりだし、現地に加工処理施設を持っている。

大手スーパーも輸入牛肉を食品加工資本からの調達を受けつつ、独自の調達網も開発している。大手スーパーのジャスコは自由化以前の1974年にスーパー大手のジャスコが豪州のタスマニアで9千頭のフィードロット経営に乗り出し直輸入をおこなってきた。また、他のスーパーも海外の大手パッカーとの提携を強め、輸入商社を通じての輸入を増大させている。

（5）牛乳・乳製品の流通

飲用牛乳の生産と流通

生乳の生産量は、1996年の870万トンをピークに減少を続け2010年には763万トンまで減少した。生産の都道府県別でみると、大きく減少しているのは都府県産で1990年から27.0％減少している。他方、北海道産については近年頭打ちにはなっているが、1990年からみると26.3％増加してきた。その結果、2010年では生乳生産の51％と、半分以上が北海道で生産されている。日本の生乳の用途は飲用牛乳と乳製品向けがあるが、

表19-9　牛乳の生産量の推移

(単位：万トン)

	全国	北海道	都府県
1990年	820.3	308.6	511.7
1995年	846.7	347.2	499.5
2000年	841.5	362.2	479.2
2005年	829.3	388.3	441.0
2010年	763.1	389.7	373.4

(資料) 農林水産省「牛乳乳製品統計」より。

全体では2012年で飲用牛乳等向け（牛乳だけでなく加工乳、乳飲料などを含む）が53.0％、乳製品向けその他が47.0％となっている。これを地域別でみると、北海道産の生乳の84.9％が「乳製品向けその他」で、牛乳等向けは15.1％にしかすぎない。他方、都府県酪農の生乳は86.9％が飲用牛乳向けとなっており圧倒的に多く、北海道産と都府県産の分業関係が確立している。

ところで飲用牛乳等は、次の6つに分類される。①加熱殺菌で成分無調整の牛乳、②低脂肪乳に代表される成分調整牛乳、③生乳にバターやクリーム、脱脂粉乳を混ぜる加工乳、④生乳、牛乳、乳製品にビタミン、カルシウム、鉄分、コーヒー、果汁などを入れる乳飲料、⑤ヨーグルトに代表される牛乳に乳酸菌や酵母を加え発酵させるはっ酵乳、⑥ヤクルトやカルピスに代表される乳酸菌や酵母を加える割合が小さい乳酸菌飲料などに区分される。

表19-10は飲用牛乳の生産量の推移を示しているが、牛乳の生産量は近年大きく減少し、1990年の427.5万キロリットルから2010年には304.8万キロリットルと、この20年で3割弱減少している。これは、牛乳の需要が牛乳を多く飲む若年層が少子化で減少したことと茶類飲料の普及によるところが大きいと考えられる。他方、近年の健康志向を反映して、はっ酵乳の生産は大きく増加し、1990年82.2万キロリットルから2010年には121.5万キロリットルと47.8％増と大きく伸びている。

飲用牛乳の流通経路は図19-2のようになっている。酪農農家で生産された生乳はタンクローリーで農協や酪農協などの生産者団体に集荷され、飲用牛乳工場に運ばれ殺菌処理される。工場から小売店であるスーパーなどの大規模店、生協の共同購入・個配、コンビニエンスストア、学校給食、牛乳販売店（販売会社含む）などに送られる。

表19-10　飲用牛乳等の生産量

（単位：1000キロリットル）

	飲用牛乳等合計	牛乳	加工乳・成分調整牛乳	乳飲料	はっ酵乳	乳酸菌飲料
1990年	4,975	4,275	700	822	306	201
2000年	4,565	3,924	642	1,198	684	174
2005年	4,262	3,793	470	1,207	802	172
2010年	3,717	3,048	669	1,215	837	180

（資料）農林水産省「牛乳乳製品統計」より。

飲用牛乳の最終小売は1970年代前半までは牛乳専門の販売店から家庭に宅配されていた。しかし、70年代半ばから牛乳の紙パックが普及しスーパーや生協の量販店による販売が主流となっており、現在では量販店の販売シェアは80％を超えている。学校給食の割合は、2012年で12.3％と一定の割合を占めている。

乳製品の生産と流通

乳製品の種類は次の3つに大きく分けることができる。1つはバターで、生乳を遠心分離しクリームと脱脂乳にして、クリームから空気・水分を抜きながら練って製造する。バターの多くは業務用で、家庭用は26％にしかすぎず、菓子・パンメーカー、乳業メーカーに販売される。2つ目は脱脂粉乳で、遠心分離された脱脂乳を濃縮・乾燥したものである。脱脂粉乳は98％が業務用で、はっ酵乳や乳飲料に使用される。乳業メーカーや乳業アイスクリームメーカーで使用される。3つ目はチーズである。チーズは、ナチュラルチーズとプロセスチーズに分けられる。ナチュラルチーズは、生乳のタンパク質や脂肪などを酵素や乳酸菌で固め熟成させたものである。ナチュラルチーズは輸入品の割合が高くなっている。1989年にチーズの輸入自由化がおこなわれ、関税率は29.8％となっている。他方、プロセスチーズは、ナチュラルチーズを混合

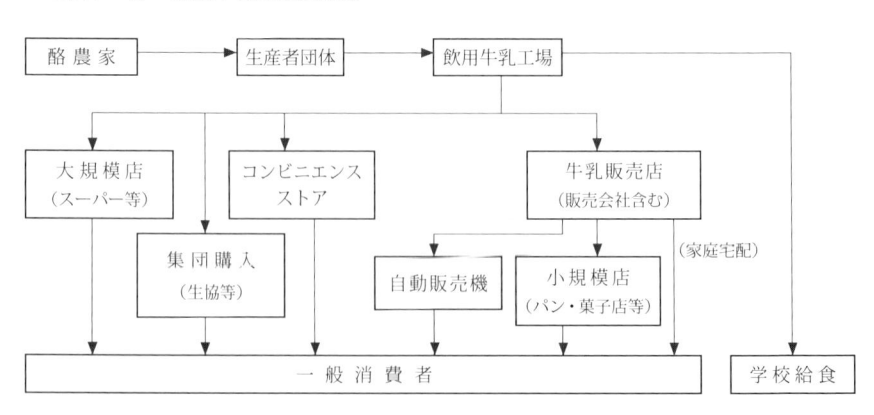

図19－2　飲用牛乳の流通経路

(資料) 中央酪農会議資料より。

し加熱溶解し成型したもので、ほとんどが国産だが原料のナチュラルチーズは7割が輸入ものを使用している。1994年にバター、脱脂粉乳の関税化がおこなわれ関税率は、バター360％、脱脂粉乳は218％と高くなっている。これはバターと脱脂粉乳の生産が牛乳の需給調整に不可欠であるからである。

チーズの生産量、輸入量、消費量の推移は、表19-11に示されている。国産のナチュラルチーズの生産量は、1995年30,739トンであったが、2010年には46,241トンとなり50.4％と大きく増加している。他方、ナチュラルチーズの輸入量も多く、10年で189,466トンと国産の4倍になっている。国産のナチュラルチーズの57.1％はプロセスチーズ原料用であり、残りが直接消費用である。輸入ナチュラルチーズは、直接消費用が66.0％である。直接消費用ナチュラルチーズのうち、国産の割合は86.3％が輸入によるものである。

日本の乳製品の輸入のほとんどはナチュラルチーズである。2009年では、乳製品輸入額の73.6％がナチュラルチーズである。輸入先は、豪州から47.8％、ニュージーランドからが27.8％となっており、両国から圧倒的に多く輸入されている。

表19-11 日本のチーズの需給動向

(単位：トン)

	1990年	1995年	2000年	2005年	2010年
国産ナチュラルチーズの生産量	28,415	30,739	33,669	38,574	46,241
プロセスチーズ原料	18,245	19,049	19,041	24,633	26,385
直接消費用	10,170	11,690	14,159	13,941	19,856
輸入ナチュラルチーズ	111,629	154,956	202,297	197,585	189,466
プロセスチーズ原料	44,371	61,236	70,730	67,934	64,439
直接消費用	67,258	93,720	131,567	129,651	125,027
直接消費ナチュラルチーズ消費量	77,428	105,410	146,195	143,592	144,883
プロセスチーズ消費量	75,897	99,128	112,797	118,240	116,549
国内生産量	73,889	94,737	105,929	109,229	107,172
輸入数量	2,010	4,391	258,993	9,011	9,377
チーズ総消費量	153,325	204,538	258,993	261,832	261,432

(資料) 農林水産省畜産局 牛乳乳製品課調べ。

第19章　参考文献

長澤真史『輸入自由化と食肉市場再編』（筑波書房、2002年）

新山陽子『牛肉のフードシステム』（日本評論社、2001年）

安部新一「畜産物の流通システム」（藤島廣二・安部新一・宮部和幸・岩崎邦彦『新版食料・農産物流通論』筑波書房、2012年所収）

小林宏至「牛乳過剰下の市場問題」（滝澤昭義・細川允史『流通再編と食料・農産物市場』筑波書房、2000年所収）

小林信一編『酪農乳業の危機と日本酪農の進路』（筑波書房、2011年）

口蹄疫

　畜産農家にとって、BSEや鳥インフルエンザと同様に大きな被害を受ける家畜の病気に口蹄疫がある。口蹄疫は、口蹄疫ウイルスが原因で偶蹄類の家畜（牛、豚、山羊など）や野生動物（ラクダやシカなど）がかかる病気である。

　口蹄疫にかかると、小牛や子豚では死亡することがあるが、成長した家畜では死亡率は数％程度である。人が病気にかかった牛肉や豚肉を食べたり、牛乳を飲んだりしても口蹄疫にはかかりません。

　しかし、偶蹄類動物に対するウイルスの伝播力が非常に強いので、他の偶蹄類動物へうつさないようするための措置が必要である。このため、口蹄疫が発生した農場の家畜は、殺処分して地中に埋めるとともに、発生した農場周辺の牛や豚の移動や搬出を制限することが義務付けられている。

　2010年4月～8月に宮崎県で発生した口蹄疫で、豚約23万頭、牛約7万頭が殺処分され、畜産農家だけでなく、宮崎県の経済に大きな被害を与えた。

　感染経路は、感染した家畜やウイルスに汚染された糞便との接触、器具、車両、人などによるウイルスの伝搬、空気感染などで、感染発生した地域では、人がウイルスの付着した靴など他の家畜へ運ばれ感染を起こす可能性があるので気をつけなければならない。

　農林水産省が口蹄疫の拡大を防ぐために、以下のような措置をとっている。

①口蹄疫が発生した農場の家畜を殺処分して埋却し、農場を消毒。

②口蹄疫が発生した農場周辺の牛や豚の移動を制限。

・発生農場から半径10km以内における移動制限
・発生農場から半径10～20km以内における搬出制限

③県内全域に消毒薬を配布し、散布。

④移動制限区域に出入りする車両を消毒するための消毒ポイントを設置し、消毒を実施。

⑤移動制限区域内のワクチン接種による感染拡大防止。

　　　（農林水産省ホームページより）

第20章　水産物流通はどうなっているか？

　この章では、日本の食卓に欠かせない水産物の流通についてみてみよう。日本は四方を海に囲まれていたため、昔から魚介類を多く食べており日本型食生活に欠かせないものである。また、漁業生産も盛んで1970年代には日本は漁獲高が世界一であった。しかし、近年では魚は高いなどの理由で消費が減少し、また漁業者の高齢化などもあり海外から大量の魚介類が輸入され、それが食卓に並ぶようになってきている。ここでは、日本の漁業の現状と日本人が現在も多く食べているエビとマグロの流通の特徴について見ていくことにする。

（1）日本人の魚の消費と国内生産

日本の食生活と魚の消費

　日本人の食生活は、先進国のなかにあって食肉消費量が相対的に少なく、魚介類の消費が先進国のなかでは最大になっていることが大きな特徴となっている。FAO統計によると、2011年の1人1年間の供給粗食料の国際比較によれば、肉類では米国が117.6kg、フランスが88.7kgにたいし、日本はこれらの国の半分以下の48.8kgとなっている。他方、魚介類では、米国が21.6kg、フランスが34.6kgにたいし日本は53.7kgと2倍近く消費しており、先進国のなかでは最大になっている。日本人にとって魚介類の摂取はカロリー面でも動物性たんぱく質の4割を占めており、日本人の食生活に欠かせない食品である。
　日本人が魚介類をたくさん消費していることは日本人の食生活のバランスを

> ［第20章のキーワード］　　ＥＰＡとＤＨＡ／沿岸漁業・沖合漁業・遠洋漁業／200カイリ問題／排他的経済水域（ＥＥＺ）／マイワシの激減／レジームシフト／漁獲可能量（ＴＡＣ）／マグロの漁獲枠の制限／汽水域でのエビ養殖／親エビ革命／マグロの蓄養／冷蔵マグロと冷凍マグロ／一船買い

良くしている。第1章で述べたように、日本のPFCバランスが良いのはコメと魚の消費によるところが大きい。また、近年の研究では魚介類の摂取が健康にも良いことがわかってきている。魚の脂肪と肉類の脂肪の違いが解明され、肉の脂肪は血栓症を起こす不純物を血管内にためる作用があるのにたいし、魚の脂肪はEPA（エイコサペンタエン酸）とDHA（ドコサヘキサエン酸）を含んでおり、これが血液の流れをよくし、血管内の不純物を除去する作用があることがわかっている。健康のためにも魚の消費は重要である。

しかし、近年の日本の魚介類の消費は停滞気味である。魚介類は肉類にくらべ「高い」「嫌い」「面倒くさい」と思われがちであり、これが消費の頭打ちと結びついている。魚介類の1人1年あたり消費量は、供給純食料ベースで1990年ころまでは増加を続けてきたが、90年以降は停滞している。1970年31.6kgから90年には37.5kgにまで増加したが、2010年には29.4kgと大幅に減少している。

日本の漁業と200カイリ問題

日本人は昔から魚をよく食べるため漁業も盛んであった。1980年代半ばまで、日本は世界一の漁業大国であった。日本の漁業は「沿岸から沖合へ、沖合から遠洋への」のスローガンのもとに世界の海に進出し、1972年にはペルーを抜き漁業生産高で世界一となった。日本の漁業は、漁業領域で沿岸漁業（日帰りでできる程度の海域）、沖合漁業（その外側にあって200カイリ水域内）、遠洋漁業（その外側の海域）の3つに分けられるが、70年代半ばまでは日本の漁業の中心は遠洋漁業であった。

表20-1　日本の魚介類の国内生産と輸入量の推移

（単位：1000トン）

	1960年	1970年	1980年	1990年	2000年	2010年
国内消費仕向量	5,383	8,631	10,734	13,028	10,812	8,701
国内生産	5,383	8,794	10,425	10,278	5,736	4,782
輸入量	100	745	1,689	3,823	5,883	4,841
輸出量	520	968	1,023	1,140	264	706
自給率（％）	108	102	97	79	53	55
1人1年純供給数量（kg）	27.8	31.6	34.8	37.5	37.2	29.4

（資料）農林水産省「食料需給表」より作成。

しかし、1970年代に入って国連国際海洋法会議で「200カイリ」問題が取り上げられ、1977年にその国の沿岸から200カイリ水域（200カイリ＝約370km）が「漁業専管水域」との国際的取り決めがおこなわれるようになった。その後、1982年に国連で海洋法条約が採択され、1994年に発効し、96年に日本も批准した。海洋法条約の発効にもとづいて海岸線から200カイリが「排他的経済水域（EEZ）」となった。この「200カイリ」問題もあって、80年代に入ると日本の遠洋漁業は次第に衰退してくる。遠洋漁業の生産高は1973年の399万トンをピークに減少を続け、95年には100万トンを割り減少してきている。

　他方、「200カイリ」問題が決着した結果、逆に日本の領海内はかなり広がった。このため、日本の漁業生産高は、沖合漁業、沿岸漁業を中心に増えることとなった。沖合漁業生産額は、1975年5,311億円から82年には9,024億円に、沿岸漁業は75年5,132億円から90年に8,047億円に増加した。しかし、その後は、担い手不足と高齢化によって生産額が減少し続け、2006年には、沖合漁業3,996億円、沿岸漁業5,248億円にまで減少した。そして、

表20-2　魚種別にみた漁獲量の推移

(単位：1000トン)

		1960年	1970年	1980年	1990年	2000年	2010年
漁獲量合計		5,818	8,598	9,909	9,570	5,022	4,121
魚　類		4,462	7,245	8,412	8,057	3,573	3,164
	マグロ類	390	291	378	293	286	208
	カツオ類	94	232	377	325	369	331
	サケ・マス	147	118	123	223	179	180
	マイワシ	78	17	2,198	3,678	150	70
	カタクチイワシ	349	365	151	311	381	351
	アジ類	596	269	145	331	182	185
	サバ類	351	1,302	1,301	273	346	492
	サンマ	287	93	187	308	216	207
	カレイ	503	288	282	72	71	49
	スケトウダラ	380	2,347	1,552	871	300	251
	タイ類	45	38	28	25	24	25
エビ類		62	56	51	43	29	19
カニ類		64	90	70	61	42	32
イカ類		542	519	687	565	624	267
タコ類		58	96	46	55	47	42

(資料)　農林水産省「漁業養殖業生産統計年報」より。

近年ではこれにかわって養殖業が増えており、2006年には4,496億円と沖合漁業の生産額を上回ってきている。日本の漁業が衰退する中で1988年には漁業生産額で中国に抜かれ、日本の漁獲量は90年957万トンから10年412万トンと半分以下に減少した。

　1990年代に漁業生産高が大幅に減少したおもな原因は、70年代後半から急増していたマイワシの漁獲高が90年代に急減したことが大きな原因である。表20-2は60年代以降の魚種別の漁獲量の推移を示しているが、マイワシは1990年に368万トン獲れていたが、2000年には15万トンに激減し、10年には7万トンにまで低下した。その他の魚種でも、「200カイリ」問題以前は日本の最大の漁獲量を示していたスケトウダラ（タラコの採取とかまぼこの原料などに利用）も近年激減している。1972年の304万トンをピークに減少を続け、2010年には25万トンまでに減少している。また、日本の代表的な大衆魚として親しまれてきたサバの漁獲高も近年、大きく減少している。サバは1978年の163万トンをピークに減少し、90年には27万トンまで減少したが、その後は少し増加傾向にある。サバの価格は上昇傾向にあり、これを補完するためにノルウェーからのサバが輸入されるようになった。

　漁獲量の減少はさまざまな要因によるものがある。一般的には、乱獲によってその魚が枯渇してしまう原因が考えられる。このようなことを防ぐために各国政府は、1年間に獲ってよい「漁獲可能量（TAC）」を決め乱獲を防いでいる。日本も、ズワイガニなど7品目のTAC数量を決めている。また、まぐろの場合はあとで述べるように国際的に漁獲枠を決めて乱獲を防いでいる。しかし、乱獲による漁獲量の減少以外に「レジームシフト」というものがある。レジームシフトとは、気候・海洋生態系の基本構造が長周期（50年程度）で大変動するという意味で、日本のマイワシの激減は、これによるものと考えられている。

（２）世界から集まる日本の食卓の魚

魚介類の輸入の急増

　国内の漁獲高が大幅に減少するなかにあって、魚介類の輸入は80年代後

半以降、2000年ころまで急増してきた。しかし、その後、輸入量は減少傾向にある。2000年に輸入量は588万トンであったが2010年には484万トンと10年間で18％も減少している。表20-3は、日本に輸入されている主要な魚介類の90年以降の輸入量の推移と輸入先を示している。2000年から2010年にかけて輸入量が大幅に減少したのは、エビ19％、カツオ・マグロ27％、うなぎ調整品68％、カニ60％、タコ62％、サバ52％などである。

　輸入の減少は国内消費の減退によるものもあるが、それ以外にもさまざまな原因がある。このうち、カニとタコの場合は主要輸入国のロシアやモロッコなどの資源枯渇によるものと考えられる。カニの主要輸入国はロシアであるが、ロシアの極東区域のズワイガニとタラバガニの資源が枯渇しているためロシア政府は漁獲枠を縮小している。しかし、この地域では密漁・密輸が横行しており資源の減少防止がうまくいっていない。このため、2012年に日露で「カニ密漁・密輸の防止協定」が結ばれたが、依然として密漁されたカニが日本に輸入されている。タコについても、モロッコ沖のタコ資源が減少しモロッコ政府は2003年9月から8か月タコを禁漁にし、その後も年間6か月間禁漁にしている。近隣のモーリタニアも禁漁期間4カ月を設定しており、日本への輸

表20-3　主な魚介類の輸入数量の変化と輸入額および輸入先

(単位：トン、億円)

	輸入数量			輸入額・輸入先（2010年）	
	1990年	2000年	2010年	輸入額	主な輸入先
エビ	304,202	260,165	210,308	181,260	①ベトナム ②インドネシア ③タイ
カツオ・マグロ	257,662	380,715	278,165	172,156	①台湾 ②韓国 ③インドネシア
サケ・マス	169,197	232,215	235,207	144,384	①チリ ②ノルウェー ③米国
ウナギ（活）	20,112	14,356	14,841	22,975	①台湾 ②中国
ウナギ調整品	―	71,313	22,938	36,808	①中国
カニ	86,076	124,293	49,188	47,187	①ロシア
タラの卵	28,086	30,507	38,806	28,931	①ロシア ②米国
イカ	114,276	97,516	78,344	38,236	①タイ ②中国 ③ベトナム
タコ	91,523	116,289	44,681	25,615	①モーリタニア ②モロッコ ③中国
タラ	196,160	154,740	82,646	26,478	①米国
ウニ	4,609	13,774	12,767	14,635	①ロシア ②チリ ③米国
ヒラメ・カレイ	85,671	75,894	55,359	20,536	①米国 ②アイスランド ③ロシア
サバ	70,754	159,528	76,369	16,123	①ノルウェー

（資料）農林水産省「漁業養殖業生産統計年報」より。

出が減少している。

エビの輸入の減少は、日本の東南アジア地域でのエビ養殖に対する国際的な批判が影響していると考えられる。マグロの場合は、国際的な漁獲枠がマグロ類の地域漁業管理機関（ＲＦＭＯ）などで削減されており、その影響が大きいと考えられる。

（３）エビとマグロの輸入と流通

東南アジアでのエビの養殖

日本の食卓やすし店でエビやマグロは欠かせない食材である。また、輸入額でも他の水産物と比較してもかなり大きい額になっている。そして、この２品目は早くから総合商社や大手水産会社が輸入を手がけており、国内の流通ルートも他の魚種と異なっている。まず、エビからみていこう。

エビのほとんどは海外から輸入されている。2010年の農水省の統計では、エビの国内産は 1.9 万トンで、輸入は 21 万トンとなっている。しかし、輸入するエビのほとんどは無頭エビなので、頭付きに換算すると 1.5 倍の 31.5 万トンになる。つまり、われわれが食べているエビの 96％が輸入エビということになる。

エビは古くから輸入されてきた。1961 年にエビの自由化が実施され、東南アジアからの輸入が始まった。1970 年前後から、インドネシア海域では日本のトロール船がエビを大量に獲り、それを冷凍にして日本向けに輸出するようになった。しかし、トロール漁によって現地人が食べていたエビが激減したため、83 年にインドネシア政府はインドネシア海域でのトロール漁を全面禁止にした。

トロール漁が制限されるなか、日本の商社は、日本向けのエビ輸出のためにインドネシアの汽水域（河口で海水と淡水が混ざる地域）にエビの養殖池をつくり、エビの養殖が始められた。当初のエビ養殖は粗放的なものであった。マングローブ林を切り開き養殖池をつくり、浜辺で稚エビを採集し、汽水池で養殖した。池の水は潮の干満を利用したものであり、投餌はしないで池の藻やプラ

ンクトンがエビの餌になった。現地の集買人が、この養殖エビを買い集めて冷凍工場に売り、輸出港にある大型冷凍庫から日本に輸出された。輸出する際には胸頭部は腐食しやすいので切断し、背ワタも除去したエビを輸出した。

　しかし、近年の東南アジアでのエビ養殖は養殖技術の発達で当初の粗放的な方法から次第に集約的なものとなってきている。エビの養殖技術は、1968年に東京大学の台湾人留学生であった廖一久（リャン・イーチュー）がブラックタイガーの養殖に成功、さらに1983年には「親エビ革命」によって飛躍的発展する。これによってエビの孵化する卵が容易に確保されるようになった。これを孵化し、稚エビを人工池で飼育した。80年代には台湾でのエビ養殖が飛躍的に発展し、日本に輸出されるようになる。台湾での養殖は、それまでの東南アジアでの養殖方法と違って、水田のような小さな区画の養殖池に孵化した稚エビを放流し人工飼料投入する方法でおこなわれ、高密度なものであった。

　この台湾でのエビ養殖の方法は、その後、東南アジアでのエビ養殖にも広がり集約的なものに移行している。しかし、養殖池は依然としてマングローブ林を切り開き人工池が建設されている。

　東南アジアでのエビ養殖は、近年の地球環境問題への国際的な関心の高まりのなか、マングローブ林を破壊しているとの批判が高まってきている。インドネシアでは、マングローブ（熱帯地方の汽水域に生息する植物の総称）は、燃料、住宅、屋根などに使用されているだけでなく、防砂林、土留め、高潮の被害防止などにも役立っている。また、沿岸のさまざまな生き物（エビも含め）が幼生期を過ごす場所でもあり、これが破壊されると海の生態系にも大きな影響がでる。

　さらに、養殖池の建設で汽水域の海水の汚染、薬害なども出ている。このため5〜10年で養殖池を放棄し、新しい養殖池を建設することでマングローブ林の破壊がいっそう進んでいる。

エビの輸入と流通

　日本のエビの輸入は、古くから総合商社、水産会社、冷凍会社が担ってきた。輸入の方法としては「開発輸入」と「買い付け輸入」があり、「開発輸入」はインドネシアなどが中心であった。現地に合弁会社をつくり、エビの漁獲、冷

凍加工、輸出の中心をこれらの会社が資金を出して輸入してきた。「買い付け輸入」は主としてインドや台湾で買い付けられ、現地の冷凍加工会社から買い付けし日本に輸入されている。

　大手水産会社や総合商社によって海外から輸入された「冷凍エビ」は、他の水産物と違って、ほとんどが中央卸売市場を通さないでエビ専門の問屋によって加工食品会社、小売業、外食・中食産業と直接取引されている。それゆえ、エビの卸売市場経由率は２割程度にとどまっている。このエビ問屋は、古くからある独立系のエビ問屋とエビを輸入する総合商社系列の２つがある。

マグロの輸入と流通

　エビと並んでマグロも、日本の食卓に欠かせない食材である。マグロの場合、欧米ではカツオと並んで「ツナ缶」にされるが日本ではそのほとんどは、さしみやすしなど生で食される。

　マグロの輸入量は、2000年代前半にはかなり増加したが、2006年から減少している。マグロの輸入量は2000年32.3万トンから05年には33.7万トンと増加したが、2010年には23.2万トンに減少した。マグロの輸入が減少した要因は、欧州からの輸入が減少したためである。日本のマグロ輸入は、地中海で大西洋マグロ、メキシコで太平洋マグロ、オーストラリアでミナミマグロを「蓄養」し、日本に輸送されてきた。とくに地中海からのマグロの輸入量が大きかった。「蓄養」とは、マグロの稚魚（ヨコワ）を生け捕りにし、生けすで養殖することで大きくし高値で販売することで、近年、日本でもこのマグロ養殖が増加している。地中海での「マグロ蓄養」は90年代半ばから始められ、そのほとんどが日本に輸出されるようになった。ところが、このことでマグロの稚魚が乱獲されたためマグロ類の地域漁業管理機関（ＲＦＭＯ）のひとつであるＩＣＣＡＴ（大西洋マグロ類保存国際委員会）が大幅な漁獲制限をおこなったため地中海での蓄養業者の活動は低下し日本への輸入も大きく減少してきた。

　近年の日本のマグロの最大の輸入先は、台湾と韓国である。とくに台湾からの冷凍マグロの輸入が大きくなっている。台湾や韓国は、日本と同じように超低温マグロ船を保有し、メバチマグロ、キハダマグロを船上で冷凍にして日本

に輸出している。台湾漁船がパナマやリベリアに船籍を移し便宜置籍船（FOC漁船）を用いて太平洋でマグロを漁獲して日本に輸出しており、WCPFC（中西部太平洋まぐろ類委員会）から批判されており、マグロ船が減少してきている。

輸入マグロは、生鮮マグロといわれる冷蔵マグロと冷凍マグロの2つの形態で輸入されている。表20-4に示されているように、数量的には2010年で冷凍マグロが全体の82％を占めている。マグロはマイナス60度の超低温で保存されれば2年間は鮮度が保たれていると言われている。

冷凍マグロ取引は、総合商社、大手水産会社、大手マグロ専門仲卸業者によっておこなわれるマグロ船ごとに買付する「一船買い」という方法でおこなわれる。このような取引は60年代後半から始まり、70年代に本格化し、現在まで続いている。マグロの買付業者が、マグロの種類、サイズ、漁獲時期、漁場で価格を決めマグロ船ごとに買い付ける。このようなマグロ買付業者は、独立系と商社系に分かれるが、それぞれの業者は輸入港に超低温冷蔵庫を保有し、国内の相場をみながら出荷する。それゆえ、冷凍マグロは基本的に市場外流通が中心となっている。

これにたいして、冷蔵マグロ（生鮮マグロ）の輸入は航空便を使って輸入される。冷蔵マグロは、冷凍マグロのように長期保存はできないが、0度で冷蔵すれば2週間程度は鮮度が保たれる。冷蔵マグロは鮮度保存期間が短いため、船ではなく飛行機で輸送される。日本の冷蔵マグロの最大の輸入港は成田空港である。表20-4にあるように、成田空港は冷蔵マグロの輸入全体の63％を占めており、関西空港とあわせると92％を占めている。冷蔵マグロは氷詰め

表20-4　税関別にみた冷蔵・冷凍マグロ輸入数量と輸入額（2010年）

（単位：1000トン、億円）

	冷蔵マグロ		冷凍マグロ		合　計	
	数　量	金　額	数　量	金　額	数　量	金　額
全　国	34,174	340.5	155,697	908.2	189,871	1,249.1
清　水	—	—	134,958	779.0	134,958	779.0
成　田	21,557	240.5	—	—	21,557	240.5
関西空港	9,785	79.4	—	—	9,785	79.4
横須賀	—	—	7,317	64.8	7,317	64.8
横　浜	—	—	3,759	35.9	3,759	35.9

（資料）農林水産省「漁業養殖業生産統計年報」より。

にされ、地中海、メキシコ、オーストラリア、東南アジアから空輸で送られてくる。冷蔵マグロのうち、高級マグロのクロマグロ、ミナミマグロの9割は成田空港経由で輸入され、関西空港ではキハダマグロが圧倒的に多い。冷蔵マグロは冷凍マグロと違って日持ちがしないため、国内産マグロ同様にほとんどは消費地の中央卸売市場で取引されている。

（4）水産物の国内流通

国内産水産物の流通

エビと冷凍マグロを除けば、水産物の流通のほとんどは消費地にある中央卸売市場中心に取引されている。ただし、近年水産物の卸売市場経由率は低下傾向にある。水産物の市場経由率は、1990年72.1％であったが、2000年66.2％、2010年56.0％まで低下している。まず、国内産水産物の流通からみてみよう。

表20-5　国内水産物の業種別仕入量および仕入先割合（2007年）

	仕入量（千トン）	仕入先別仕入量割合（%）						
		生産者・集出荷団体等	産地卸売市場	消費地卸売市場		商社	その他の業者	その他
				卸売業者	仲卸業者			
食料品製造業計	3,782	10.4	65.2	7.4	1.9	9.7	3.3	2.0
食品卸売業	10,023	54.5	12.4	16.9	3.0	4.6	4.6	4.1
卸売市場計	7,417	63.3	9.6	16.2	1.9	2.5	3.4	2.5
産地卸売業者	4,028	94.3	5.1	0.5	0.1	－7	0.0	0.0
消費地卸売業者	2,140	39.4	21.3	10.4	1.6	8.1	10.8	8.3
消費地仲卸業者	1,240	4.2	4.2	80.2	8.2	0.7	1.8	0.7
その他卸売業者	2,606	29.5	20.2	17.2	6.1	10.6	7.8	8.6
食品小売業計	1,443	3.5	13.3	22.8	42.4	4.5	10.2	3.3
百貨店・総合スーパー	300	2.6	14.7	24.5	35.8	6.3	13.3	2.9
各種食品小売業	687	2.8	12.6	22.2	47.3	6.0	6.2	2.8
鮮魚小売業	258	7.9	18.4	21.4	45.9	0.2	4.9	1.3
その他	197	1.3	7.1	24.3	31.0	2.1	26.1	8.1
外食産業計	273	2.3	1.7	36.9	33.1	1.1	13.4	11.6

（資料）農林水産省「平成19年食品産業活動実態調査（水産物国内流通構造調査）結果の概要」（2009年）より。

表20-5は、農水省が2007年に調査した「食品産業活動実態調査（水産物国内流通構造調査）結果の概要」の国内産水産物の流通構造を示している。国内産の水産物のほとんどは、地元の漁業協同組合や個人から産地卸売市場に出荷される。この調査では、産地卸売業者は94％を生産者や集出荷団体（漁協など）から仕入れている。ここから水産加工会社や消費地の中央卸売市場に送られる。水産物加工業者は、75％ちかくを漁協と産地卸売業者から仕入れている。他方、消費地卸売業者は、生産者や集出荷団体漁協から約39％、産地卸売業者から約21％仕入れ、消費地仲卸業者は同卸売業者から約80％を仕入れている。

消費地の中央卸売市場の卸売業者は、仲卸業者を経由し総合スーパーや食品スーパーなどの食品小売業者に売却される。百貨店・総合スーパーは、仲卸業者から35％、消費地卸売業者から23％、産地卸売業者から15％仕入れている。各種食品小売業（食品スーパーなど）は、仲卸業者から47％、消費地卸売業者から22％仕入れており、消費地卸売市場から70％近くを仕入れている。鮮魚店は、消費地仲卸業者から46％ともっとも多く、次いで消費地卸売業

表20-6 輸入水産物の業種別仕入量および仕入先割合（2007年）

	仕入量（千トン）	仕入先別仕入量割合（％）						
		自社直接輸入	産地卸売市場	消費地卸売市場		商社	その他の業者	その他
				卸売業者	仲卸業者			
食料品製造業計	499	12.7	0.9	14.7	1.9	57.4	11.1	1.2
食品卸売業	3,271	39.1	3.8	13.4	2.7	26.9	10.3	0.0
卸売市場計	890	3.1	6.0	27.1	5.2	42.2	7.4	─
産地卸売業者	116	0.4	0.0	4.7	0.2	93.5	─	─
消費地卸売業者	516	5.0	9.5	6.2	4.4	48.6	11.1	─
消費地仲卸業者	258	0.5	1.6	79.1	9.0	6.3	3.2	─
その他卸売業者	2,381	52.5	3.0	8.3	1.7	21.2	11.4	0.0
食品小売業計	492	1.8	4.2	17.3	31.5	26.5	14.3	1.5
百貨店・総合スーパー	120	4.8	6.0	9.5	21.5	36.6	19.6	0.0
各種食品小売業	256	1.1	3.4	18.6	34.7	25.5	11.9	0.4
鮮魚小売業	72	0.3	4.7	22.7	39.8	25.3	4.0	2.7
その他	43		2.6	22.3	26.8	6.5	30.8	10.1
外食産業計	132	0.2	1.0	21.7	26.3	4.9	42.8	2.3

（資料）農林水産省「平成19年食品産業活動実態調査（水産物国内流通構造調査）結果の概要」（2009年）より。

者から21％と消費地卸売市場から多くを仕入れている。

　また、外食産業は全体では消費地卸売業者から37％、同仲卸業者から33％と、やはり消費地卸売市場から多くを仕入れている。国内水産物の流通は、漁協・産地卸売業者→消費地卸売市場の卸業者→仲卸業者→食品小売業・外食産業のルートが基本となっている。国内水産物は、調査で見るかぎりなお卸売市場経由が60～70％を占めていることがわかる。

輸入水産物の流通

　つぎに、輸入水産物の流通について、農水省の同じ調査（表20-6）でみてみよう。輸入水産物の調査では、国内産に較べ全体として商社とその他卸売業者の役割が大きくなっているのが特徴である。

　仕入量をみると、卸売市場89万トンに較べその他卸売業者が238万トンと2.7倍も多く、卸売市場経由率が国内水産物に較べかなり低いことがわかる。食料品製造業では商社が57％ともっとも多くなっている。産地卸売業者は94％を商社からとなっている。消費地卸売業者も49％を商社から仕入れている。消費地卸売市場の仲卸業者は市場内の卸売業者からが圧倒的に多い。

　仕入量がもっとも多い「その他卸売業者」は、「自社直接輸入」が53％、次いで商社からが21％となっている。「その他卸売業者」の多くはエビやマグロの専門問屋と考えられる。輸入水産物の仕入量は、「その他の卸売業者」の仕入量が消費地卸売業より多くなっているのが特徴である。消費地卸売業者の2倍以上となっている。これはマグロとエビの専門問屋が中心と考えられる。

　他方、食品小売業では、百貨店・総合スーパーでは、商社からが37％ともっとも多く、次いで仲卸業者、その他卸売業者となっている。これにたいし「各種食料品小売業」（食品スーパー）は、消費地卸売市場の仲卸業者から35％ともっとも多く、次いで商社、消費地卸売業者となっている。

　外食産業は、「その他卸売業者」からが43％ともっとも多く、次いで仲卸売業者、消費地卸売業者の順となっている。このように、輸入水産物の流通は卸売市場経由率が低く、専門問屋と商社の役割が大きいことが特徴となっている。

第 20 章　参考文献

山下東子『魚の経済学』（日本評論社、2009 年）

岩佐和幸「水産物市場のグローバル化」（大塚茂・松原豊彦『現代の食とアグリビジネス』有斐閣選書、2004 年所収）

河合智康『日本の漁業』（岩波書店、1994 年）

村井吉敬『エビと日本人Ⅱ』（岩波新書、2007 年）

小松正之・遠藤久著『国際マグロ裁判』（岩波新書、2002 年）

上田武司『魚河岸マグロ経済学』（集英社新書、2003 年）

「親エビ革命」

エビを養殖するためには、稚エビを確保しなければならない。1980 年代の「親エビ革命」が始まるまでは、沿岸部の海岸で自然の稚エビを確保し育てていたが、この方法では安定的な稚エビの確保は困難であった。エビ養殖を爆発的に拡大させたのが「親エビ革命」と呼ばれる技術革新であった。

「親エビ革命」とは、親エビの眼を切断することで産卵をよくする技術のことである。エビの眼は、産卵を抑制するホルモンを分泌する。眼を切断すれば抱卵しやすくなる。これを利用して、両眼で 1 回産卵させ、つぎに片目を切り産卵させ、最後に残ったもう一方の眼を切断して産卵させる。これらの卵を孵化させれば稚エビが人工的に確保できる。

この技術によって、稚エビが安定的に大量に確保できるようになり、集約的エビ養殖が可能になった。この方法は、1980 年代半ばに台湾で確立され、台湾のエビ養殖が爆発的に拡大する。その後、インドネシアなど東南アジアに普及する。しかし、両眼を切断し産卵させる方法は自然の摂理に反している。

（村井吉敬『エビと日本人』より）

第21章　食の安全・安心と農産物流通を考える

　本章においては、消費者の関心の高い食の安全・安心の視点から、農産物流通について考えることにしたい。第1に、2000年以降の食の安全・安心をめぐる状況についてみてみる。第2に、食品の安全行政はどうなっているかを考える。第3に、グローバル化が進展するなかで、食品の安全性に係わる国際的状況がどうなっているかを考察する。第4に、日本における食の安全のための取り組みの現状について述べる。第5に、食品行政の動きについてみてみる。最後に、第5として、食の安全・安心を確保するための市民運動の動きを述べることにしたい。

（1）食の安全をめぐる状況

食の商品化による問題点——食品をめぐる事件の頻発
　食の商品化にともなって食品事件は発生しており、とりわけ、近年は頻発という状況にある。
　2000年以降の食をめぐる主要な事件について記すと、次のとおりである。
　2000年には「雪印乳業」大阪工場による低脂肪乳食中毒事件が発生し、1万人以上の大量の被害者を生み出した。事件発生の具体的要因としては、企業における営利追求重視のずさんな衛生管理と事件隠蔽の体質が存在している。また、食品関連産業に対する行政指導の不十分性が指摘できる。このことを教

> [第21章のキーワード]　食の商品化／BSE（牛海綿状脳症）／口蹄疫／食品安全行政／食品衛生法／牛トレーサビリティ法／食品衛生監視員／WTO協定／SPS協定（衛生及び植物防疫措置に関する協定）／コーデックス委員会／HACCP制度／食品安全委員会／食品安全基本法／消費者庁／食の安全・監視市民委員会／食の安全・市民ホットライン

訓として、地方自治体における食品衛生管理は、条例制定等を含めて、強化される方向に向かうこととなった。

2001年には国産1頭目のBSE（牛海綿状脳症、Bovine Spongiform Encephalopathy）罹病牛の発見があり、それに加えて食品安全行政の対応のまずさ・失敗があったため、国民の食に対する安全・安心は大きく揺らぎ、衝撃的な社会・政治問題となり、食の安全行政を見直す出発点となった重大な事件であった。

2002年には、輸入牛肉の国産偽装による補助金不正受給事件、輸入農産物からの基準値を超えた残留農薬の検出事件等が発生している。輸入食品に関する監視体制のあり方が問われた。

2003年には、アメリカでのBSE罹病牛の発生によって、アメリカからの牛肉輸入を停止した。外食チェーン店（吉野家）は牛丼の販売を中止し、外国産食材を使用している外食チェーン店の実態が国民の目に明らかとなり、原産国表示の国民要求が強まることとなる。

2004年には、高病原性鳥インフルエンザの発生があった。農林水産物の移動の国際化は、その物資に付随する病原菌等の移動もまた自由となり、衛生管理体制の国際化対応が求められることとなった。それ以外にも、渡り鳥等による新型インフルエンザの伝染という新しい課題も発生した。

2006年には、食品メーカーによる食品表示の不正事件は頻発した。そして、2007年には、ミートホープ、不二家、船場吉兆、赤福、マクドナルド、白い恋人（石屋製菓）、比内地鶏等々食品関連産業の食品関連不正事件は毎日のように報道され、国民の食品関連産業に対する信頼は完全に失墜することとなり、食品関連産業経営者の企業人としてのモラルが厳しく問われることとなった。

2008年には、中国製冷凍ギョーザ中毒事件が発生し、食の安全・安心を重視してきたと信じられていた「消費生活協同組合」が関与した事件として、関係者に大きな衝撃を与えた出来事であった。市場重視のための国際的な激烈な価格競争は、協同組合をも巻き込んでいるという事実である。

これ以外にも、重大な事件として事故米穀問題が発生した。国（食糧事務所）が関与して、事故米穀の強制販売をしたことが事件の発端であり、ここにも国民の食の安全・安心よりも、事故米穀販売による財政負担の軽減を優先した行政姿勢が厳しく問われなければならない。その他にも、中国産ウナギ原産国表

示偽装事件、中国産加工食品メラミン検出事件等が発生している。

2009年には新型豚インフルエンザの発生があり、2010年には口蹄疫の発生があった。こうした動きを受けて、国際的な獣疫体制の整備が喫緊の課題となってきている。

食の安全・安心を脅かす事件への食品安全行政の対応

2000年以降の食品をめぐる事件の頻発によって、衝撃的な社会・政治問題となったため、食品安全行政は変更されることとなった。その主要な対策は、つぎのとおりである。

2002年には、食品衛生法の一部緊急改正がなされた。

2003年には、2001年の国産1頭目のBSE罹病牛の発見を受けて、食品安全行政の改善のために、「食品安全基本法」が制定され、本法にもとづいて、食品安全委員会の発足となった。同時に、食品衛生法の大改正が実施された。

2009年には、消費者庁が設置されて、消費者を重視した行政をめざし、消費者委員会が発足した。

（2）食の安全行政

食の安全行政の法的枠組み

食の安全行政の法的枠組みは複数の省庁にまたがっており、複雑な構成となっているが、ここでは主要なものを紹介することとしたい。

第1には厚生労働省の所管であり、食品衛生法、と畜場法、食鳥処理の事業の規制及び食鳥検査に関する法律、健康増進法、薬事法等がある。

第2には内閣府の所管であり、食品安全行政に関する包括的法律である、食品安全基本法等がある。

第3には農林水産省の所管であり、農薬取締法、肥料取締法、家畜伝染病予防法、飼料の安全性の確保及び品質の改善に関する法律（飼料安全法）、牛の個体識別のための情報管理及び伝達に関する特別措置法（牛トレーサビリティ法）、食料・農業・農村基本法等がある。

食の安全行政の柱＝「食品衛生法」

　食の安全行政の柱には食品衛生法があるので、その改定の特徴についてみてみることにしたい。

　食品衛生法は1947年に制定された法律である。本法の目的は、「飲食に起因する衛生上の危害の発生を防止し、公衆衛生の向上および増進に寄与すること」と、記されている。当時の課題である公衆衛生の向上を基本的課題としており、時代的制約のため国民の食の安全確保の視点は欠如している。

　1995年には食品衛生法は改定される（山口英昌、2006）。本改正の背景には1995年実施のWTO協定があり、このWTO協定に合わせて食品衛生法を改定したことに最大の特徴と問題点がある。

　2003年に食品衛生法は改定される（山口英昌、2009）。本法の改正の背景には、2000年以降の食の安全に関する国民の大きな不安があり、その解消のために法改正は実施された側面を有している。

　こうした食品衛生法の改定が実施されたなかで、食の安全確保のために重要な役割を担っている、食品衛生監視員数の推移についてみておこう。

　図21-1は、2003年以降における日本の食品衛生監視員数の推移を示している。食品衛生監視員数は、2003年度7,776人であり、2009年度には7,825

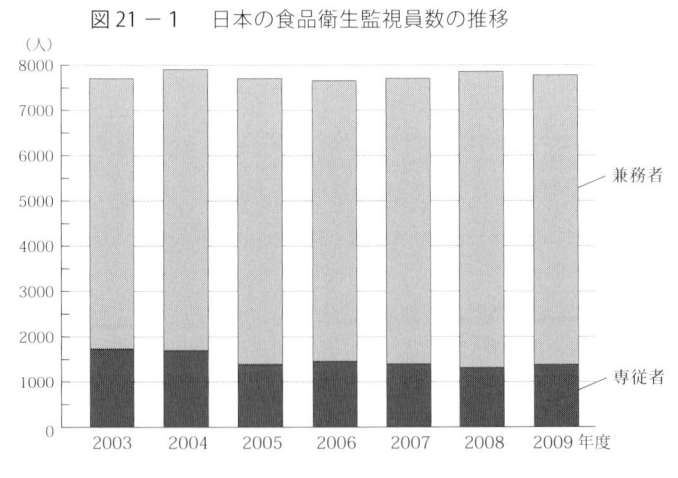

図21-1　日本の食品衛生監視員数の推移

（資料）厚生労働省統計情報部「2009年度衛生行政報告例」。

人となり、49人の微増となっている。しかしながら、その職員構成をみれば、専従者は減少傾向（1,656人から1,343人の313人の減）にあり、増加は兼務者（6,120人から6,482人の362人の増）によって担われており、食の安全確保が国民的課題であるにもかかわらず、その職員体制の弱体化は進行しているといえよう。

（3）食の安全と国際関係

WTO協定

　WTO協定は、1995年に発効したWTO（世界貿易機関、World Trade Organization）を設立するための協定（マラケシュ協定またはWTO設立協定と称している）と4つの附属書（17協定）で構成されている。WTO協定における食の安全性に関する基本的考え方として、つぎの事項がある。

　第1にはハーモニゼーション（Harmonization）である。自由貿易を推進するために、食の安全に関する国際的な調整を優先するということである。食の安全基準に関する国際的平準化を推し進めることとなり、各国の独自基準は排除される方向となっている。

　第2には安全性に関する「科学的判断」を尊重・重視する考え方である。この「科学的判断」については、コーデックス委員会と国際獣疫事務局（OIE, World Organisation for Animal Health）に委任することとなっており、それぞれの国民にとって望ましいという保証ない。

SPS協定

　SPS協定（衛生及び植物検疫措置の適用に関する協定、Agreement on the Application of Sanitary and Phytosanitary Measures）は、WTO協定に含まれる協定（附属書1）の1つであり、動植物に関する国際的な衛生基準を遵守するために必要な措置を決めた協定である。

　SPS協定の特徴は、次のとおりである。

　第1には、前文ならびに第3条にもとづいて、ハーモニゼーションを採用し

ており、国際的基準、指針、勧告にもとづく国際措置を規定している。

第2には、第4条にもとづいて、「同等制の原則」(Equivalence)を採用しており、「科学的判断」に立脚した、他国の検疫・衛生措置の受け入れを規定している。

第3には、前文ならびに第5条にもとづいて、国際機関によるリスク評価と基準の決定を採用しており、「国際機関」による基準とは、前述の「コーデックス基準」ならびに「OIE基準」のことである。

第4には、第11条にもとづいて、紛争解決はWTO協定に従うことを採用しており、独立の小委員会（パネル）を設置して、紛争解決機関に報告をおこなうこととしている。

第5には、第5条にもとづいて、「主権の制限」を採用しており、各国の措置は貿易制限的でないことが求められ、各国の主権は制限されることとなる。

コーデックス委員会

コーデックス委員会は、1961年にFAO（国際連合食糧農業機関、Food and Agriculture Organization of the United Nations）とWHO（世界保健機関、World Health Organization）の合同によってつくられた国際機関である。SPS協定によって、コーデックス委員会の役割は強化され、「コーデックス基準」は植物

表21-1 日本の輸入食品の届出・検査・違反状況の推移

(単位：件、千トン、カッコ内%)

	A.届出件数	B.輸入重量（千トン）	C.検査総数	C/A	D.違反件数	D/A
1965年	94,986	12,765			679	0.7
1975年	246,507	20,775			1,634	0.7
1981年	346,711	23,057	39,026	11.3	964	0.3
1985年	384,728	22,665	39,817	10.3	308	0.1
1990年	678,965	21,731	119,345	17.6	993	0.1
1995年	1,052,030	28,268	141,128	13.4	948	0.1
2000年	1,550,925	30,034	112,281	7.2	1,037	0.1
2005年	1,864,412	33,782	189,362	10.2	935	0.1
2010年	2,001,020	31,802	247,047	12.3	1,376	0.1

（資料）厚生労働省医薬食品局食品安全部「2010年度 輸入食品監視統計」2010年9月。

に関する国際的な衛生基準となっている。

（4）食の安全・安心のための取り組み

輸入食品の安全確保

　日本の食料供給は輸入農産物によって賄われているため、輸入食品の安全確保について検討することにしたい。

　表21-1は、1965年以降の日本における輸入食品の届出・検査・違反状況の推移を示している。

　届出件数は、1965年の9万件から上昇を続け、1980年代には30万件を超え、1995年からは100万件を超えており、2010年には200万件となっている。輸入重量も同様に増加傾向を辿っているが、2000年以降は3,000万トン台で推移している。こうした輸入食品の増加にともなって検査総数は増加しており、1981年の4万件から、1989年には12万件と3倍に増え、その後も増加傾向を続け、2010年には25万件となっている。しかしながら、検査割合は約10％台で大きな変化はない。これを検査機関別にみれば、行政検査は低下傾向にあり、2010年の検査率は2.9％である。これにたいして、登録検査機関検査は増加しており、2010年の検査率は9.8％であり、行政検査の3.4倍となっている。このように増加したのは輸入食品検査の規制緩和、民間委託の導入の結果である。違反件数は1,000件前後で大きな変化はなく、違反率も近年は0.1％で大きな変化はないが、検査率自体が低いため、違反件数ならびに違反率の低さの正確な評価は困難である。

　行政検査を支える職員数の動向について、みておこう。

　表21-2は、1989年以降の日本

表21-2　日本の検疫所の食品衛生監視員数の推移

	検疫所の食品衛生監視員数（人）
1989年度	89
2006年度	314
2007年度	334
2008年度	341
2009年度	368
2010年度	383
2011年度	393

（資料）厚生労働省「2010年度輸入食品監視指導計画に基づく監視指導結果の概要」（2011年9月）。

における検疫所の食品衛生監視員数の推移を示している。

　全国31箇所の検疫所の食品衛生監視員数は、1989年には89人であったが、国民の食に対する不安の増大に対処するために職員数の増員を図り、2006年には314人に増え、2011年で393人（2006年から79人の増加）となっている。しかしながら、輸入食品数の増加に比較して、職員数は圧倒的に少ないのであり、検査体制の人的整備は遅れている。

食品製造業におけるHACCP制度の導入

　HACCP制度においては、食品製造工程で前もって危害を予測して、その危害を防止するために、重要管理点（CCP, Critical Control Point）を設定して、重要管理点を継続的に監視・是正することによって、欠陥製品の出荷を未然に防止することを管理手法としている。

産地におけるGAP制度の導入

　GAP（農業生産工程管理手法、Good Agricultural Practice）制度の導入によって、PDCAサイクルを活用することになる。PDCAサイクルとは、①計画（Plan）、②実践（Do）、③点検・評価（Check）、④見直し・改善（Action）のサイクルを循環させることを意味しており、このGAP制度導入によるメリットとして、①食品の安全性向上、②環境の保全、③農業経営の改善等が考えられ、消費者・実需者の信頼確保をめざしている。

（5）食の安全・安心をめざす食品行政の動向

食品安全委員会

　2003年制定された食品安全基本法にもとづいて、食品安全委員会は2003年7月1日に、内閣府に設置された。食品安全委員会は7名の委員で構成されており、委員会の下部組織として、12の専門調査会が置かれている。その主な役割としては、①リスク評価、②リスクコミュニケーションの推進、③緊急事態への対応がある。

食品行政における新しい試みではあるが、「本来は、安全委員会が独自の発想で、政府に提案や勧告するなど、活動しなければならないはずだが現状は諮問機関に止まり、消極的で受け身の働きしかしていない。食の安全の考え方や理念など、大局的、長期的な議論が望まれるが、その発想と余裕はありそうにない」(山口英昌、2006) という批判がある。

消費者庁

消費者庁は、2009年9月1日に、内閣府や公正取引委員会等の消費者行政に関わる業務の一元化のために、内閣府・特命大臣(消費者・食品安全)の下に発足した。消費者行政の司令塔としての役割が期待されており、消費者行政のネットワークの構築、一元的な消費者相談窓口の設置、国・地方一体の消費者行政の強化等が課題となっている。また、消費者行政に関わる関係省庁との調整・共同管理の課題が残されている(山口英昌、2009)。

(6) 食の安全・安心をめざす市民団体の動向

食品行政には市民の立場の声が届きにくい制度・構造となっているため(山口英昌、2006)、市民の独自活動は必要であり、つぎのような市民活動が実践されている。

食の安全・監視市民委員会

「食の安全・監視市民委員会」は、「市民の立場から、食の安全に関して食品安全委員会や厚生労働省、農林水産省などに提言をおこなうとともに、これら行政および食品関連事業者を監視し、食の安全性と信頼性を確立させることを目的として、2003年4月に設立された市民団体」(同会「入会案内」)である。活動内容としては、意見書・政策提言の提出、講演会・シンポジウムの開催、ニュースレターの発行、ブックレットの発行等がある。食の安全を守るための貴重な市民団体である。

食の安全・市民ホットライン

「食の安全・市民ホットライン」は、2010年10月6日に「市民による市民のためのデータバンク」として、設置された。その目的は、食の安全に関わる情報を集め公表することによって、行政や食品事業者に働きかけることにある。この目的を達成するために、市民・消費者・専門家が設置したネットワークである。こうした構想の背景には、大阪の消費者・市民団体による「食の安全・安心条例（案）」の大阪府に対する提案のなかで、「食の安全情報センター」構想が浮上し、当初は、大阪府が情報を一元的に管理する構想であったが、それを変更して、すべてを市民の手で実施するということとなった。市民の立場から、食の安全に関わる情報を集約することによって、食の安全・安心をめざすための情報発信をする貴重なネットワークとなっている。

第21章　参考文献

山口英昌編著『食環境科学入門』（ミネルヴァ書房、2006年）
山口英昌監修『食の安全事典』（旬報社、2009年）
伊藤恭彦・小栗崇資・早川治・梅枝裕一『食の人権――安全な食を実現するフードシステムとは』（リベルタス出版、2010年）
小山良太・小松知未編著『農の再生と食の安全――原発事故と福島の2年』（新日本出版社、2013年）
日本アソシエーツ編集『食の安全性――産地偽装から風評被害まで』（日本アソシエーツ、2013年）

放射能汚染と食品の安全性

2011年の福島原発事故以降、国民の食品放射能汚染に対する関心は高まり、厚生労働省はどのくらい放射性物質の摂取量が増えたかを調査した。

厚生労働省の調査によると、食品中の放射性セシウムによる放射線量（1年分）は0.003〜0.02ミリシーベルトであり、自然界に存在する自然放射線量（年間0.4ミリシーベルト）の約1/20〜1/133の量である。自然放射性物質も人工放射性物質も健康への影響は同じであると、厚生労働省は説明しており、量的には問題がないとしている。

2012年4月から新しい放射性セシウムの基準値が設定されており、食品を食べ続けた時に、その食品に含まれる放射性物質から生涯受ける放射線量を年間1ミリシーベルト以下になるように決められた。

2012年4月から放射性セシウムの基準値は、飲料水は10ベクレル/kg、乳児用食品ならびに牛乳は50ベクレル/kg、一般食品は100ベクレル/kgに決められた。食品中の放射性物質の検査は、国のガイドラインにもとづいて地方自治体が実施しており、食品の放射性セシウム検査を行っている。2012年4月から10月の検査では、原発事故発生直後に比べて、放射性セシウムの基準値を超える食品の数は減っており、検査した野菜、果物、肉、卵などの放射性セシウム濃度は、99％以上が基準値以下となった。基準値を超えていたのは、限られた地域の原木シイタケ、淡水魚、海底にすむ魚、山菜類などであった。この基準値を超える食品は、地域や品目ごとに流通を止めることにしている。

生産現場では、放射性セシウム濃度が基準値を超えない食品を出荷するために、農地の除染をおこない、肥料や飼料の管理を徹底している。農地や牧草地の除染では、放射性セシウム濃度を減らすために、農地の表土を削り取る方法や、表層と汚染されていない下層との土の反転などを実行している。農家においては、出荷生産物の放射性セシウム濃度を低下させて、基準値を超えないようにするための努力を重ねている。

また、福島県においては検査機器を導入して、出荷物の放射線量を測定し、安全性を確保するようにしており、その情報を発信する事例もみられる。

第22章　これからの農産物流通を考える

　本章において、これからの農産物流通のあり方について、消費者が抱える現代的課題を視野に入れて、考察することにしたい。
　第1に、農産物流通における新しい取り組みとして、地産地消、農産物直売所についてみてみることにする。第2に、農産物流通における安心・安全の確保について述べる。第3に、農産物流通における環境問題への取り組みを考える。最後に、第4として、消費者にとって望まれる、農産物流通の方向と課題について考察することにしたい。

（1）農産物流通の新たな潮流

「食と農の距離拡大」と「地産地消」
　農林水産省『2002年度　食料・農業・農村の動向に関する年次報告』では、食育の推進を掲げており、「『食』と『農』の距離が拡大しているなかで、近年、安全・安心を求める消費者と生産者等との間で『顔の見える関係』の構築に向けて、地域で生産された農産物を地域内で消費する、いわゆる『地産地消』の取組みが広がりはじめている」と、記されている。行政段階では地元農産物の消費拡大運動の一環としての地産地消が提唱されており、「日本型食生活」の実践としての伝統食の継承、食料自給率の向上をも視野に入れて、地産地消が実践されている。

[第22章のキーワード]　　食と農の距離拡大／地産地消／農産物直売所／食料自給率／学校給食／地場農産物／食の安全・安心／ファーマーズ・マーケット／CSA（地域が支える農業）／スローフード／有機農産物／BSE（牛海綿状脳症）／高病原性鳥インフルエンザ／食品廃棄物／食品リサイクル法／生産者と消費者の連携／地域食生活／地域農業

第 22 章 これからの農産物流通を考える

農産物直売所

近年、農産物直売所が急速に拡大しており、消費者側の期待も大きい（表 22-1 参照）。2010 年現在、農産物直売所は 16,816 箇所あり、全国各地に設置されている。設置数の多い都道府県は、千葉県 1,286、群馬県 1,093、山梨県 910、北海道 854、神奈川県 653、埼玉県 652、愛知県 625 などであり、農産物直売所は関東圏を中心に大都市周辺に展開している。

2009 年度における産地直売所の年間販売額規模別の産地直売所数は、5,000 万円未満 66.6％、5,000 万～1 億円 13.1％、1 億～3 億円 15.3％、3 億～5 億円 2.1％、5 億円以上 2.7％、不明 0.2％となっており、1 億円以上は 20.1％となっている*。農林水産省としては、通年営業直売所のうち年間販売額 1 億円以上の割合を、2020 年度までに 50％以上を目標としている**。

2009 年度における農産加工場の年間販売金額は 6,758 億円であり、その運

表 22-1　日本の農産物直売所の都道府県別設置数（2010 年）

	設置数		設置数		設置数
北海道	854	石川県	105	岡山県	172
青森県	171	福井県	104	広島県	301
岩手県	287	山梨県	910	山口県	281
宮城県	331	長野県	439	徳島県	125
秋田県	193	岐阜県	462	香川県	90
山形県	407	静岡県	414	愛媛県	185
福島県	474	愛知県	625	高知県	160
茨城県	460	三重県	183	福岡県	496
栃木県	431	滋賀県	119	佐賀県	160
群馬県	1,093	京都府	305	長崎県	170
埼玉県	652	大阪府	242	熊本県	278
千葉県	1,286	兵庫県	391	大分県	220
東京都	599	奈良県	109	宮崎県	249
神奈川県	653	和歌山県	154	鹿児島県	298
新潟県	573	鳥取県	147	沖縄県	85
富山県	179	島根県	194	（全　国）	16,816

（資料）農林水産省「農林業センサス」（2010 年）。農林水産省編『2011 年版 食料・農業・農村白書 参考統計表』（農林統計協会、2011 年）95 ページより引用。

営主体としては法人化していない農家が87.6％を占めている。運営主体別の年間販売金額をみれば、株式会社等3,205億円（年間総販売額に占める割合は47.4％）、農業協同組合2,498億円（同37.0％）、法人化していない農家816億円（同12.1％）、その他239億円（同3.5％）となっている。農産加工の立地特性から、地場産品の利用促進が図られている。

学校給食と地場農産物の活用

　食育の促進の一環として、学校給食を通じた啓発活動が取り組まれており、各地域の特産物や地域の食文化を知り、食と農への理解を深めるために、学校給食に地場農産物の活用を進めている。

　今治市における地産地消は安全を第一義的に考え、地域に暮らす人々が地元で生産された新鮮な農林水産物を消費し、市民の健康増進、地域農業の振興、地域経済の活性化を図ることをめざしている。今治市の地産地消を象徴する学校給食は1983年のセンター方式の調理場老朽化にともなう、自校式調理場への変更の時から開始され、学校給食の食材に地元産農産物を優先的に使用している。立花地区（3調理場約1,700食）では、有機農産物を学校給食に導入しており、導入率は約60％となっている。1988年3月に今治市議会は、「食糧の安全性と安定供給体制を確立する都市宣言」を決議しており、安全な食べ物の生産と消費の拡大を提唱している。

　地産地消は農産物流通の新たな方向であると同時に、食と農との関係を見直す動きとしても注目される。こうした傾向は国際的な運動としても展開しており、ファーマーズ・マーケット、ＣＳＡ（「地域が支える農業」）、スローフード運動等がある。

　＊　農林水産省「農産物地産地消等実態調査」（組替集計）参照。調査対象は、年間を通じて常設店舗形態の施設で営業している直売所（朝市や季節営業のものは除く）で、地方公共団体、第3セクター、農業協同組合、その他（生産者又は生産者グループ等）が運営する産地直売所。

　＊＊　2010年12月に公布された「地域資源を活用した農林漁業者等による新事業の創出等及び地域の農林水産物の利用促進に関する法律」（「六次産業化法」）及び同法に基づき2011年3月に制定された基本方針に記されている。

（2）農産物流通と食の安全・安心

食の安全・安心

「豊かな食生活」を享受している日本において、輸入農産物の残留農薬問題、食品の偽装表示、ＢＳＥの発生、高病原性鳥インフルエンザの発生等が大きな社会問題となっており、食の安全・安心への国民・消費者の関心はきわめて高い[*]。

消費者の農産物購買行動

食の安全・安心が問われる状況において、消費者の国産品購入状況についてみてみよう（表22－2参照）。

表22－2 日本の国産品の購入状況

(単位：％、調査母数は1,626人)

	調査項目	国産チーズ	国産小麦を使用した加工品	国産米を使用した米粉加工品	国産牛肉	国産大豆を使用した加工品	生鮮の国産果実	国産豚肉	生鮮の国産野菜
国産品	積極的に購入している	28.4	35.4	38.9	50.8	55.2	63.0	65.0	79.5
	ある程度購入している	35.5	40.1	30.3	30.0	33.3	30.1	27.3	17.0
	あまり購入していない	22.1	15.6	21.0	14.2	7.6	4.9	4.9	1.8
	まったく購入していない	5.9	2.3	6.2	3.7	0.7	0.4	1.0	0.4
	わからない・無回答	8.1	6.6	3.6	1.3	3.2	1.6	1.7	1.3
	「積極的」＋「ある程度」	63.9	75.5	69.2	80.8	88.5	93.1	92.3	96.5
地場産品	積極的に購入している	15.7	21.9	25.4	28.5	32.2	38.9	38.1	59.2
	ある程度購入している	23.9	31.7	28.0	28.2	29.4	36.4	28.5	29.0
	あまり購入していない	25.0	22.3	23.3	21.1	17.6	15.6	15.9	6.2
	まったく購入していない	21.0	10.6	13.0	14.0	9.4	4.0	4.0	2.2
	わからない・無回答	14.4	13.6	10.2	8.1	11.4	5.2	5.2	3.4
	「積極的」＋「無回答」	39.6	53.6	53.4	56.7	61.6	75.3	75.3	88.2

（資料）農林水産省「食料・農業・農村及び水産資源の持続的利用に関する意識・意向調査」(2011年5月公表)。
農林水産省編『2011年版 食料・農業・農村白書 参考統計表』(農林統計協会、2011年) 47ページより引用。
（注）消費者モニター1,800人を対象としたアンケート調査（回収率90.3％）。

---

[*] 日本政策金融公庫「消費者動向調査」（2011年7月）によれば、消費者の食に対する志向は、東電福島第一原発の事故や牛肉の食中毒事件の影響のため、安全志向（食の安全に配慮したい）が2010年6月の18.5％から28.5％へと10.0ポイントの急上昇となっている。

表22-2に示されているとおり、国産品の購入する割合は高く、生鮮の国産野菜96.5％、生鮮の国産果実93.1％、国産豚肉92.3％と9割以上の国産品志向がある。地場産品についても同様の傾向がみられ、生鮮の国産野菜88.2％、生鮮の国産果実75.3％、国産豚肉66.6％と、高い値となっている。こうしたことは、消費者には国産品や地場産品の高い志向があることを示唆している。

　消費者は国産農産物の何を評価しているのであろうか（図22-1参照）。

　図22-1に示されているとおり、日本の消費者は輸入農産物に比較して国産農産物を、「旬や鮮度」、「産地と消費者との近さ」で高く評価しており、6割以上が「とても優れている」と、回答している。「おいしさ」、「ブランド」、「安全性」においても約4割が、「とても優れている」と、答えている。国産農産物は、「価格」の点を除けば、どの項目においても優れている（「とても優れている」と「どちらかといえば優れている」の合計）という回答は9割を超えており、高い評価を得ている。

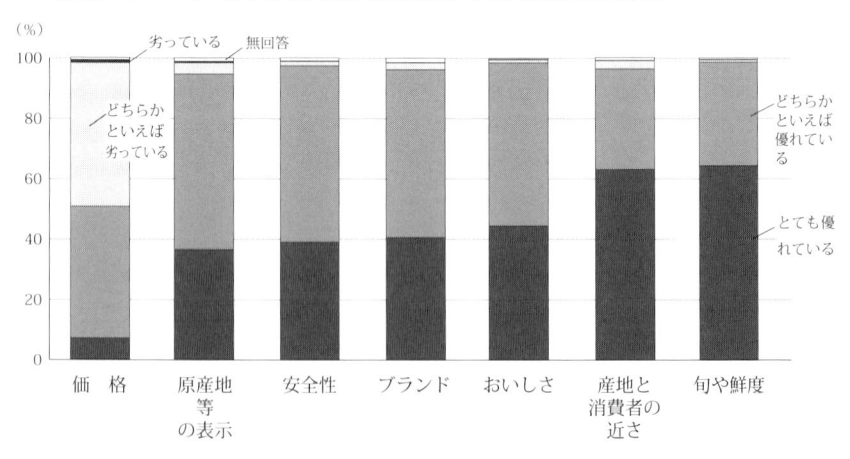

図22-1　日本における輸入農産物と比較しての国産農産物の評価

（資料）農林水産省「食品及び農業・農村に関する意識・意向調査」（2010年4月公表）。同省編『2011年版 食料・農業・農村白書 参考統計表』（農林統計協会、2011年）47ページより引用。
（注）消費者モニター1,500人を対象として実施したアンケート調査（回収率87.0％）。大都市部（東京都23区、政令指定都市）及び都市部（県庁所在地等）の住民741人の結果。

第22章　これからの農産物流通を考える

（3）農産物流通と環境問題への対応

食品廃棄物の再生利用＊

　食品産業における食品廃棄物の量は、「食品リサイクル法」（正式名称は「食品循環資源の再生利用等に関する法律」）の施行された2001年度は1,092万トンで、2007年度には1,134万トンで微増しているが、食品循環資源の再生利用率37％から54％と上昇傾向にある。この食品循環資源の2007年度の再生利用率を業種別にみれば、食品製造業81％（2001年度は60％）、食品卸売業62％（同32％）、食品小売業35％（同23％）、外食産業22％（同14％）となっている。食品流通の川下に位置する食品小売業や外食産業は、食品廃棄物の発生量が少量分散で、分別の困難性が高く、リサイクルに大きな労力を必要としている。このようななかで、多店舗展開しているスーパーマーケット等の食品関連事業者は、「食品リサイクル・ループ＊＊」の構築に取り組んでいる。

（4）農産物流通の新しい方向

食料消費・食生活の変化

　日本の食生活は1960年以降、大きく変化してきた（表22-2参照）。

　表22-2に示されているとおり、エンゲル係数は低下し、2009年で23％となっている。PFC比率をみればF（脂質）の摂取が多くなっており、PFCバランスが崩れてきており、健康状態に不安を抱えるようになっている。品目別の食品摂取をみれば、コメの減少は顕著であり、これにたいして肉類、鶏卵、

＊　農林水産省編『2011年版　食料・農業・農村白書』（2011年6月）38～39ページを参照した。

＊＊　「食品リサイクルを一層円滑に進める観点から、食品関連事業者が排出した食品廃棄物を肥飼料等に再利用し、その肥飼料等を使用して生産された農畜水産物等をその食品関連事業者が再び商品の原料として利用すること」（農林水産省編『2011年版　食料・農業・農村白書』2011年6月、379ページ）。

牛乳及び乳製品、油脂類の増加は対極にあり、食生活の変化を現している。食の欧米化の進行を示している。

飲食料の消費形態別最終消費額をみれば、生鮮食品は1980年の14兆円から2005年の14兆円と大きくは変化していない。これにたいして、加工食品は1980年の22兆円から2005年には39兆円と1.77倍に増加しており、同様に、外食は1980年の12兆円から2005年には21兆円と1.75倍に大きく伸びている。日本の食の外部化の進行を示している。

表22-3　日本の食料消費・食生活の推移

		1960年	1970年	1980年	1990年	2000年	2009年
エンゲル係数（％）		42	34	29	25	23	23
国民1人当たりの供給熱量（kcal）		2,291	2,530	2,562	2,640	2,643	2,436
PFC供給熱量比率（％）	P（たんぱく質）	12.2	12.4	13.0	13.0	13.1	13.0
	F（脂質）	11.4	20.0	25.5	27.2	28.7	28.4
	C（炭水化物）	76.4	67.6	61.5	59.8	58.2	58.6
国民1人当たりの供給純食料（kg）	コメ	114.9	95.1	78.9	70.0	64.6	58.5
	小麦	25.8	30.8	32.2	31.7	32.6	31.8
	野菜	99.7	115.4	113.0	108.4	102.4	91.7
	果実	22.4	38.1	38.8	38.8	41.5	39.3
	みかん	5.9	13.8	14.3	8.3	6.1	5.0
	りんご	7.0	7.4	6.4	7.8	8.1	8.7
	肉類	5.2	13.4	22.5	26.0	28.8	28.6
	牛肉	1.1	2.1	3.5	5.5	7.6	5.9
	豚肉	1.1	5.3	9.6	10.3	10.6	11.5
	鶏卵	6.3	14.5	14.3	16.1	17.0	16.5
	牛乳及び乳製品	22.2	50.1	65.3	83.2	94.2	84.8
	魚介類	27.8	31.6	34.8	37.5	37.2	30.0
	油脂類	4.3	9.0	12.6	14.2	15.1	13.1
飲食料の消費形態別最終消費額（兆円）	生鮮食品	—	—	14	17	15	14
	加工食品	—	—	22	35	41	39
	外食	—	—	12	18	23	21

（資料）総務省「家計調査」、農林水産省「食料需給表」、総務省等「産業連関表」を基に農林水産省で試算。農林水産省編『2011年版 食料・農業・農村白書 参考統計表』（農林統計協会、2011年）118ページより引用。
（注）エンゲル係数は、農林漁家世帯を除く2人以上の世帯の家計支出に占める食料費の割合（暦年の値）。
　　1960年は全都市の値。2009年は、2010年の人口5万人以上の市の値。

生産者と消費者の連携

　「食」と「農」の距離が拡大している下で、安心・安全な農産物を入手するための1つの方法として、地産地消は大きな役割を持っている。消費者が安全・安心に農産物を消費するためには、「顔の見える関係」を構築し、生産者と消費者との連携を促進することは有効な方法となるであろう。そのためには、生産者と消費者が協力・協同して、地産地消に取り組む必要がある。現代の食生活における課題である、「食と農の距離拡大」を解消するためには、地域農業の振興を図り、豊かな地域食生活を現実のものとするための生産基盤を確立することが求められており、その第一歩として、地産地消は強力に推進されることが求められる。

第22章　参考文献

小木曽洋司・向井清史・兼子厚之編『未来を拓く協同の社会システム』(日本経済評論社、2012年)

小林史麿『産直市場はおもしろい！──伊那・グリーンファームは地域の元気と雇用をつくる』(自治体研究社、2012年)

井口隆史・桝潟俊子編著『地域自給のネットワーク』(コモンズ、2013年)

中島紀一『有機農業の技術とは何か──土に学び、実践者とともに』(農山漁村文化協会、2013年)

野中昌法『農と言える日本人──福島発・農業の復興へ』(コモンズ、2014年)

トレーサビリティ・システム

　食品のトレーサビリティ・システム（生産流通情報把握システム）とは、食品などの生産・流通に関する履歴情報について、追跡・訴求できるシステムである。国際的には、「生産、加工及び流通の特定の一つ又は複数の段階を通じて、食品の移動を把握すること」（コーデックス 2004）と、定義されている。具体的には、食品の移動ルートを把握するために、生産、加工、流通等の各段階で商品の入荷と出荷に係る記録等を作成・保存することである。このシステムを活用することによって、食品事故等が発生した時には、どこに問題があったのかを早期に究明し、事故商品の回収を進め、事故の拡大を防ぎ、原因究明や対策の立案がしやすくなる。

　しかしながら、このシステムによって、食の安全性が担保されるわけではなく、生産・流通情報の把握が容易になるということが主眼であり、食の安心・安全確保のための独自の対策は、より重要であることはいうまでもない。

　外国における食品トレーサビリティについて、みておこう。

　EUでは、2005年に施行された「一般食品法」において、食品等の入荷元と出荷先を確認できることを食品事業者等に義務づけている。

　米国では、2006年に施行された「バイオテロ法」において、食品等の入荷元と出荷先の確認に必要な記録の作成・保存を食品事業者等に義務づけている。

　日本においては、牛トレーサビリティ法とコメトレーサビリティ法が制定されている。

　牛トレーサビリティ法は、BSE罹患牛の蔓延を防止することをめざして、牛に個体識別番号を付与して、牛の出生、譲り渡し等に係る情報を、個体識別台帳に記載することになっている。牛肉の販売の際には、個体識別番号の表示が事業者に義務づけられている。このことによって、疾病発生時に、罹患畜と同居牛や疑似罹患畜の所在や移動履歴を特定できる。

　コメトレーサビリティ法では、コメおよびコメ加工品の譲り渡し等に係る情報の記録の作成・保存を事業者に義務づけている。コメおよびコメ加工品の販売や提供の際には、産地情報の伝達を事業者に義務づけている。このことによって、コメの産地偽装の防止にも役立つこととなる。

キーワード一覧

※ 各章のキーワードを50音順にしたものである。Ch.以下の数字は章の番号。

ア 行

アグリビジネス（農業関連産業）
　　Ch.2, 8
新たな不足払い（CCP）　　Ch.7

EC共通農業政策　　Ch.7
委託手数料　　Ch.18
一船買い　　Ch.20
遺伝子組み換え作物　　Ch.2
稲作機械化一貫体系　　Ch.15
EPAとDHA　　Ch.20
インスタント・ラーメン　　Ch.1

ウルグアイ・ラウンド農業合意（UR農
　業合意）　　Ch.6, 13

HACCP制度　　Ch.21
栄養不足人口　　Ch.2
エコファーマー　　Ch.6
SPS協定（衛生及び植物防疫措置に関
　する協定）　　Ch.21
枝肉・部分肉　　Ch.19

FAO　　Ch.2
FTA（自由貿易協定）　　Ch.13
沿岸漁業・沖合漁業・遠洋漁業
　　Ch.20

親エビ革命　　Ch.20
卸売市場経由率　　Ch.17
卸売市場法　　Ch.16

カ 行

外食・中食　　Ch.1
開発輸入　　Ch.14
開放経済　　Ch.16
開放経済体制　　Ch.18
価格形成機能　　Ch.18
価格支持政策　　Ch.6
カーギル社　　Ch.12
加工型畜産　　Ch.19
家族農業経営　　Ch.4, 5
家族農場の衰退　　Ch.2
過疎と過密　　Ch.10
学校給食　　Ch.22
カップ麺　　Ch.1

279

キーワード一覧

灌漑農業　　　Ch.2

環境保全型農業　　　Ch.6

観光農園　　　Ch.8, 11

関税化の特別措置　　　Ch.13

カントリー・エレベータ　　　Ch.12

基幹的農業従事者　　　Ch.4

汽水域でのエビ養殖　　　Ch.20

黄の政策・青の政策・緑の政策
　　　Ch.13

牛トレーサビリティ法　　　Ch.21

牛肉の自由化　　　Ch.19

牛乳の過剰　　　Ch.19

共同購入方式　　　Ch.14

漁獲可能量（ＴＡＣ）　　　Ch.20

許可制　　　Ch.15

巨大穀物商社　　　Ch.12

巨大フィードロット企業　　　Ch.12

経営所得安定対策　　　Ch.15

検疫所　　　Ch.1

兼業農家　　　Ch.3

原産地表示　　　Ch.18

減反政策　　　Ch.15

現物主義、セリ原則　　　Ch.16

公正な価格形成　　　Ch.16

耕地面積　　　Ch.3

口蹄疫　　　Ch.19, 21

高度経済成長期　　　Ch.5

高病原性鳥インフルエンザ　　　Ch.22

効率的・安定的経営体　　　Ch.16

国際化農政　　　Ch.5

国家一元管理　　　Ch.15

固定払い制度　　　Ch.7

コーデックス委員会　　　Ch.21

戸別所得補償　　　Ch.15

コメ過剰　　　Ch.3

混住化　　　Ch.10

コンビニエンスストア（コンビニ）
　　　Ch.17

コンビニのファースト・フード部門
　　　Ch.14

サ　行

サハラ以南アフリカ　　　Ch.2

産業政策　　　Ch.5

ＪＡバンク制度　　　Ch.9

ＧＡＰ（農業生産工程管理手法）　　　Ch.6

ＣＳＡ（地域が支える農業）　　　Ch.11, 22

資金吸収機関化　　　Ch.9

自主流通米　　　Ch.15

市場外流通　　　Ch.18

市場流通　　　Ch.18

地場産　　　Ch.17

地場農産物　　　Ch.22

Ｇ５・プラザ合意　　　Ch.5, 18

市民農園　　　Ch.11

ＪＡＳ法（改正ＪＡＳ法）　　　Ch.18

住専の不良債権処理　　　Ch.9

キーワード一覧

週値決め、前日発注　Ch.14	食管制度　Ch.15
重要5品目　Ch.13	所得支持政策　Ch.6
重要品目と一般品目　Ch.13	新過疎　Ch.11
集落営農　Ch.4	新規学卒就農者　Ch.3
商的流通機能　Ch.18	新規就農者　Ch.4, 11
消費者庁　Ch.21	新規就農センター　Ch.11
食生活の欧米化　Ch.1	新政策（「新しい食糧・農業・農村政策の方向」）　Ch.5
食と農の距離拡大　Ch.18, 22	
食肉加工資本　Ch.12, 19	
食肉センターの建設　Ch.19	炊飯の外部化　Ch.15
食肉問屋　Ch.19	スローフード　Ch.22
食の安全・安心　Ch.6, 22	
食の安全・監視市民委員会　Ch.21	聖域なき関税撤廃　Ch.13
食の安全・市民ホットライン　Ch.21	正組合員と准組合員　Ch.9
食の商品化　Ch.21	生産者直売所（ファーマーズ・マーケット）　Ch.18
食の地方分権　Ch.11	
食の「マクドナルド化」　Ch.1	生産者と消費者の連携　Ch.22
食品安全委員会　Ch.21	生産調整政策　Ch.3
食品安全基本法　Ch.21	生産費所得補償方式　Ch.15
食品安全行政　Ch.21	生鮮農産物供給機能　Ch.16
食品衛生監視員　Ch.21	世界食料サミット　Ch.2
食品衛生法　Ch.21	世界のノウキョウ　Ch.9
食品卸売業　Ch.17	世界貿易機関を設立するマラケシュ協定　Ch.13
食品小売業　Ch.17	
食品スーパー　Ch.14, 17	1999年卸売市場法　Ch.16
食品廃棄物　Ch.22	1992年CAP改革　Ch.7
食品リサイクル法　Ch.22	1996年農業法　Ch.7
食料自給率　Ch.3, 22	専業農家　Ch.3
食料・農業・農村基本計画　Ch.5	戦後自作農　Ch.5
食料・農業・農村基本法　Ch.5	戦後復興期　Ch.5
食糧法の成立　Ch.15	全農や経済連の株式会社化　Ch.9

キーワード一覧

総合商社系列　　　Ch.14
総合スーパー　　　Ch.17
総合農政　　Ch.5

タ　行

大量生産・大量消費　　　Ch.1
大量流通路線　　　Ch.16, 18
ＷＴＯ農業協定　　　Ch.6, 7, 21
ＷＴＯ農業交渉日本提案　　　Ch.6
ＷＴＯの無差別原則　　　Ch.13
ターミナル・エレベータ　　　Ch.12
単身世帯と２人世帯の増加　　　Ch.1

地域食生活　　　Ch.22
地域生協の発展　　　Ch.14
地域農業　　　Ch.22
チェーンストア理論　　　Ch.14
畜産振興事業団　　　Ch.19
地産地消　　Ch.11, 22
地方卸売市場　　　Ch.16, 18
中央卸売市場　　　Ch.16, 18
中央卸売市場法　　　Ch.16
中央会の廃止　　　Ch.9
中国の食肉の増大　　　Ch.2
中山間地域　　　Ch.10
中山間地域等直接支払制度　　　Ch.10
調理冷凍食品の開発輸入　　　Ch.14
直接支払い　　　Ch.10

ＴＰＰ（環太平洋パートナーシップ協定）
　　　Ch.13
デカップリング政策　　　Ch.6, 7

登録制　　Ch.15
都市的生活様式　　　Ch.10
都市農村交流　　　Ch.11
独禁法適用除外　　　Ch.9
ドーハ・ラウンド　　　Ch.13
鳥インフルエンザ　　　Ch.19

ナ　行

ナチュラルチーズ・プロセスチーズ
　　　Ch.19

二重米価制　　　Ch.15
2003年ＣＡＰ改革　　　Ch.7
2002年農業法　　　Ch.7
2004年卸売市場法　　　Ch.16
200カイリ問題　　　Ch.20

農家経営　　　Ch.8
農家人口　　　Ch.4
農業会の看板の塗りかえ　　　Ch.9
農協合併　　　Ch.9
農業基本法　　　Ch.5
農業経営基盤強化促進法　　　Ch.6
農業経営体　　　Ch.3, 17
農協栄えて農家滅ぶ　　　Ch.9
農業就業者　　　Ch.11

キーワード一覧

農業就業人口　　Ch.3, 4
農業・食料関連産業　　Ch.17
農業生産構造　　Ch.3
農業生産の特殊性　　Ch.11
農業生産法人　　Ch.4, 8
農業の担い手　　Ch.4
農業の有する多面的機能（農業の多面的
　　機能）　　Ch.10
農業ビジネス（農業生産関連産業）
　　Ch.8
農協法成立　　Ch.9
農業保護　　Ch.6
農業労働力　　Ch.4
農産物加工　　Ch.8
農産物直売所　　Ch.8, 17, 22
農村社会　　Ch.10
農村集落　　Ch.8, 10
農村地域経済　　Ch.8
農村的生活様式　　Ch.10
農地確保　　Ch.11
農地法　　Ch.5
農地法改正　　Ch.6
農用地利用増進法　　Ch.6

ハ　行

バイオ・エタノール　　Ch.2
排他的経済水域（ＥＥＺ）　　Ch.20
はっ酵乳　　Ch.19
販売農家　　Ch.4

ＢＳＥ（牛海綿状脳症）　　Ch.12, 19, 21,
　　22
ＰＦＣ供給熱量比率　　Ch.1
１人１石　　Ch.15

ファミリーレストランとファーストフード
　　Ch.1, 14
ファーマーズ・マーケット　　Ch.11, 22
フィードロット　　Ch.12
フード・スタンプ　　Ch.2
不足払い制度　　Ch.7
豚肉の自由化　　Ch.19
物的流通機能　　Ch.18
フード・マイレージ　　Ch.6
米国農業の国際競争力の低下　　Ch.12
貿易為替政策大綱　　Ch.5
包括的関税化　　Ch.13

マ　行

マイワシの激減　　Ch.20
マクガバン委員会　　Ch.2
マグロの漁獲枠の制限　　Ch.20
マグロの蓄養　　Ch.20
マルサス『人口論』　　Ch.2

ヤ　行

野菜工場　　Ch.8
ヤミコメ　　Ch.15

キーワード一覧

有機農産物　　　Ch.22
輸出用エレベータ　　Ch.12
輸入課徴金制度　　Ch.7

容器包装リサイクル法　　Ch.18
予約相対取引　　Ch.14

ラ　行

冷蔵マグロと冷凍マグロ　　Ch.20

冷凍食品の普及　　Ch.1
冷凍野菜の輸入　　Ch.14
冷凍野菜と調理冷凍食品の輸入　　Ch.1
レジームシフト　　Ch.20

ローンレート制度　　Ch.7

樫原正澄（かしはら まさずみ）

1951年、大阪府生まれ。
大阪府立大学大学院農学研究科
博士課程前期課程修了。
関西大学経済学部教授

本書の執筆担当章：
第3章～第6章、第8章、第10章、
第11章、第16章～第18章、
第21章、第22章

江尻　彰（えじり あきら）

1949年、愛媛県生まれ。
大阪市立大学大学院経済学研究科
後期博士課程単位取得退学。
関西大学商学部非常勤講師

本書の執筆担当章：
第1章、第2章、第7章、第9章、
第12～15章、第19章、
第20章

今日の食と農を考える

2015年3月25日　第1刷発行
2017年3月21日　第2刷発行

著　者　　樫 原 正 澄
　　　　　江 尻　　彰

発行者　　高 橋 雅 人

発行所　　株式会社 すいれん舎
　　　　　〒101-0052
　　　　　東京都千代田区神田小川町3-14-3-601
　　　　　電話 03-5259-6060　FAX 03 5259-6070
　　　　　e-mail：masato@suirensha.jp

印刷製本　藤原印刷株式会社
装　丁　　篠塚明夫

©Masazumi Kashihara & Akira Ejiri, 2015 Printed in Japan
ISBN 978-4-86369-393-7 C0061

樫原正澄／編

食と農の環境問題
持続可能なフードシステムをめざして

［執筆］樫原正澄／森隆男／良永康平／杉本貴志／辛島恵美子／高鳥毛敏雄／吉田宗弘

環境問題の視点から、安全・安心で豊かな食生活の持続可能性を多角的に探究する。

●Ａ５判／定価（本体2400円＋税）

すいれん舎